棉花集中成熟栽培
理论与实践

董合忠　张艳军　代建龙　等　著

中国农业出版社
北　京

图书在版编目（CIP）数据

棉花集中成熟栽培理论与实践 / 董合忠等著.
北京：中国农业出版社，2024.12. -- ISBN 978-7-109-
32629-3

Ⅰ. S562

中国国家版本馆 CIP 数据核字第 2024TG0885 号

棉花集中成熟栽培理论与实践

MIANHUA JIZHONG CHENGSHU ZAIPEI LILUN YU SHIJIAN

中国农业出版社出版

地址：北京市朝阳区麦子店街 18 号楼
邮编：100125
责任编辑：魏兆猛
版式设计：杨　婧　　责任校对：吴丽婷
印刷：北京通州皇家印刷厂
版次：2024 年 12 月第 1 版
印次：2024 年 12 月北京第 1 次印刷
发行：新华书店北京发行所
开本：700mm×1000mm　1/16
印张：13.75　　插页：8
字数：240 千字
定价：68.00 元

著 者 名 单

董合忠　张艳军　代建龙　陈常兵
聂军军　崔正鹏　李存东　张旺锋
万素梅　李振怀　张冬梅　徐士振
战丽杰　孙　琳　迟宝杰　赵红军
周静远　杜明伟　张亚黎　李维江

2018年9月底，我在北疆考察棉花时应邀参观了山东棉花研究中心和新疆生产建设兵团第七师农业科学研究所合作在125团和130团建立的棉花集中成熟栽培技术示范田，并与多名新疆棉花专家对示范田进行了测产，12个点次平均亩产籽棉502千克，株高85.7厘米，收获前脱叶率94.5％，比传统对照田增产4.1％，株高增加25％，脱叶率提高了6.6个百分点。技术示范田棉花成方连片，管理规范轻简，棉花集中成熟度和脱叶率高。这是我对棉花集中成熟栽培技术的首次直观了解。2021年6月25日在河南安阳召开的中国作物学会棉花专业委员会学术讨论会上，我邀请董合忠研究员作了题为"我国现代植棉技术研究的新成果：棉花集中成熟栽培"的大会报告。至此，我对该技术有了全面深入的了解。

长期以来，我国内地棉区（黄河流域和长江流域棉区）为发挥单株产量潜力而采用稀植（低密度种植），造成集中成熟收获难，且种植制度复杂，难以实现轻简化机械化栽培管理；西北内陆棉区（以新疆为主）高度密植且水肥投入大，不利于棉花早熟和高效脱叶，机采籽棉含杂多。虽然我国棉花平均单产早已位居世界前列，但植棉用工多、水肥投入大、机采籽棉含杂多、植棉效益不高，成为棉花生产可持续、高质量发展亟须解决的难题。为此，山东省农业科学院经济作物研究所（山东棉花研究中心）董合忠团队，联合中国农业大学、河北农业大学、石河子大学、塔里木大学、新疆农业科学院、新疆农垦科学院等单位的棉花专家，以实现棉花轻简高效生产为目标，提出了棉花集中成熟栽培新概念，系统研究了种、膜、水、肥、密和化学调控等栽培手段促进棉花集中成熟的机理与技术，有效实现了轻简栽培目标，创新了棉花集中成熟轻简栽培核心理论，突破了定苗、整枝、打顶等长期依赖人工的困境，攻克了用工多、肥水投入大、集中成熟难、脱叶效果差等难题，建立了棉花集中成熟轻简高效栽培技术体系并规模化应用，实现了棉花栽培技术的升级换代，在我国棉花生产方式由传统高投入劳动密集型向现代轻简节本高效型转变过程中起到了引领作用。

棉花集中成熟栽培技术是我国现代植棉技术研究的新成果。它是采用熟性适宜的棉花品种，通过精量播种、合理密植、化学调控、水肥运筹、适时打（封）顶、脱叶催熟等措施，确保整块棉田集中在一个较短的时间段内完成吐絮的栽培管理方法。不同棉区实现棉花集中成熟的生育进程、高效群体类型和群体结构指标不同，但都要求光合高值期、成铃高峰期与光热高能期"三高"同步。棉花从多次人工采收变为一次性机械收获，不仅要求棉花早熟，而且要集中成熟。因此，早熟也是集中成熟的一个重要指标和基本要求。棉花集中成熟栽培贯穿棉花"种—管—收"的每一个环节、每一道工序，是一个系统工程。

为便于棉花集中成熟栽培技术的深化研究和推广应用，山东省农业科学院经济作物研究所（山东棉花研究中心）董合忠团队牵头，以2022—2023年度神农中华农业科技奖成果"中国棉花集中成熟轻简高效栽培技术体系创建与应用"和国家标准《棉花集中成熟栽培技术要求》为主要参考撰写了本著作。该著作在阐述棉花集中成熟栽培基本概念和内涵的基础上，以"种—管—收"为主线，重点论述了精播出苗成苗、化控免整枝、水肥运筹、脱叶催熟、抗逆栽培等关键技术措施促进棉花优化成铃、集中成熟、丰产稳产的原理和方法，最后论述了不同棉区的棉花集中成熟栽培模式。该著作既阐明理论问题，又提供解决实际问题的技术方法，实现了学术性和实用性的有机结合。该著作的出版必将对我国棉花栽培技术的创新发展和棉花产业的高质量发展产生重要的积极影响。

中国工程院院士

华中农业大学教授

2024 年 6 月

前言
QIANYAN

　　我国是世界上最大的产棉和用棉国家，棉花是关系国计民生的大宗农产品和纺织工业原料。长期以来，我国内地棉区（黄河流域和长江流域棉区）为发挥单株产量潜力而采用稀植，造成集中成熟采收难，且种植制度复杂，难以实现轻简化、机械化栽培管理和收获；西北内陆棉区（以新疆为主）热量短缺且高度密植，不利于棉花早熟和高效脱叶，机采籽棉含杂多。虽然我国棉花平均单产已经多年位居世界前列，但植棉用工多、集中（机械）收获起步晚、机采籽棉品质差、比较效益低下，严重制约了棉花生产的高质量发展。为此，山东省农业科学院联合中国农业大学、河北农业大学、石河子大学和新疆农业科学院等单位，以实现棉花生产全程轻简高效为目标，系统研究了种、水、肥、密和化学调控等管理手段促进棉花集中成熟、实现轻简栽培的机理和效果，创新了集中成熟轻简栽培核心理论，突破了定苗、整枝、打顶等长期依赖人工的困境，攻克了用工多、肥水投入大、集中成熟难、脱叶效果差等"卡脖子"难题，建立集中成熟轻简高效栽培技术体系并大面积推广应用，实现了棉花栽培技术的升级换代，促进了我国棉花生产方式由传统高投入劳动密集型向现代轻简节本高效型的重大变革。本书对集中成熟栽培技术的研发背景、研发历程、技术原理和技术内容等进行了全面论述。

一、棉花集中成熟栽培核心理论

　　棉花集中成熟是指整块棉田集中在一个较短的时间段内完成吐絮的现象。集中成熟栽培是采用熟性适宜的棉花品种，通过适期播种、合理密植、化学调控、水肥运筹、适时打（封）顶、脱叶催熟等措施，实现棉花优化成铃、集中成熟的栽培管理方法。不同棉区实现棉花集中成熟的生育进程、高效群体类型和群体结构指标不同，但都要求光合高值期、成铃高峰期与光热高能期"三高"同步。

一播全苗、苗齐苗壮是棉花集中成熟的基础，也是集中成熟栽培的首要环节。促进壮苗早发并减免间苗定苗环节需要采用单粒精播。对棉花单粒精播壮苗早发机理的研究表明，种子单粒穴播、精准浅播通过创造适宜的顶土压力和出苗前的黑暗环境，诱发幼苗产生足量乙烯，有效调控了下胚轴增粗关键基因 *ERF1* 和弯钩形成关键基因 *HLS1* 表达，导致生长素相关基因 *YUCCA8* 和 *GH3.17* 差异表达并在幼苗弯钩内外侧形成生长素浓度的梯度分布，促进了弯钩形成和顶土出苗。盐碱地膜下滴灌棉花采用改良后的"干播湿出"技术，通过干土播种、多次微量滴水出苗，出苗水与保苗水结合能够有效增墒、调温、抑盐，促进单粒精播棉花种子出苗和成苗。甲哌鎓处理种子通过赤霉素和脱落酸调控生长素水平，促进侧根发生，进一步促壮抗逆。

合理密植和甲哌鎓化学调控（简称化控）能够有效调控叶枝及主茎顶端生长，促进优化成铃和集中成熟群体的构建。密植引起棉株下部荫蔽，既削弱了下部叶枝的光合作用［播种后 110 天叶枝光合速率（Pn）降低了 76.4%］，又通过抑制叶枝生长点光受体基因 *phyB* 表达，降低了生长素合成与转运关键基因 *GhYUC5* 和 *Gh-PIN*、细胞分裂素合成关键基因 *GhIPT3* 的表达及相应激素含量，增强了独脚金内酯受体基因 *GhD14* 表达，抑制了叶枝生长。甲哌鎓促进光合产物向根、茎和棉铃运输，提高主茎顶端活性氧及丙二醛含量、降低顶端分生组织开花相关基因表达，起到封顶作用；甲哌鎓下调赤霉素合成基因，降低赤霉素含量，抑制 *DELLA-like* 基因反馈调节赤霉素信号，抑制节间伸长生长；甲哌鎓化控结合水肥运筹，可进一步削弱顶端优势，促进自然封顶和集中成熟。

水肥协同运筹能够提高水肥利用率。研究发现，大田膜下滴灌导致根区水分不均匀分布，干旱区根系诱导叶片合成大量茉莉酸

(JAs)，其作为信号分子通过韧皮部运输到湿润区根系，诱导根系水孔蛋白基因 PIP 表达，增加根系水力导度 1~2 倍，提高了吸水能力和水分利用率。干旱区根系遭受渗透胁迫后还通过多肽类物质（CEP）诱导灌水区根系氮素吸收关键基因 $NRT1.1$ 和 $NRT2.1$ 上调表达，增强了灌水区根系氮素吸收能力，提高了氮肥利用率。甲哌鎓通过增强质膜 H^+ - ATPase 的基因表达、蛋白积累及磷酸化水平激活 K^+ 通道，并通过降低活性氧积累抑制 K^+ 外排，协同提高棉花吸 K^+ 能力和钾肥利用效率。

化学调控能促进集中成熟与高效脱叶。研究发现，甲哌鎓加快棉花生殖生长进程，现蕾提前 2.2 天、现蕾—开花缩短 0.2 天、开花—吐絮缩短 1.5 天，对集中成熟高效群体的塑造至关重要。噻苯隆协调叶片、叶柄和离区乙烯、生长素及细胞分裂素的代谢和信号转导，调控离区细胞微管排列和解聚促进离层形成，诱导离区脱落相关基因表达，增强纤维素酶和多聚半乳糖醛酸酶活性促进叶片脱落；喷施噻苯隆幼叶乙烯合成及信号转导基因的表达上调早、幅度高，叶片脱落快。

二、棉花集中成熟栽培关键技术

在单粒精播壮苗早发理论的指导下，我们建立了以"单粒密播、精准浅播、增加穴数"为核心的棉花单粒精播免定苗技术。播深 2.0~2.5 厘米，内地棉区采用单粒穴播，播种穴数提高 30%~50%，出苗后不间苗、不定苗；西北内陆棉区采用侧封土，播后 1~3 天滴出苗水（300 米³/公顷），促进出苗。盐碱地采用（63+13）厘米夹带布管，或者 76 厘米等行距一行一管，将传统一次大量滴水改为多次微量滴水，播种后 2~3 天、7~10 天和 10~20 天各滴水一次，共滴水 450~975 米³/公顷，通过"增墒、调温、抑盐"促进出苗和保苗。采用不易吸潮、崩解迅速、便于精准施用的"全精控"泡腾片（40%甲哌鎓泡腾片），于子叶展平后每公顷喷施 30~60 片，可促根壮苗。

密植化控与轻简运筹肥水结合，不仅能够免整枝和提高水肥利用效率，而且能够促进集中成熟。这些技术措施包括：优化行距和密度［新疆棉区（66＋10）厘米或76厘米，实收13.5万～19.5万株/公顷；内地棉区76厘米或92厘米，实收7.5万～9万株/公顷（小麦田、油菜田等）］，结合甲哌鎓化控（自出苗后至花铃末期应用1～6次持续调控株型）、减施氮肥（新疆棉区300千克/公顷左右，内地棉区210千克/公顷）和节水滴灌（4 800米³/公顷左右）抑制枝叶生长，免除人工整枝。利用"化学封顶剂"（25％甲哌鎓水剂），西北内陆在初花期后、黄河流域和长江流域在盛花期后喷施375～1 125毫升/公顷可有效封顶，免除人工打顶。西北内陆膜下滴灌将膜带布局调整为1膜6行3带或1膜3行3带，将连续高水量［494～600米³/（次·公顷）］滴灌调整为高、低水量［225～300米³/（次·公顷）］交替灌溉，氮肥基追比由传统的4：6调整为2：8，肥随水施做到水肥协同，并提前7天左右终止灌水利于早熟。内地棉区一熟制春棉采用一次性基施控释复混肥或种肥同播，晚播早熟棉盛蕾期一次性追施速效肥，实现了一次性施肥促早熟并提高肥料利用率。科学化控结合水肥协同管理实现免整枝促早熟栽培，吐絮期平均缩短30％，省工、节水、省氮肥，实现了轻简高效管理。

促早熟和集中成熟对西北内陆棉区棉花机械采收至关重要，用好用活植物生长调剂甲哌鎓和脱叶催熟剂噻苯隆与乙烯利是关键。西北内陆棉区自齐苗至开花末应用5～6次甲哌鎓，内地棉区自苗蕾期至开花末期应用1～5次甲哌鎓，增结中下部和内围铃。喷施脱叶剂7天内的最高温度和≥12℃的有效积温对脱叶的影响很大，脱叶催熟一体剂（50％噻苯·乙烯利悬浮剂）采用微空间屏蔽解决了噻苯隆和乙烯利酸碱不相容的问题，采用棉花优化配方、优选药械、优择喷期"三优"脱叶催熟新方法，明确北疆、南疆、黄河流域、长江流域的脱叶催熟时间分别为9月5日之前、9月15日之前、9月下旬、10月上旬，一次性施用1.8～2.25升/公顷或2次施药，每次 0.9～1.2 升/公顷、间隔 5～7 天。施药后 20 天左右脱叶率达到 92%～97%，吐絮率达到 95%～97%，实现了轻简高效收获。

三、棉花集中成熟栽培模式

集成单粒精播逆境成苗免定苗、适当降密化学调控免整枝、水肥轻简运筹促早熟、脱叶催熟集中收获等关键技术，建立西北内陆机采棉"系统调控"集中成熟轻简栽培模式。采用单粒精播结合膜下滴灌成苗，密度降至 13.5 万～19.5 万株/公顷；1 膜 6 行 3 带或 1 膜 3 行 3 带，膜下分区高低水量交替滴灌与水肥协同结合；系统化控，免整枝免打顶，塑造适宜机采的株型与群体；应用"三优"脱叶催熟技术，实现脱叶率 92% 以上。与传统机采棉模式相比，亩*省工 4 个以上、节水 20% 以上、省氮肥 10%～20%；平均增产 5.5% 以上；机采籽棉含杂率降至 8% 以下，显著提升了机采棉质量。

集成适当晚播、单粒精播免定苗、密植化控免整枝、节水省肥促集中成熟等关键技术，建立黄河流域一熟春棉"晚播增密"集中成熟轻简栽培模式。采用鲁棉 522 等品种，于 4 月底、5 月初单粒精准浅播，免间苗免定苗，等行距覆膜种植并适时揭膜控冠壮根，密度增至 7.5 万～9 万株/公顷；系统化控，免整枝免打顶；控释复混肥一次性基施或在施足基肥的基础上初花期一次性追施速效肥，应用"三优"脱叶催熟技术，脱叶率 95% 以上、吐絮率 98% 以上。比传统种植模式平均省工 60 个/公顷，减少水肥药投入 12%，吐絮期缩短 10 天左右，增产 9%。

改春棉品种为早熟棉品种，改蒜田（小麦田、油菜田等）套种为蒜（小麦、油菜）后机械直播，改稀植大棵栽培为密植矮化栽培，建立长江与黄河流域夏棉"直播增密"集中成熟轻简栽培模式。如选用鲁棉 532 等早熟棉品种，改春棉套种为油菜（小麦、大蒜等）后机械直播，6 月上旬全苗，密度增至 9 万～12 万株/公顷；系统化

---

* 亩为非法定计量单位，1 亩＝1/15 公顷。——编者注

控，免整枝免打顶；盛蕾期一次性追肥，应用"三优"脱叶催熟技术，脱叶率 95％以上，吐絮率 92％以上，人工集中收获或机械采收。比传统移栽模式平均省工 6.5 个/公顷，减少物化投入 30％以上，吐絮期提前 5～7 天。在山东成武县创造出籽棉单产 365.7 千克/公顷的黄河流域棉区蒜后直播棉高产纪录。

棉花集中成熟轻简高效栽培技术促进了棉花栽培技术的升级换代，加快了我国棉花生产方式的重大变革。基于此，山东省农业科学院棉花栽培课题组，以团队科研成果"中国棉花集中成熟轻简高效栽培技术体系创建与应用"为主要内容完成了本书。在写作过程中，充分吸收和借鉴了国内外相关研究进展，力求内容全面、重点突出、特色鲜明。本书既阐明理论问题，又提供解决实际问题的技术方法，力求学术性和实用性的有机结合。

本书在写作过程中参考借鉴了李召虎、周治国、李存东、张旺锋、李亚兵、李雪源等国内专家学者及其团队的相关研究成果，并得到他们的鼎力支持；获得了中国工程院院士喻树迅教授、中国工程院院士张献龙教授、国家棉花产业技术体系首席科学家李付广研究员的指导和支持；得到了国家重点研发计划（2017YFD 201906、2018YFD0100306、2020YFD1001006）、国家现代农业产业技术体系（CARS-15-15）、国家自然科学基金（32372229）、董合忠耐盐经济作物科普工作室（202228097）、山东省棉花产业技术体系（SDAIT-07-011-05）、山东省农业科学院科技创新工程等项目的支持。在此，一并表示衷心感谢。

由于水平有限，书中难免有疏漏甚至不妥之处，恳请同行和广大读者批评指正。

董合忠

2024 年 6 月 15 日于济南

序
前言

第一章　棉花集中成熟栽培概论 ………………………………………… 1

第一节　棉花集中成熟栽培的概念和内涵 ……………………………… 1
第二节　棉花集中成熟栽培产生的背景和过程 ………………………… 8
第三节　棉花集中成熟栽培理论与技术概述 …………………………… 19

第二章　棉花精播出苗成苗和集中成熟 ………………………………… 29

第一节　棉花种子出苗的过程 …………………………………………… 29
第二节　棉花出苗成苗的调控机制 ……………………………………… 33
第三节　棉花出苗壮苗的影响因素和调控措施 ………………………… 37
第四节　棉花机械精播出苗壮苗关键技术 ……………………………… 50

第三章　棉花密植化控免整枝促进集中成熟 …………………………… 64

第一节　叶枝发育的调控机理与技术 …………………………………… 64
第二节　棉花化学封顶的机理与技术 …………………………………… 71
第三节　合理密植与免打顶对叶枝的协同抑制效应 …………………… 74
第四节　免整枝和打顶对光合生产和同化物分配的影响 ……………… 78
第五节　生态区和种植密度对免整枝与打顶效果的影响 ……………… 81

第四章　水肥轻简运筹促进棉花集中成熟 ……………………………… 88

第一节　部分根区灌溉节水机理与节水灌溉技术 ……………………… 88
第二节　棉花轻简高效施肥的理论与技术 ……………………………… 94

第三节　水肥协同高效管理的理论与技术 …………………………… 101

第五章　化学脱叶催熟与机械采收 …………………………………… 114

第一节　棉花脱叶催熟的原理 ……………………………………… 114

第二节　影响棉花脱叶催熟的因素 ………………………………… 115

第三节　棉花脱叶催熟技术 ………………………………………… 125

第四节　棉花机械收获技术 ………………………………………… 129

第六章　棉花抗涝栽培保障集中成熟 ………………………………… 136

第一节　涝灾对棉花的危害与机制 ………………………………… 136

第二节　盐涝复合胁迫的危害与机制 ……………………………… 146

第三节　棉花适应淹涝胁迫的机制 ………………………………… 153

第四节　棉花抗涝栽培关键技术 …………………………………… 160

第五节　棉花抗盐防涝集中成熟栽培技术 ………………………… 172

第七章　棉花集中成熟栽培模式 ……………………………………… 183

第一节　西北内陆棉区生态特点和棉花集中成熟栽培模式 ……… 183

第二节　黄河流域棉区生态特点和棉花集中成熟栽培模式 ……… 190

第三节　长江流域棉区生态特点和棉花集中成熟栽培模式 ……… 198

第一章　棉花集中成熟栽培概论

棉花具有喜温好光、无限生长，结铃自动调节和补偿能力强等与其他大宗农作物不同的生物学特性（毛树春，2019）。我国棉花栽培曾经长期依赖精耕细作，特别是在收获环节，人工采摘4～7次，虽然费工费时，但棉花含杂率低、品质较好（聂军军等，2021）。因此，传统精耕细作栽培对棉花是否集中成熟没有严格要求。结铃分散、吐絮成熟期长反而有利于劳动力的安排，适合一家一户的小农生产。随着经济社会快速发展和城镇化进程加快，我国农村青壮年劳动力大量流失，留在农村从事农业生产的劳动力呈现出老龄化、妇女化和兼职化的特征（白岩等，2017），加之农村雇工费用大幅度增长，一家一户的分散经营模式和劳动密集的精耕细作栽培管理技术不仅不适应当前棉花生产的发展，更成为棉花生产可持续发展的严重阻碍。尽管我国西北内陆棉区采用密植矮化栽培，实现了相对集中结铃和集中成熟，但是受群体密度过大、行株距配置不合理、水肥投入多等因素的影响，棉田脱叶效果差，机采籽棉含杂率在12%以上，严重影响了机采棉的质量（冯璐，董合忠，2022）。因此，实行轻简植棉，特别是采收的轻简化、机械化是棉花生产高质量发展的根本保证（董合忠等，2016）。集中成熟是棉花机械收获的基本要求。因此，优化成铃、集中成熟成为轻简高效植棉研究的重点。经过多年研究和实践，我国棉花集中成熟栽培的理论和技术业已形成，成为现代植棉理论与技术的重要内容。本章对棉花集中成熟的概念、内涵及其关键技术途径概述如下。

第一节　棉花集中成熟栽培的概念和内涵

我国长江和黄河流域棉区传统栽培棉花的结铃时空分布比较分散，导致吐絮成熟期长达2～3个月，植株高大、外围铃较多，不利于集中收获和机械采摘（董合忠，2019）；西北内陆棉区采用密植矮化栽培，虽然能够实现相对集中结铃，但脱叶效果较差，机采籽棉含杂率常在 12％以上（冯璐，董合忠，2022），严重影响机采棉的质量。棉株集中在一个较短的时间段内完成吐絮并高效脱叶是机械采摘的前提。

一、集中成熟栽培的概念

棉花原产于热带和亚热带地区，是多年生植物，经过在暖温带长期种植驯化，演变成一年生作物。因此，它既有一年生植物生长发育的普遍规律，又保留了多年生植物无限生长的习性（毛树春，2019）。只要温、光、水等条件适宜，棉株就会不断现蕾、开花、结铃，导致传统栽培棉花的吐絮成熟期（棉株第一个棉铃开裂吐絮到绝大多数棉铃吐絮）长达 70～90 天，需要人工收获 4～7 次（董合忠等，2016；2018）。但近 10 多年来，随着经济社会发展和城镇化进程加快，我国农村劳动力数量减少、质量下降，改人工采摘为机械采收已是大势所趋，而机械采收的前提则是集中成熟吐絮（董合忠，2019）。

棉花集中成熟是指整块棉田集中在一个较短的时间内完成吐絮，是棉花机械收获的基本要求。棉花集中成熟栽培则是指选用熟性适宜的棉花品种，通过适期播种、合理密植、化学调控、水肥运筹、适时打（封）顶、脱叶催熟等措施，实现棉花优化成铃、集中成熟的栽培管理方法（聂军军等，2021）。

对具有无限生长习性的棉花而言，特别是在自然条件较差、种植制度复杂、产量目标要求颇高的中国主要产棉区，实现集中成熟的难度很大，一度成为全程轻简化、机械化植棉"卡脖子"难题。面对发展机采棉的迫切需求，我国棉花科技工作者因地制宜，创建了适合不同棉区的独具中国特色的棉花集中成熟栽培技术，并对棉花集中成熟栽培理论进行了较为系统的研究，为我国棉花轻简化栽培、机械化采收提供了坚实的理论和技术支撑（董合忠，2019；聂军军等，2021）。

二、棉花集中成熟栽培的内涵

棉花集中成熟要求整株棉花和整块棉田的棉铃集中在一个较短的时间段内成熟吐絮。棉花集中成熟栽培则是实现棉花集中成熟的理论和技术方法。总结起来，棉花集中成熟栽培的内涵可以从以下几个方面来认识和把握。

（一）集中成熟的相对性

集中成熟就是要求吐絮成熟期尽可能缩短。就整株棉花而言，成熟期或吐絮期通常是指一株棉花第一个棉铃吐絮到最后一个棉铃（或绝大多数棉铃）吐絮完成所需要的天数；就整块棉田而言，则是指一块棉田 50％棉株上的第一个棉铃吐絮到 50％棉株的最后一个棉铃（或绝大多数棉铃）吐絮所需要的天数。吐絮成熟天数越短，集中成熟程度越高，越便于集中采收或机械采摘。但是，吐絮成熟期的长短没有统一的规定，集中成熟是相对于传统栽培棉花结铃吐絮分散、成熟期过长而言的，是一个相对的概念（聂军军等，2021）。

（二）集中成熟与早熟性的关系

及时成熟收获是棉花高产、优质、高效的重要保障。棉花过早成熟会因不能充分利用生长季节的光热资源引起减产；过晚成熟易受后期低温早霜的影响而减产降质。选择与生态条件相匹配、相适应，熟性适宜的棉花品种是及时成熟收获的前提。熟性是作物生长发育快慢和成熟收获早晚的综合表现，是衡量棉花品种生态适应性的重要指标，通常用播种到成熟收获的生育期来表示。根据棉花生育期的长短，通常将陆地棉品种分为晚熟、中熟、早中熟、早熟等类型（冯璐，董合忠，2022）。在棉花生产中，棉花熟性通常特指早熟性。早熟性不仅是当前棉花品种选育的重要目标，也是棉花栽培管理的重要内容，即在有效生长季节内确保棉铃尽早吐絮成熟。实现早熟一是可以避免棉花生育后期因害虫危害所造成的直接产量损失；二是在适宜生长季节播种收获可以确保棉花在合适温度、水分和光照等环境条件下生长发育，争取更多有效生长时间，高效利用有限的能量和物质资源形成产量和品质，避免后期不良气候条件对产量和品质的影响。特别在我国北疆地区，秋季气温下降快、土壤封冻早，早熟对棉花农事管理极为重要。另外，两熟和多熟种植也是黄河流域和长江流域棉花生产的重要模式，棉花成熟早便于为后茬作物适期播种争取时间。

近年来，我国正在推行机械化采收，棉花从多次人工采收变为一次性机械采收，这就不仅要求棉花早熟，而且要集中成熟。因此，早熟也是集中成熟的一个重要指标和基本要求，即在有效生长季节内棉铃尽可能早地吐絮成熟，完成生活周期。我国主要产棉区要么热量条件非常有限，要么实行两熟甚至多熟制，需要及时腾茬，因此对棉花早熟的要求十分严格（冯璐，董合忠，2022）。棉花早熟不仅为了避免棉花生育后期害虫或低温早霜对产量、品质的影响，而且是为了更好地机械采摘。采摘前需要化学脱叶催熟，早熟既是减少脱叶催熟所致棉花产量损失的重要途径，也是提高脱叶率的根本保证。由此可见，早熟是机械采收的必然要求，无论是一年一熟还是两熟种植都必须强调早熟。吐絮"早而集中"是集中成熟、机械采收的基本要求。

（三）集中成熟与优化成铃的关系

棉花产量和纤维品质的形成是通过棉株不断结铃实现的，受结铃时间、棉铃所处空间部位及棉株生理年龄等因素的影响显著。优化成铃就是要求棉株在最佳结铃期、最佳结铃部位和最优生理状态时多结铃，结优质铃（董合忠等，2014）。为优化成铃，要实现棉花集中成铃期（成铃高峰期）、光热高能期（最佳光热季节）和光合高值期"三高"同步。其中，集中成铃期与最佳光热季节同步的时期就是最佳结铃期。最佳结铃期的增产潜力还很大，最佳结铃期的同步程度越高，增产潜力可能越大，同样生产的棉花品质越优。

优化成铃是实现集中成熟的必然要求和重要途径。棉花集中成熟不只是时间上的"集中"，在结铃的空间部位上也要相对集中。为实现优化成铃和集中收获的目标，应充分协调品种、环境和栽培措施三者的关系，在增加生物学产量的基础上，稳定或提高经济系数；在增加单位面积总铃数的基础上，稳步提高铃重。这不仅要主动而有预见性地控制棉花个体发育，培植集中结铃的理想株型，促进棉花正常成熟，还要根据当地生态条件，优化群体结构，协调好棉花生长发育与环境条件、个体与群体、营养生长与生殖生长以及地上部与地下部的关系（董合忠等，2014）。一般而言，黄河流域棉区优质棉铃开花期为7月10至8月15日；长江流域棉区为7月15日至8月20—25日；西北内陆棉区为6月底至7月底。集中成铃就是要求棉花开花结铃高峰期集中在这一时间范围内。

（四）集中成熟与"四集中"的关系

南京农业大学周治国团队提出了麦（油）后直播棉花"三集中"的栽培思路（刘瑞显等，2018）。长江流域棉区麦（油）套种春棉改为麦（油）后直播早熟棉，由于播期的推迟，棉花现蕾、开花期也显著推迟，要实现产量不低于传统的育苗移栽棉花，必须要集中现蕾、集中成铃、集中吐絮，进而达到大面积生产应用的要求。根据其生育进程，该种植方式下应于7月现蕾，7月底至9月中旬成铃，9月下旬开始吐絮，10月上旬脱叶催熟后实现集中吐絮；棉株成铃应集中于内围和中上部，且 8 月 15—30 日成铃强度高，达 3.0 万个/（公顷·天）以上，既有利于优质桃的形成，又能达到"三集中"和优质高产同步的目标（刘瑞显等，2018）。

新疆农业科学院李雪源团队通过多年的研究探索，提出了集中现蕾、集中开花、集中成铃、集中吐絮的"四集中"管理技术（梁亚军等，2020）。棉花"四集中"管理技术，一是基于机采棉发展需要实现机采棉综合农艺配套而提出的，只有实现棉花"四集中"栽培管理目标，才能使棉花生长发育与机采棉农艺性状的要求相适应，特别是与脱叶催熟要求相匹配，促使棉花集中现蕾、开花、成铃、吐絮，保证所有成铃的成熟吐絮，实现机采棉集中成熟、集中采收。二是基于新疆特定的生态环境和生产条件，为使棉花产量品质形成与新疆光热高能期同步而提出的，新疆棉花成铃偏晚、"三桃"（伏前桃、伏桃和秋桃）比例不协调、霜前花率低、盖顶桃少，成铃期与新疆光热条件最佳时期同步时间短，影响棉铃的发育和棉花产量和品质。三是基于绿色优质高效栽培的要求而提出的棉花栽培对调控棉花产量、品质关键构成因素的消长动态提出了新要求，在合理的器官形成动态规律基础上，通过技术集成，实现棉花生长发育动态与光热高能期同步、与脱叶催熟要求相匹配、与化学封顶要求相适应，是棉花高产栽培的内在要求。"四集中"技术是新疆棉花高产优质的重要保证，有利于棉花集中成熟，实现高产优质高效，解决新疆棉花生产中因管理参差不齐导致的"三桃"比例不协调、中空、晚熟、盖顶桃少、成铃质量差、不适宜机械化采收等问题。

为推动长江流域棉区机采棉的发展，湖北省农业科学院别墅团队提出了集中成铃调控技术（王琼珊，2023），认为集中成铃是实现成铃高峰期与光热高能期同步，提高棉花产量、改善纤维品质和提高种植效益的根本途径。通过调控关键栽培技术，如筛选棉花品种、深松土壤扩库增容、适期播种一播全苗、苗期控氮控旺控弱、全生育期养分要素肥于盛蕾期一次性施用、按主茎日增长量进行精准化学调控、及时打顶、喷施催熟剂和脱叶剂等，可明显促进机采棉的集中成铃，使铃聚度（光热高能期结铃数占全生育期总结铃数的比例）达到 80%以上，优质铃数和铃重明显增加。

由此可见，无论是"一集中"（集中成铃）、"三集中"（集中现蕾、集中成铃、集中吐絮）还是"四集中"（集中现蕾、集中开花、集中成铃、集中吐絮）都是棉花集中成熟栽培理念在不同生态区的具体化，是棉花集中成熟栽培理论和技术的发展。

（五）集中成熟与高效脱叶的关系

高效脱叶是棉花机械采收的关键配套技术，通常是利用噻苯隆等脱叶剂诱导叶片产生乙烯，同时抑制叶柄中生长素的极性运输，使离区细胞对乙烯更为敏感，叶柄基部形成离层，继而诱导叶片脱落。棉花具有无限生长习性，生育中后期往往继续长叶、现蕾、开花，化学脱叶的同时一并去除了无效蕾、花、铃，并防止了棉花的二次生长，因此，在一定程度上直接优化了棉铃的时空分布。并且，脱叶剂噻苯隆等通常还与催熟剂乙烯利等混配施用，在脱叶的同时，促进了棉铃的开裂，进一步提高了集中成熟吐絮的程度（董合忠等，2018）。另外，脱叶后棉田通透性提高，也间接促进了棉铃开裂吐絮，有利于机械采摘。由此可见，集中成熟与高效脱叶是高度统一的，但有时也会出现矛盾。例如，高密栽培虽然促进了集中成熟，但是密度过高、行距过窄，群体郁闭，脱叶剂打不透、落叶挂枝难掉落，则会显著影响化学脱叶效果，导致机采籽棉杂质含量高达 12％以上，严重影响机采棉的质量。实际生产中要通过密度与行株距合理配置，以及优化肥水运筹等尽可能避免这一矛盾的出现。

（六）集中成熟栽培与轻简高效栽培的关系

棉花轻简、节本、高效栽培曾经用过简化栽培（李维江等，2000；董合忠，2013b）、轻简栽培（董合忠，2013a）、轻简化栽培（董合忠等，2016、2017；张冬梅等，2019a、2019b）、轻简高效栽培（董合忠等，2018）、集中成熟轻简高效栽培（董合忠，2019）、集中成熟栽培（聂军军等，2021）多个名称。这些名称虽然不同，内容也有所侧重，但中心意思就是实现棉花生产的轻简、节本、增效。因此，集中成熟栽培是基于集中成熟的轻简高效栽培。具体而言，集中成熟栽培更加具体和有针对性。集中成熟栽培是轻简高效栽培的核心内容，是轻简高效栽培的具体化，是现阶段我国棉花轻简化机械化生产的重要支撑技术。

三、集中成熟栽培技术的特点

（一）棉花集中成熟栽培是一个系统工程

棉花集中成熟栽培贯穿棉花"种—管—收"的每一个环节、每一道工序，而不是只侧重于或局限于某个环节、某个时段、某个方面，因此棉花集中成熟栽培是一个系统工程，这是该栽培技术与过去提出和采用的一些简化栽培措施的重要区别。

（二）棉花集中成熟栽培技术手段要与时俱进

一方面，集中成熟栽培是动态发展的，其具体的管理技术、农业装备、保障措施等是在不断提升、更替和发展之中的，其重要特征是改革创新、与时俱进；另一方面，集中成熟栽培要符合当地生产和生态条件的要求，不顾条件、不因地制宜，盲目追求规模化、机械化、信息化等行为不可取。

（三）集中成熟栽培目标的多样性

集中成熟栽培目标不限于集中成熟、机械收获，而是要高产稳产、轻简节本、提质增效、绿色发展，在不断减少用工的前提下，减少水、肥、膜、药等生产资料的投入，保护棉田生态环境，实现绿色生产、可持续生产，经济效益、社会效益和生态效益相统一，这是棉花集中成熟栽培的重要内容和目标。但是，核心是集中成熟。

（四）棉花集中成熟是机械收获的前提

集中（机械）收获是现代棉花生产的必然要求，其前提是棉花集中成熟。因此，从播种开始就要实行与机械化管理和收获相配套的标准化种植。在此基础上，根据当地的生态条件和生产条件，综合运用水、肥、药调控棉花个体和群体生长发育，构建理想株型和集中成熟高效群体结构，优化成铃、集中吐絮，为机械采摘奠定基础。

（五）棉花集中成熟栽培没有严格的条件要求

总体来看，棉花集中成熟栽培的实施没有严格的条件要求，但努力提高棉花种植的适度规模化、标准化，提高社会化服务水平是其重要保障。在当前条件下，依靠农民专业合作社、家庭农场等新型农业经营主体是推行集中成熟轻简栽培技术的重要途径。

（六）集中成熟栽培与轻简化、机械化的关系和区别

集中成熟栽培是对传统精耕细作技术的创新改造，与精耕细作、全程机械化等既有必然的联系又有本质的区别。原有中国特色的精耕细作栽培技术是基

于我国人多地少、经济欠发达的基本国情发展起来的以高产为主攻目标的作物栽培技术，其基本原理、方式和方法仍具有一定的生命力和先进性。棉花集中成熟栽培既不能全盘否定精耕细作，更不能走粗放耕作、广种薄收的老路子，而应该吸收、继承和创新改造传统精耕细作栽培技术。机械化是轻简化栽培和集中成熟栽培的重要手段和保障，包括播种、施肥、中耕、植保、收获在内的农业机械，以及新型棉花专用肥、植物生长调节剂、配套棉花品种等，这些都是轻简化栽培和集中成熟栽培所依赖的重要物质保障，但是农业机械化不是集中成熟栽培的全部。这包含两个层面的含义：一是集中成熟栽培要尽可能实行机械化，但不是单纯要求以机械代替人工，而是强调农机农艺融合、良种良法配套；二是轻简高效栽培和集中成熟栽培还包括简化管理工序、减少作业次数，这也是与机械化的显著不同。棉花轻简化栽培和集中成熟栽培强调量力而行、因地制宜、与时俱进，这也与全程机械化不同。棉花生产全程机械化涉及诸多环节，要求规模化种植、标准化管理、化学脱叶催熟、大型采棉机采收、成套加工线清理，其要求严格甚至苛刻，我国很多产棉区目前尚难以做到。但是，轻简高效栽培和集中成熟栽培则不同，其内涵在不同时期、不同地区有不同的规定，采用的物质装备和农艺技术与当地经济水平、经营模式相匹配。可见，轻简高效栽培和集中成熟栽培更适合中国国情（代建龙等，2013，2014；聂军军等，2021）。

第二节　棉花集中成熟栽培产生的背景和过程

基于人多地少的国情和原棉消费量不断增长的实际需要，以高产为主攻目标，经过 50 多年研究与实践，我国于 2000 年前后建立了适合国情、先进实用、特色鲜明的中国棉花高产栽培技术体系（Dai，Dong，2015a；2015b），并形成了相对完整的棉花高产栽培理论体系，为奠定世界产棉大国的优势地位作出了重要贡献。但是，一方面，依赖于传统精耕细作栽培技术的中国棉花种植业是一种典型的劳动密集型产业，种植管理复杂，从种到收有 40 多道工序，每公顷用工 300 多个，是粮食作物用工量的 3 倍，用工成本很高。另一方面，随着经济社会发展和城市化进程加快，我国农村劳动力的数量和质量都发生了巨大变化：自 1990 年以来，每年农村向城市转移劳动力约 2 000 万人，导致农村劳动力数量剧减并呈现出老龄化、妇女化和兼职化的特征，对新时代农业生产，特别是劳动密集型的棉花生产提出了严峻挑战，传统精耕细作棉花栽培技术已不符合棉区"老人农业""妇女农业"和"打工农业"的现实需要（董合忠，2013a；2013b）。为应对这一挑战，必须建立和应用以省工简化为目标的轻简高效栽培技术，实现棉花生产的轻便简捷、节本增效、绿色生态。而且，实现省工简化必须要解决集中成熟机械收获的难题。因此，总结集中成熟轻简高效植棉技术的形成过程，大致可以分为三个阶段。

一、简化栽培阶段

和其他作物栽培技术的发展历程一样，我国棉花栽培技术也经历了由粗放到精耕细作，再由精耕细作到轻简化的过程。实际上，在新中国成立之初我国就开始注重研发省工省时的棉花栽培技术措施，如在 20 世纪 50 年代就对是否去除棉花叶枝开始讨论和研究，为最终明确叶枝的功能进而利用叶枝或简化整枝打下了基础；20 世纪 80 年代以后推广植物生长调节剂，促进了化控栽培技术在棉花上的推广普及，不仅提高了调控棉花个体和群体的能力与效率，还简化了栽培管理过程。2000—2005 年，山东棉花研究中心承担了"十五"全国优质棉花基地科技服务项目——"山东省优质棉基地棉花全程化技术服务"。该项目涉及较多棉花简化栽培的研究内容，在项目总负责人中国农业科学院棉花研究所毛树春研究员的倡导下，山东棉花研究中心率先提出了棉花简化栽培的理念（李维江等，2000），在研究实施过程中，建立了杂交棉"精稀简"栽培和短季棉晚春播栽培两套简化栽培技术（董合忠等，2000）。前者选用高产早熟的抗虫杂交棉（F1），采用营养钵育苗移栽或地膜覆盖点播，降低了杂交棉的种植密度，减少了用种量，降低了用种成本，充分发挥了杂交棉个体生长优势；应用化学除草剂定向防除杂草，采用植物生长调节剂简化修棉或免整枝，并依靠叶枝结铃（董合忠等，2003；2007），不仅减少了用种量，还减少了用工，提高了植棉效益，在一定程度上达到了高产、优质、高效的目标，重点在鲁西南等两熟制棉区推广应用（李维江等，2005）。后者则选用短季棉品种，晚春播种，提高了种植密度，以群体拿产量，正常条件下可以达到 1 200 千克/公顷左右的皮棉产量，主要在热量条件差的旱地、盐碱地及水浇条件较差的地区推广。2005 年以后国内对省工省力棉花简化栽培技术更加注重，取得了一系列研究进展，包括研发出传统营养钵育苗移栽的升级换代技术——轻简育苗移栽技术（郭红霞等，2011），研究完善了杂交棉稀植免整枝技术，研究应用缓控释肥减少施肥次数代替多次施用速效肥等，特别是对于农业机械的研制和应用更加重视。但限于当时的条件和意识，人们对棉花轻简化栽培的认识还处于初级阶段，即侧重于某一个环节或某项措施的简化，而不是全程简化；侧重于机械代替人工，而不是农机农艺融合；认为简化植棉只限于栽培技术的范畴，不重视品种，更不重视良种良法配套。

2007年中国农业科学院棉花研究所牵头实施了公益性行业（农业）科研专项"棉花简化种植节本增效生产技术研究与应用"，开始组织全国范围内的科研力量研究棉花简化栽培技术及相关装备。该项目主要开展棉花栽培方式、栽植密度、适宜栽植的品种类型、科学施肥、控制"三丝"污染等方面研究，通过公益立项、联合攻关，采取多点、多次的连续试验，把各个环节的机理说清楚搞明白，在此基础上形成创新技术并应用，逐步促进棉花种植技术的改革发展。在2009年的项目总结会上，项目主持人喻树迅院士认为，当前我国棉花生产正面临着从传统劳累型植棉向快乐科技型植棉的重大转折机遇。在完成了棉花品种革命——从传统品种到转基因抗虫棉，再到杂交抗虫棉的普及阶段，今后亟待攻克的将是如何让劳累烦琐的棉花栽培管理简化轻松，变成符合现代农业理念的"傻瓜技术"，使棉农从繁重的体力劳动中解脱出来，在体验"快乐植棉"中实现高效增收。今后要强化"快乐植棉"理念，将各自的技术创新有机结合，形成具有核心推广价值的普适性植棉技术。在公益性行业（农业）科研专项开始执行后不久，国家棉花产业技术体系成立，棉花高产简化栽培技术被列为体系的重要研究内容，多个岗位科学家和试验站开展了相关研究。

二、轻简化栽培阶段

2011年9月在湖南农业大学召开的"全国棉花高产高效轻简栽培研讨会"上，官春云院士提出了"作物轻简化生产"的概念，喻树迅院士正式提出了"快乐植棉"的理念，毛树春和陈金湘提出了"轻简育苗"的概念。受以上专家报告的启发，结合国内多家单位的多年探索和实践，山东棉花研究中心率先提出了"轻简化植棉（棉花轻简化栽培）"的概念（董合忠等，2013a；2013b），联合国内优势科研单位成立了轻简化植棉科技协作组，在不同产棉区联合开展轻简化植棉理论与技术研究。由于选题正确、分工合理、组织得当，研究很快便取得了一系列进展。在长江流域棉区，华中农业大学杨国正团队研究了棉花氮素营养规律和简化（一次性）施肥技术；安徽省农业科学院棉花研究所郑曙峰团队研究完善了轻简育苗和油后直播早熟棉技术。在黄河流域棉区，河北农业大学李存东团队研究了棉花衰老理论和株型调控技术；董合忠团队研究建立了精量播种、免整枝和集中成熟的理论与技术。在西北内陆棉区，石河子大学张旺锋团队研究建立了机采棉合理群体构建与脱叶技术；新疆农业科学院经济作物研究所田立文研究员研究创新了单粒精播保苗壮苗技术。

　　为总结轻简化栽培技术研究取得的成果，2015 年 12 月 6 日，山东棉花研究中心组织华中农业大学、安徽省农业科学院棉花研究所、河南省农业科学院经济作物研究所、新疆农业科学院经济作物研究所等单位的相关专家，在济南市举办了轻简化植棉论坛。会议进一步明确了棉花轻简化栽培的概念，确定了棉花轻简化栽培的科学内涵和技术内容；会议在总结理论和技术成果的基础上，集成建立了西北内陆、长江流域和黄河流域轻简化植棉技术体系，并形成了技术规程；会议还专门制订了推广应用方案，在全国三大主要产棉区推广应用。这次会议的成功召开和技术规程的制订与应用，标志着我国棉花生产正式由精耕细作向简化管理转变，改繁杂为轻简、改高投入高产出为节本高效、改劳动密集型为技术产业型。由精耕细作到轻简化植棉是我国棉花栽培技术的重大跨越（董合忠，2019）。

　　2016 年以来，协作组按照"继续深化研究、不断总结完善、扩大示范推广"的总体思路继续开展工作，取得了新的突破和进展。2016 年 9 月中国农学会组织对"棉花轻简化丰产栽培关键技术与区域化应用"进行了第三方评价，协助协作组对其理论和技术成果作了进一步梳理和总结；相关研究成果获 2016—2017 年度神农中华农业科技奖一等奖、2017 年山东省科技进步奖一等奖，将轻简化植棉推进到一个新阶段，得到业内的广泛认可。

　　但是，在转变和跨越过程中也不断产生了新的问题和挑战，主要表现在：一是认为机械化就是轻简化，不顾条件盲目发展机械化，忽略了农机农艺融合，虽然机械化程度提高了，但是节本增产、提质增效的目的没有达到。二是把轻简化植棉与粗放耕作混为一谈，棉花用工减少了，但产量和品质也严重下降了。三是轻简化、机械化植棉最难的环节就是集中成熟，其中黄河流域与长江流域棉区吐絮期长，难以集中成熟；西北内陆棉区虽然集中成熟度较好，但水肥投入大、机采棉脱叶效果差，影响了轻简化植棉的推进。四是缺少棉花轻简化生产技术方面的详细资料，基层技术人员和农民对棉花轻简化生产技术缺乏了解和认识。因此，大力宣传、示范和推广棉花轻简化栽培技术是促进我国棉花生产方式转变的重要技术保障（董合忠等，2017）。

三、集中成熟栽培阶段

（一）明确了集中成熟栽培的概念和内涵

2019年6月中国农学会受托组织对该项目进行了第二次评价，专家们一致认为该成果达到了国际领先水平。在高度评价该项目成果的基础上，指出要以集中成熟引领轻简化植棉，建议将"高效轻简化栽培技术"改为"棉花集中成熟轻简高效栽培技术"。至此，形成了成熟完整的集中成熟轻简高效植棉技术及其理论体系（张冬梅等，2019a；2019b）。具体标志如下。

一是丰富了轻简高效植棉的内涵。协作组一致认为，轻简高效植棉是指简化管理工序、减少作业次数、良种良法配套、农机农艺融合，实现棉花生产轻便简捷、节本增效、绿色生态的栽培管理方法和技术。与以前的轻简化相比，增加了两个内容，即高效和绿色生态。这里的高效既指高效益，也指高效率，通常用人均管理棉田的规模来表示；绿色生态则要求减肥减药减残膜，减少棉田面源污染。

二是明确了集中成熟是轻简高效植棉的引领。过去一直认为轻简高效植棉的关键是田间管理的轻简化，实现轻简化管理就实现了轻简化植棉。按照这一思路，虽然管理简化了，但是最后的收获环节却出了问题，要么不能集中（机械）收获，要么机械收获后原棉含杂多、品质差，给原棉加工清理造成了困难。因此，轻简高效植棉要以集中成熟为引领，以精量播种成苗壮苗为基础，以轻简管理促集中成熟为保障，最终实现"种—管—收"全程轻简化。

三是形成了比较完整的集中成熟轻简高效植棉理论。围绕"种—管—收"这一主线，深入研究揭示了不同环节轻简栽培的机理，主要包括单粒精播的成苗壮苗机理、合理密植和化控免整枝的机理、部分根区灌溉节水抗旱机理、不同种植模式棉花的氮素营养规律，以及棉花集中成熟高效群体结构和主要技术参数，为集中成熟轻简高效植棉提供了理论依据。

四是创建了棉花集中成熟轻简高效栽培关键技术。棉花轻简高效植棉技术主要包括：单粒精播壮苗技术，不仅节约了种子，还省去了间苗、定苗环节，为集中成熟奠定了基础；免整枝技术，免去了整枝打顶环节，不仅节省了用工，还塑造了集中成铃的株型，促进了群体的集中成熟；一次性施肥或水肥协同管理技术，不仅提高了肥料利用率，减少了水肥投入和施肥用工，还提高了化学脱叶效果；优化成铃，构建集中成熟群体结构，保障了集中（机械）收获，大大提高了工效。

五是集成建立了集中成熟轻简高效植棉技术体系。因地制宜，建立黄河流域一熟制"增密壮株"轻简高效植棉技术体系（董建军等，2017）、长江流域与黄河流域两熟制"直密矮株"轻简高效植棉技术体系（董合忠，2016；Dai et al.，2017）、西北内陆"降密健株"轻简高效植棉技术体系（白岩等，2017），成为全国主推技术并大面积推广应用（表1-1）。

表1-1　集中成熟轻简高效植棉的发展历程

时间	发展阶段	主要标志
2001—2010 年	简化栽培探索阶段	广泛应用植物生长调节剂简化整枝修棉； 轻简育苗移栽技术代替营养钵育苗移栽技术； 研究应用缓控释肥减少施肥次数代替多次施用速效肥等； 重视农业机械的研制和应用
2011—2015 年	轻简化植棉阶段	联合国内优势科研单位成立轻简化植棉科技协作组，在不同产棉区开展轻简化植棉理论与技术研究； 集成建立了西北内陆、长江流域和黄河流域轻简化植棉技术体系，并形成了技术规程推广应用； 基本实现了农机农艺融合、良种良法配套，棉花生产逐步改繁杂为轻简、改高投入高产出为节本高效、改劳动密集型为技术产业型
2016 年至今	集中成熟轻简栽培阶段	一是丰富了轻简高效植棉的内涵，在原有基础上增加了高效（资源高效利用、高效率和高效益）和绿色生态； 二是明确了集中成熟是轻简化植棉的引领，精量播种和轻简管理是保障，最终实现"种—管—收"全程轻简化； 三是研究形成了比较完整的集中成熟轻简高效植棉理论； 四是创建了集中成熟轻简高效植棉的关键技术； 五是集成建立了集中成熟轻简高效植棉技术体系，获得了 2016—2017 年神农中华农业科技奖一等奖、2017 年山东省科技进步奖一等奖和 2022—2023 年度神农中华农业科技奖一等奖

（二）开展"万里行"活动检验集中成熟栽培技术的应用情况

基于全国棉花种植基地向西北内陆转移，为推广普及轻简高效植棉技术，助力新疆棉花生产步入"轻简节本、绿色生态、提质增效"的可持续发展道路，2019 年 3 月 6—12 日，山东棉花研究中心组织董合忠、田立文、张晓洁、代建龙、赵红军等专家赴新疆推广普及集中成熟轻简高效植棉新技术。在新疆利华（集团）股份有限公司、新疆农业科学院经济作物研究所、沙湾县人民政府的大力支持下，专家们行程1万多千米，先后在尉犁县、沙雅县和沙湾县3个植棉大县（三县植棉面积近500万亩），采用举办培训班、座谈交流、田间地头指导备播、发放技术资料等形式，向当地农业科技干部、植棉农民、专业合作社和相关企业系统讲解与传授了西北内陆"降密健株"轻简高效植棉新技术。

这次"万里行"活动共培训相关技术人员和植棉农民2 000多人次，发放技术资料3 000多份，使轻简高效植棉技术深入人心，被广泛接受，产生了深远影响。在此基础上，还取得了如下重要成果。

一是进一步明确了制约新疆棉花生产可持续发展的关键技术问题。经过调研、座谈讨论和分析，大家一致认为，当前制约新疆棉花生产可持续发展的主要问题是，过分追求高产，投入大、成本高，棉田面源污染重，丰产不丰收、高产不高效，不符合绿色生态、可持续发展的理念和要求；注重遗传品质，忽视生产品质，密度高、群体结构不合理导致群体臃肿荫蔽、脱叶率低，棉花含杂多，是优良品种没有生产出优质棉的主要原因；注重机械代替人工，强调全程机械化，劳动强度降低了，但植棉程序没有减少，没有实现真正意义上的轻简高效。

二是确定了解决以上问题的基本技术途径。新疆棉花生产的健康发展要走轻简高效植棉的路子，其具体技术路线是"降密健株、优化成铃、提高脱叶率"。为此，要制定合理的产量目标：把高产超高产改为丰产优质，高投入高产出改为节本增效、绿色生态。主要技术途径是良种良法配套、农机农艺融合、水肥药膜结合、水肥促进与化学调控相结合。

三是因地制宜，确定了西北内陆"降密健株"轻简高效植棉的关键点：①一般棉田继续推行66厘米＋10厘米的配置方式，但要适当降低密度、合理增加株高，增加1条滴灌带，铺设在窄行内或大行外侧，由"1管3"改为"1管2"；②条件较好的棉田大力推行76厘米等行距种植，实收密度13.5万～15万株/公顷，要采用单株生产力较高的棉花品种与之配套，每行棉花配置1条滴灌带，即"1管1"；③根据盐碱程度、底墒大小、地力条件和淡水资源，灵活选择传统秋冬灌或春灌、膜下春灌和滴水出苗等节水造墒播种方式，并实行年际交替轮换；④节水灌溉、科学施肥，实行基于水肥一体化的水肥协同管理，即减基肥、增追肥，减氮肥、补施微量元素，常规滴灌与亏缺滴灌交替轮换，肥料用量与每次灌水量匹配，实现水肥协同管理；⑤水肥促进与化控有机结合，塑造通透群体，免整枝、优化成铃、集中吐絮，提高脱叶率。这次"万里行"活动,大大推进了集中成熟轻简高效植棉技术在新疆的推广普及。

2019 年 10 月 14 日,山东棉花研究中心、新疆利华(集团)股份有限公司、新疆农业科学院经济作物研究所联合召开了西北内陆棉区轻简高效植棉技术测产验收会,在新疆尉犁县塔里木乡和兴平乡的棉花轻简高效栽培技术示范田进行了测产,并就近选取传统"矮密早"棉田进行勘查对比。随机抽测的两块示范田,平均实收密度 15.58 万株/公顷,比对照(20.85 万株/公顷)降低了 25.3%;平均株高 83.9 厘米,比对照(71.2 厘米)增加 17.8%;平均单产籽棉分别为 597.5 千克/公顷和 543.4 千克/公顷,比对照(493.3 千克/公顷)增产 10%~21%,平均节水 15.8%、减施氮肥 15.5%。这一结果与项目组先前在新疆沙湾县(现沙湾市)、沙雅县及新疆生产建设兵团相关团场示范田的自测结果十分吻合。中国工程院院士喻树迅、山东省农业科学院原党委书记周林在考察沙湾县轻简高效植棉技术示范田后皆给予充分肯定,中国农业科学院棉花研究所毛树春研究员和新疆维吾尔自治区农业技术推广总站贾尔恒·伊利亚斯研究员等测产专家认为,棉花集中成熟轻简高效栽培技术已经在西北内陆棉区落地生根,为西北内陆棉花省工节本、质量兴棉、绿色发展注入了全新的活力。

(三)棉花集中成熟轻简高效栽培技术体系在全国大面积应用

为检验"棉花集中成熟轻简高效栽培技术体系"在全国主要产棉区大面积示范推广情况,2023 年 10 月 5—19 日山东省农业科学院经济作物研究所邀请同行专家先后考察了位于鲁西南的成武县、金乡县,鲁西北的夏津县,鲁北(黄河三角洲)的利津县、无棣县和滨州市滨城区,新疆巴州地区的尉犁县,并对各地代表性示范田进行了测产。结果表明,包含不同技术模式的棉花集中成熟栽培技术体系在全国落地生根,实现了轻简节本、丰产抗逆、绿色高效的棉花生产目标。

针对我国棉花生产主要依靠大量人工和肥水投入制约产业高质量发展的现实问题,在国家和山东棉花产业技术体系、国家重点研发计划等项目的支持下,山东省农业科学院经济作物研究所棉花栽培团队联合中国农业大学、河北农业大学、石河子大学和新疆农业科学院经济作物研究所等单位,以"集中成熟"为引领,系统研究了种、水、肥、密和化控等栽培手段促进棉花集中成熟和收获的机理与效果,创立了西北内陆机采棉集中成熟轻简栽培模式、黄河流域一熟春棉集中成熟轻简栽培模式、长江与黄河流域直播夏棉集中成熟轻简栽培模式,形成完整的棉花集中成熟轻简高效栽培技术体系。

在全国农业技术推广服务中心的主导和支持下，研究团队紧紧依靠各地农业技术推广部门、新型农业经营主体和涉棉企业，对棉花集中成熟轻简高效栽培技术体系进行了大面积示范推广。其中，在新疆重点推广了以单粒精播免定苗、水肥协同高效运筹、密植化控免整枝、"三优"脱叶催熟等为关键技术的系统调控栽培模式，在南疆盐碱地还重点推广了干土播种、多次微量滴水"增墒、降盐、调温"技术；在黄河流域棉区重点推广了一熟春棉"晚播增密"集中成熟栽培模式、滨海盐碱地凹凸栽培抗盐防涝栽培模式和棉草两熟栽培模式；在长江与黄河流域两熟制棉田重点推广了夏棉"三改"（改春棉品种为早熟棉品种、改育苗移栽为机械直播、改稀植栽培为增密栽培）集中成熟轻简栽培模式。

综合测产结果和各地反馈的示范情况，推广应用集中成熟轻简高效栽培技术体系，平均增产5%～10%、省工30%～50%、减少物化投入10%～15%。其中，新疆棉区机采棉脱叶率提高了3～5个百分点、籽棉含杂率降低了43%；内地棉区棉花吐絮期缩短了40%，实现了集中成熟、集中（机械）采收。专家们一致认为，棉花集中成熟轻简高效栽培技术体系通过突破逆境保苗、集中成熟和高效脱叶的瓶颈，较好地解决了用工多、投入大、成本高的重大科技和生产难题，为我国棉花高质量发展提供了坚实的技术支撑。

（四）集中成熟栽培技术研究成果获得神农中华农业科技奖一等奖

我国棉花单产虽然位于世界前列，但主要依靠大量人工和肥水投入，这严重制约了棉花生产的高质量发展。为此，山东省农业科学院联合中国农业大学和新疆农业科学院经济作物研究所，系统研究了种、水、肥、密和化控等栽培手段促进棉花集中成熟、实现轻简管理和集中（机械）收获的机理与效果，创建"中国棉花集中成熟轻简高效栽培技术体系"。该研究成果获得2022—2023年度神农中华农业科技奖一等奖。主要内容如下：

一是创新集中成熟栽培核心理论。提出棉花集中成熟栽培新概念；探明了棉花单粒精播免定苗的成苗壮苗机理；揭示了合理密植抑制叶枝发育、化控抑制主茎顶端生长和节间伸长的机理；阐明了膜下滴灌和水肥协同提高养分利用效率和收获指数的生理学机制；揭示了甲哌鎓促进集中成熟以及噻苯隆的化学脱叶机制。

二是突破集中成熟栽培关键技术。建立棉花单粒精播免定苗技术和盐碱地出苗保苗技术；创建了棉花塑型封顶技术；发明了机采棉"三优"脱叶催熟技术；育成集中成熟的棉花新品种鲁棉522和鲁棉532等。

三是集成 3 套集中成熟栽培模式。创立了西北内陆棉区机采棉"系统调控"集中成熟轻简栽培模式、黄河流域棉区一熟春棉"晚播增密"集中成熟轻简栽培模式、长江与黄河流域棉区夏棉"直播增密"集中成熟轻简栽培模式，制定了技术标准并大面积推广应用，实现了棉花"种—管—收"全程轻简高效。2018—2022 年累计在我国主产棉区推广 7 690 万亩、新增经济效益 260 多亿元，其中近两年推广 3 700 万亩、新增经济效益 127.2 亿元。该成果实现了棉花栽培技术的升级换代，促进了我国棉花生产方式由传统高投入劳动密集型向现代轻简节本高效型的重大变革。

（五）制定国家标准《棉花集中成熟栽培技术要求》

根据《国家标准化管理委员会关于下达 2022 年棉花领域推荐性国家标准专项计划及相关标准外文版计划的通知》（国标委发〔2022〕32 号）要求，全国农业技术推广服务中心和山东省农业科学院等单位承担了计划编号为 20220874－T－326 的"棉花集中成熟栽培技术要求"的制定工作。全国农业技术推广服务中心陈常兵研究员和山东省农业科学院董合忠研究员担任首席专家，带领全国农业技术推广服务中心和山东省农业科学院等 19 家单位的人员完成资料收集、实地调研、标准文本起草和修改等工作，完成了国家标准《棉花集中成熟栽培技术要求》的制定工作。

1. 起草阶段

（1）加强组织工作，明确任务分工。我国三大棉区生产与生态条件、种植方式差异较大，本标准涉及的内容多而复杂，为保证标准的普适性和可操作性，全国农业技术推广服务中心、山东省农业科学院牵头成立了由黄河流域棉区、长江流域棉区、西北内陆棉区等三大棉区的主要科研单位和一线棉花专家参与的标准起草组，包括中国农业科学院棉花研究所、新疆农业科学院经济作物研究所、河北农业大学、安徽省农业科学院棉花研究所、石河子大学、塔里木大学、湖南生物机电职业技术学院、湖南农业大学、湖南省棉花协会、中国农业大学、山东省滨州市滨城区农喜棉花专业合作社、湖北宜施壮农业科技有限公司、新疆维吾尔自治区农业技术推广总站和中国农业科学院西部农业研究中心、新疆农业大学等，合计 19 家单位、41 位棉花科技人员，基本囊括了我国优势棉花生产、科研、教学、推广及相关企业、合作社和社团组织等。根据每位起草人员的工作领域和专业特长，结合实际需要，进行了任务分工，将标准起草任务落实到每一位起草人员，并明确了具体的进度要求。为便于起草人员随时交流，起草组组建了标准起草微信群。

（2）编写专业书籍，提供技术参考。2022 年 10 月，标准起草组陈常兵、董合忠等编写的《棉花集中成熟轻简栽培 100 题》一书由中国农业出版社正式出版。该书以问答的形式分三大棉区对棉花集中成熟轻简栽培模式和技术作了详细介绍。全书结构完整、内容丰富、时效性和实用性强，为本标准的起草编制提供了重要技术参考。

（3）明确标准框架，开展实地调研、示范验证。经过线上集中讨论交流，确定了标准文件的基本框架和主要内容，包括棉花集中成熟栽培的术语和定义、品种选择、种植制度、播前准备、播种、化控免整枝、科学施肥、病虫害防治、脱叶催熟、集中收获等技术要求，标准内容符合我国棉花规模化、轻简化、机械化发展方向，具有较好的实用性、针对性和可操作性。同时，为提高该标准的适用性和可操作性，起草组多次赴各地进行咨询与交流，在有关项目的支持下，2022 年在新疆、山东、安徽等地对棉花集中成熟栽培技术进行了大面积示范验证。2022 年 7 月 21—23 日，起草组组织专家对新疆图木舒克的技术示范田进行实地调研，重点考察改良后的棉花"干播湿出"播种保苗技术效果，结果显示，"干播湿出"改良技术较传统技术，不仅节水 50%，而且出苗快 1～2 天，出苗率和保苗率与传统技术相当或略高；9 月 17—18 日，组织专家对山东省成武县大田集镇和苟村镇的蒜（麦）后直播高品质集中成熟栽培技术示范田进行了实地测产，亩产籽棉 365.7 千克，刷新了黄河流域棉区蒜后直播短季棉的高产纪录；10 月 9 日，组织专家对山东无棣县的盐碱地棉花集中成熟栽培技术示范田进行了测产，轻度和重度盐碱地亩产籽棉分别为 349.9 千克和 322.2 千克，比对照田分别增产 47.5% 和 46.8%，且结铃集中、成熟好、吐絮早，推广前景广阔。

（4）标准起草。全国农业技术推广服务中心、山东省农业科学院等起草承担单位及主要起草人员精心组织、科学分工、认真实施，标准起草工作顺利推进，取得了预期成效。截至目前，主要完成了以下工作：组织起草人员召开线上会议，讨论确定标准基本框架和主要内容，明确任务分工；编写出版了《棉花集中成熟轻简栽培 100 题》一书，为本标准的起草提供了重要参考；对集中成熟栽培技术示范田进行测产验收，开展分析总结和技术验证工作，为标准起草提供第一手数据和资料；举办现场观摩和技术培训活动，为今后标准的实施奠定基础。在以上工作的基础上，目前《棉花集中成熟栽培技术要求》标准草案已初步完成。

2. 征求意见阶段

标准征求意见稿形成后，起草组向全国各地棉花生产、科研、推广、企业、社团组织等相关单位专业技术人员及生产一线专家征求意见，共发放意见征求函 30 份，回收意见表 26 份，网上公示 1 位专家提供 1 份意见，合计 31 位专家、回收意见表 27 份。经汇总、整理后共收到修改意见 167 条。经起草组共同讨论后，决定采纳修改意见 89 条，部分采纳 36 条，不采纳 42 条（详见征求意见汇总表）。在采纳吸收各方意见的基础上，起草组对标准文本进行了进一步修改、完善，并形成了标准送审稿。

3. 审查阶段

2024 年 3 月 13 日，国家标准审定会议在海南三亚中国农业科学院国家南繁研究院召开，农业农村部种植业管理司组织棉花栽培、植保、育种、技术推广等领域的 15 名专家对《棉花集中成熟栽培技术要求》国家标准进行了审查。全国农业技术推广服务中心副书记徐树仁指出，该标准不仅能确保农产品质量安全，还是农业现代化的基础。希望科研人员不但重视科研，更要重视标准的制定，以便架起科研与生产的桥梁，推进技术得到充分应用。中国农业科学院棉花研究所副所长彭军研究员在致辞中表示，棉花集中成熟栽培技术是棉花种植研究领域先进成果，是一种轻简高效生产新模式、一种新质生产力，对棉花产业提质增效具有一定的引领作用。专家组一致认为，《棉花集中成熟栽培技术要求》标准内容全面、层次清晰、结构合理，符合相关要求，具有良好的科学性和实用性，予以通过技术审查。

4. 发布阶段

2024 年 11 月 28 日，国家标准《棉花集中成熟栽培技术要求》（GB/T 45035—2024）发布，2025 年 6 月 1 日开始实施。

第三节　棉花集中成熟栽培理论与技术概述

集中成熟栽培是指实现棉花优化成铃、集中吐絮的栽培管理技术和方法。经过多年研究和实践，我国棉花集中成熟栽培的理论和技术业已形成，成为现代植棉理论与技术的重要内容。棉花集中成熟栽培要从播种开始，通过单粒精播技术实现一播全苗、壮苗，为集中成熟创造稳健的基础群体；在全苗壮苗基础上，以集中成熟为目标，根据当地的生态条件和生产条件，综合运用水、肥、药调控棉花个体和群体生长发育，构建集中结铃的株型和集中成熟的高效群体结构，实现优化成铃、集中吐絮。

一、棉花集中成熟栽培的主要理论依据

集中成熟栽培理论主要包括不同棉区棉花集中成熟的生育进程、高效群体类型及群体结构指标等。

（一）棉花集中成熟的生育进程要求

西北内陆棉区的南疆棉区 4 月 5—20 日播种，4 月 20—30 日齐苗，5 月 25—30 日现蕾，6 月 25—30 日开花，9 月上旬开始吐絮，集中结铃期为 7 月 5 日至 8 月 5 日，集中吐絮期为 9 月 10—25 日。

西北内陆棉区的北疆棉区 4 月 10—25 日播种，4 月下旬至 5 月初齐苗，5 月下旬现蕾，6 月 25 日前后开花，8 月下旬开始吐絮，集中结铃期为 7 月 10—30 日，集中吐絮期为 9 月 5—20 日。

黄河流域棉区一熟春棉 4 月下旬至 5 月初播种，5 月 10 日前齐苗，6 月中旬现蕾，7 月 5 日前后开花，8 月底开始吐絮，9 月 5 日前后喷脱叶催熟剂，集中结铃期为 7 月 15 日至 8 月 15 日，集中吐絮期为 9 月 1—25 日。

长江流域棉区夏棉 5 月下旬播种，5 月底至 6 月初齐苗，7 月初现蕾，7 月 20 日前后开花，9 月 10 日开始吐絮，10 月上旬吐絮 40％左右时喷脱叶催熟剂，集中结铃期为 7 月 30 日至 8 月 25 日，集中吐絮期为 9 月 20 日至 10 月 15 日（董合忠，2019）。

（二）高效群体类型及群体结构指标

就生产而言，重要的是群体而不是单株意义上的集中成熟。因此，建立集中成熟的高效群体至关重要。在传统精耕细作、人工采摘条件下，我国西北内陆、黄河流域和长江流域棉区通常分别采用"高密小株型""中密中株型"和"稀植大株型"3 种群体结构。这 3 种群体结构以高产超高产为主攻目标，较少考虑生产品质和成本投入，更没有顾及集中成熟收获的低成本。其中，西北内陆棉区采用的"高密小株型"群体密度过大，行株距配置不合理、水肥投入多，群体臃肿，株高过低，脱叶效果差，不利于机械采收，也降低了机采籽棉的生产品质；黄河和长江流域棉区采用的"中密中株型"和"稀植大株型"群体，密度偏低，基础群体不足，植株高大，结铃分散，烂铃多，纤维一致性差，难以集中（机械）采收。

为解决以上问题，我们研究提出了 3 种集中成熟高效群体，即"降密健株型""增密壮株型"和"直密矮株型"群体，分别适应于西北内陆、黄河流域和长江流域棉区（董合忠等，2018）。这 3 种新型群体，充分利用了不同产棉区的生态条件，个体株型合理、群体结构优化，使棉花光合高值期、成铃高峰期和光热高能期"三高"同步，在最佳结铃期、最佳结铃部位和棉株生理状态稳健时集中结铃，实现了集中成熟和便于脱叶，为集中成熟或机械采收奠定了基础。其中，"降密健株型"群体是在传统"高密小株型"群体的基础上，以培育健壮棉株、优化成铃、提高机采前脱叶率为主攻目标，通过适当降低密度（20%～25%）和适当增加株高（20%～30%）等措施而发展起来的新型棉花群体，皮棉产量目标为 2 250～2 700 千克/公顷，适合于西北内陆棉区。"增密健株型"群体是在传统"中密中株型"群体的基础上，以培育壮株、优化成铃、集中成熟为主攻目标，通过适当增加种植密度（30%～50%），并适度降低株高（25%～30%）等措施而发展起来的新型棉花群体，皮棉目标产量为1 650～1 875 千克/公顷，适合黄河流域一熟制棉花。"直密矮株型"群体是在黄河与长江流域两熟制棉区传统"稀植大株"群体的基础上，改套种或育苗移栽为大蒜（油菜、小麦）收获后抢茬机械直播早熟棉或短季棉品种，通过增加密度、培育矮化健壮植株、优化成铃，以集中成熟为主攻目标的新型棉花群体，皮棉目标产量为 1 500 千克/公顷（表 1 - 2）。

表 1 - 2 棉花集中成熟高效群体类型和关键指标

主要指标	降密健株型	增密壮株型	直密矮株型
皮棉产量水平/(千克/公顷)	2 250～2 700	1 650～1 875	1 500
收获密度/(万株/公顷)	13.5～18（南疆） 15～19.5（北疆）	7.5～9	9～12
适宜最大 LAI	4.0～4.5	3.6～4.0	3.8～4.0
株高/厘米	75～90（南疆） 70～85（北疆）	90～100	80～90
节枝比	2.0～2.5	2.8～3.3	2.5～3.0
集中结铃期	7 月 5 日至 8 月 5 日	7 月 15 日至 8 月 15 日	7 月 30 日至 8 月 25 日
集中吐絮期	9 月 5～25 日	9 月 1—25 日	9 月 20 至 10 月 15 日
集中成铃/%	霜前花率 85～90	伏桃与早秋桃占 75～80	伏桃与早秋桃＞70
脱叶率/%	＞92	＞95	＞95
适宜区域	西北内陆棉区	黄河流域一熟制棉区	长江与黄河流域两熟制棉区

二、棉花集中成熟的技术途径

棉花集中成熟栽培要从播种开始，通过单粒精播技术实现一播全苗、壮苗，为集中成熟创造稳健的基础群体；在全苗、壮苗基础上，以集中成熟为目标，根据当地的生态条件和生产条件，综合运用水、肥、药调控棉花个体和群体生长发育，构建集中结铃的株型和集中成熟的高效群体结构，实现优化成铃、集中吐絮。我国三大产棉区生态、生产条件和种植模式各不相同，棉花集中成熟栽培的途径和技术模式也不尽一致，必须因地制宜，建立和应用与三大棉区生态与生产条件相适应的棉花集中成熟技术模式才能达到预期效果。

（一）西北内陆棉区棉花集中成熟栽培

西北内陆棉区构建"降密健株型"群体的核心目标是提高脱叶率，便于机械采收。其主要技术途径是降密健株，提高群体的通透性。为此，要优化棉株行距配置、膜管配置，综合运用水、肥、药、膜等措施，科学合理调控，即通过调控萌发出苗和苗期膜下温墒环境，实现一播全苗、壮苗，建立稳健的基础群体；结合化学调控、适时打顶（封顶）、水肥协同高效管理等措施调控棉株地上部分生长、优化冠层结构，优化成铃，集中吐絮，提高脱叶率。

（二）黄河流域棉区一熟春棉集中成熟栽培

该棉区一熟春棉要以"控冠壮根"为主线构建"增密壮株型"群体，具体而言，一是适当增加密度，并由大小行种植改为等行距种植；二是控冠壮根，通过提早化控和适时打顶（封顶），控制棉株地上部分生长，实现适时适度封行；三是棉田深耕或深松、控释肥深施、适时揭膜或破膜，促进根系发育，实现正常熟相；四是适当晚播，减少伏前桃，进一步促进集中成铃。

（三）长江与黄河流域棉区晚春直播棉集中成熟栽培

晚春直播棉要构建"直密矮株型"群体，即采用早熟棉或短季棉品种，小麦（油菜、大蒜）收获后抢茬机械直播，在5月下旬至6月上旬直接贴茬播种，从而省去营养钵育苗和棉苗移栽，降低劳动强度，节省用工，无伏前桃；增密、化控、矮化、促早，种植密度一般在9.0万株/公顷以上，株高控制在90～100厘米，促进集中成铃。

　　总之，棉花集中成熟栽培过程实质就是集中成熟高效群体结构的建设和管理过程。为此，首先要根据生态条件、种植模式确定集中成熟群体结构类型和栽培管理模式。其次，根据群体结构类型确定起点群体的大小和行株距搭配，协调好个体和群体的关系，既要使个体生产力充分发展，又要使群体生产力得到最大提高。最后，在群体发展过程中，依靠水、肥、药等手段，综合管理、调控，一方面在控制群体适宜叶面积的同时，促进群体总铃数的增加，达到扩库、强源、畅流的要求，不断协调营养生长和生殖生长的关系，实现正常成熟和高产稳产；另一方面，调控株型和集中成铃，实现优化成铃、集中结铃、集中吐絮，实现产量品质协同提高前提下的集中采摘或机械收获。

三、棉花集中成熟栽培的总体思路

　　棉花集中成熟栽培要以相关理论为指导。"种—管—收"各个环节的关键技术皆有相应的理论依据。要认真学习领会并进一步完善相关理论依据，特别是棉花集中成熟调控理论、单粒精播壮苗理论、合理密植与化控的株型调控理论、棉花的氮素营养规律、棉花部分根区灌溉的节水理论、水肥协同管理提高水肥利用率理论，以及适宜脱叶和集中（机械）收获的集中成熟群体结构类型和指标等（董合忠等，2017）。在这些相关理论的指引下，开展棉花集中成熟栽培的研究和推广应用。

　　棉花集中成熟栽培要以关键技术为支撑。"种—管—收"各个环节的关键技术各有侧重、互相依赖，其中要以集中成熟为引领，以"种"为基础、以"管"为保障、以"收"为重点。单粒精播、一播全苗是轻简管理和集中收获的基础，轻简管理是减肥减药、节本增效和集中收获的保障，集中成熟、机械收获是轻简高效植棉的重点和难点，也是落脚点，要给予特别重视。

　　棉花集中成熟栽培要以农机农艺融合、良种良法配套为途径。棉花集中成熟栽培不是单纯以机械代替人工，而是要求农艺措施和农业机械有机结合。由于历史的原因，我国农业机械总体上还不能完全适应农艺要求，当前条件下农艺多配合农机是现实的、必要的；要重视棉花集中成熟栽培技术对棉花品种的要求，实行良种良法配套才能达到事半功倍的效果。

　　棉花集中成熟栽培要因地制宜。我国主要产棉区生态条件、生产条件和种植制度不一，实行集中成熟、机械收获的瓶颈不同，采取的技术路线和关键措施也不一样。其中，西北内陆棉区要"降密健株"，提高脱叶率，并通过水肥协同管理提高水肥利用率；黄河流域一熟制棉花要"增密壮株"，实现优化成铃、集中吐絮，保障集中（机械）收获；长江流域和黄河流域棉区两熟制要"直密矮株"，改传统套作为大蒜（油菜、小麦）后早熟棉直播，节约成本、提高效益（表1-3）。

表1-3 实施棉花集中成熟栽培的总体思路

总体思路	主要内容
以相关理论为指导	"种—管—收"各环节的轻简化皆有相应的理论依据。要认真学习领会并进一步完善相关理论依据，特别是棉花集中成熟调控理论、单粒精播壮苗理论、合理密植与化控的株型调控理论、棉花的氮素营养规律、棉花部分根区灌溉的节水理论、水肥协同管理提高水肥利用率理论，以及适宜脱叶和集中（机械）收获的集中成熟群体结构类型与指标等。在这些相关理论的指引下，开展轻简高效植棉的研究和推广应用
以关键技术为支撑	轻简高效植棉要以关键技术为支撑。"种—管—收"各个环节的关键技术各有侧重、互相依赖。要在集中成熟的引领下，以"种"为基础、以"管"为保障、以"收"为重点。集中（机械）收获是轻简高效植棉的重点和难点，也是落脚点，要给予特别重视
以农机农艺融合、良种良法配套为途径	轻简高效植棉要以农机农艺融合、良种良法配套为途径。轻简高效植棉不是单纯以机械代替人工，而是要求农艺措施和农业机械有机结合；要重视轻简高效植棉技术对棉花品种的要求，实行良种良法配套才能达到事半功倍的效果
轻简高效植棉要因地制宜	西北内陆棉区要"降密健株"，提高脱叶率，并通过水肥协同管理提高水肥利用率；黄河流域一熟制棉花要"增密壮株"，实现优化成铃、集中吐絮，保障集中（机械）收获；长江流域和黄河流域棉区两熟制棉花要"直密矮株"，改传统套作为大蒜（油菜、小麦）后早熟棉直播，节约成本、提高效益

四、棉花集中成熟栽培技术展望

棉花机械采收提出了集中成熟的要求，集中成熟程度越高，越便于集中或机械采摘。集中成熟是相对于传统栽培棉花结铃吐絮分散、成熟期过长而言的，是一个相对的概念。集中成熟既要求结铃吐絮时间上的相对集中，也要求结铃空间部位上的相对集中。早熟和高效脱叶都是集中成熟的重要内容和要求，即要求吐絮早而集中，集中成熟与高效脱叶相统一。优化成铃是集中成熟的重要途径和协同要求。为此，要良种良法配套、农机农艺结合，从播种开始，通过单粒精播保苗壮苗技术构建高质量的基础群体；通过水、肥、药等措施有效调控个体生长发育，建立集中成熟、高效脱叶的群体结构，确保集中成熟。

必须强调，棉花集中成熟栽培是一个涉及品种、农艺技术、机械装备的系统工程，既受环境条件的影响，也受制于生产要素之间的协调和配套程度。目前建立的栽培技术虽能满足集中成熟和机械采收的基本需要，但尚达不到轻简高效植棉高质量发展的要求，在良种良法配套、农艺农机融合以及集中成熟栽培的信息化和智能化方面还有很大潜力可挖，集中成熟栽培的理论基础也需要进一步夯实。因此，今后应在继续深入揭示棉花集中成熟栽培生理生态学机理的基础上，重点注意以下几个方面的研究（聂军军等，2021）。

（一）强化良种良法配套、农机农艺融合的研究与应用

当前用于轻简化、机械化栽培的棉花品种大多是在精耕细作管理条件下育成的，不是集中成熟栽培和轻简高效植棉的专用品种，达不到优化成铃、集中吐絮、高效脱叶的要求，严重影响了良种良法配套。因此，必须创新品种选育方式，特别是要在轻简化、机械化栽培管理的选择压力下，有针对性地选育株型紧凑、结铃集中、叶枝弱、赘芽少、对脱叶剂敏感、棉铃含絮力适中的棉花品种，促进良种良法配套。要进一步研制提升整地、播种、中耕施肥、植保等机械，特别是下大力气研制适合我国内地棉区的中小型采棉机，实现"种—管—收"全程农机与农艺的高度融合（图1-1）。

（二）进一步创新完善棉花集中成熟栽培的关键技术

我国不同棉区的生态和生产条件差别较大，实现集中成熟面临的主要问题和困难也不尽一致，要因地制宜，有针对性地创新完善关键栽培和调控技术。西北内陆棉区的重点在于提高脱叶效果、降低机采籽棉含杂率，要做到这一点，关键技术是降密健株、科学运筹肥水并与化学调控结合，建立便于脱叶的高效群体结构；黄河流域棉区一熟制棉花的重点是压缩吐絮成熟期，关键技术是晚播增密、优化成铃；黄河和长江流域棉区两熟制棉花集中成铃的关键是改套种为小麦（油菜、大蒜）后直播，重点是前茬作物收获后抢茬直播早熟棉或短季棉，并实现一播全苗。这些关键技术需要进一步优化或提升，提高集中成熟栽培的效果和效率。

图 1-1 棉花集中成熟栽培模式

（三）用信息化智能化技术武装棉花集中成熟栽培技术

精量播种、水肥运筹、系统化控、脱叶催熟等集中成熟栽培关键技术的运用，目前仍然主要依赖传统经验和知识，针对性、应变性、科学性不强，不仅效果差，还造成大量水、肥、药的浪费。用现代信息化、模型化、智能化、工程化技术武装这些关键技术，实现智慧植棉、精确植棉，必将大大提高调控的技术效果和资源利用效率。因此，加强信息化、智能化、工程化技术与集中成熟调控关键技术的有机结合也是今后研究的重点之一。

总之，集中成熟栽培是棉花栽培学研究的新成果，已成为我国现代植棉理论与技术的重要组成部分，是新时代我国棉花高产优质高效栽培的重要理论与技术支撑。展望未来，要与时俱进，使之不断创新、完善并用现代化技术和手段予以武装，为我国现代棉业的可持续发展作出新贡献。

参考文献

白岩，毛树春，田立文，等，2017. 新疆棉花高产简化栽培技术评述与展望. 中国农业科学，50（1）：38 - 50.

代建龙，李维江，辛承松，等，2013. 黄河流域棉区机采棉栽培技术. 中国棉花，40（1）：
　　35 - 36.

代建龙，李振怀，罗振，等，2014. 精量播种减免间定苗对棉花产量和构成因素的影响.
　　作物学报，40（11）：2040 - 2945.

董合忠，2013a. 棉花轻简栽培的若干技术问题分析. 山东农业科学，45（4）：115 - 117.

董合忠，2013b. 棉花重要生物学特性及其在丰产简化栽培中的应用. 中国棉花，40（9）：
　　1 - 4.

董合忠，2016. 棉蒜两熟制棉花轻简化生产的途径——短季棉蒜后直播. 中国棉花，43
　　（1）：8 - 9.

董合忠，2019. 棉花集中成熟轻简高效栽培. 北京：科学出版社.

董合忠，李维江，李振怀，等，2000. 抗虫杂交棉精播栽培技术研究. 山东农业科学（3）：
　　14 - 17.

董合忠，李维江，唐薇，等，2007. 留叶枝对抗虫杂交棉库源关系的调节效应和对叶片衰
　　老与皮棉产量的影响. 中国农业科学，40（5）：909 - 915.

董合忠，李维江，张旺锋，等，2018. 轻简化植棉. 北京：中国农业出版社.

董合忠，李维江，张学坤，2002. 优质棉生产的理论和技术. 济南：山东科学技术出版社.

董合忠，毛树春，张旺锋，等，2014. 棉花优化成铃栽培理论及其新发展. 中国农业科学，
　　47（3）：441 - 451.

董合忠，杨国正，李亚兵，等，2017. 棉花轻简化栽培关键技术及其生理生态学机制. 作
　　物学报，43（5）：631 - 639.

董合忠，杨国正，田立文，等，2016. 棉花轻简化栽培. 北京：科学出版社.

董合忠，张艳军，张冬梅，等，2008. 基于集中收获的新型棉花群体结构. 中国农业科学，
　　51（24）：4615 - 4624.

董合忠，李振怀，李维江，等，2003. 抗虫棉保留利用营养枝的效应和技术研究. 山东农
　　业科学（3）：6 - 10.

董建军，李霞，代建龙，等，2017. 黄河流域棉花轻简化栽培技术评述. 中国农业科学，
　　50（22）：4290 - 4298.

冯璐，董合忠，2022. 棉花熟性及其评价指标和方法. 棉花学报，34（5）：458 - 470.

郭红霞，侯玉霞，胡颖，等，2011. 两苗互作棉花工厂化育苗简要技术规程. 河南农业科
　　学，40（5）：89 - 90.

李维江，董合忠，李振怀，等，2000. 棉花简化栽培技术在山东的效应研究. 中国棉花
　　（9）：14 - 15.

李维江，唐薇，李振怀，等，2005. 抗虫杂交棉的高产理论与栽培技术. 山东农业科学
　　（3）：21 - 24.

梁亚军, 龚照龙, 杜明伟, 等, 2000. 新疆机采棉"四集中"管理技术. 中国棉花, 47 (12): 5-6.

刘瑞显, 周治国, 陈德华, 等, 2018. 长江流域棉区棉花"三集中"的轻简高效理论与栽培途径. 中国棉花, 45 (9): 11-12, 17.

卢合全, 李振怀, 李维江, 等, 2015. 适宜轻简栽培棉花品种 K836 的选育及高产简化栽培技术. 中国棉花, 42 (6): 33-37.

卢合全, 徐士振, 刘子乾, 等, 2016. 蒜套抗虫棉 K836 轻简化栽培技术. 中国棉花, 43 (2): 39-40, 42.

毛树春, 2019. 中国棉花栽培学. 上海: 上海科技出版社.

聂军军, 代建龙, 杜明伟, 等, 2021. 我国现代植棉理论与技术的新发展——棉花集中成熟栽培. 中国农业科学, 54 (20): 4286-4298.

王琼珊, 夏松波, 王孝刚, 等, 2023. 长江流域棉区机采棉集中成铃调控技术. 中国棉花, 50 (12): 55-59.

辛承松, 杨晓东, 罗振, 等, 2016. 黄河流域棉区棉花肥水协同管理技术及其应用. 中国棉花, 43 (3): 31-32.

张冬梅, 代建龙, 张艳军, 等, 2019a. 黄河三角洲无膜短季棉轻简化绿色栽培技术. 中国棉花, 46 (4): 45-46.

张冬梅, 张艳军, 李存东, 等, 2019b. 论棉花轻简化栽培. 棉花学报, 31 (2): 163-168.

Dai J L, Dong H Z, 2015a. Intensive cotton farming technologies in China. ICAC Recorder, 33 (2): 15-24.

Dai J L, Dong H Z, 2015b. Farming and cultivation technologies of cotton in China//Cotton Research. Rijeka, Croatia: Intech: 76-97.

Dai J L, Kong X Q, Zhang D M, et al., 2017. Technologies and theoretical basis of light and simplified cotton cultivation in China. Field Crops Research, 214: 142-148.

Zhang Y J, Dong H Z, 2019. Yield and fiber quality of cotton//Encyclopedia of Renewable and Sustainable Materials. Amsterdam: Elsevier Inc.

第二章　棉花精播出苗成苗和集中成熟

通过机械精播实现苗全、苗匀、苗壮，不仅是棉花高产优质的基础，也是棉花集中成熟的保障。但是，棉花属于子叶全出土的双子叶植物，出苗成苗过程易受种子质量、环境条件和播种技术等因素的影响。棉苗顶端弯钩及时建成和下胚轴稳健生长是棉花一播全苗壮苗的关键（周静远等，2021）。下胚轴是种子萌发和幼苗出苗过程中营养物质和信号分子传递的通道，在黑暗的土壤环境中下胚轴快速伸长及横向增粗为幼苗顶出土壤提供动力。顶端弯钩的正常发育是保护子叶和下胚轴幼嫩组织免受外部机械损伤并减少顶土出苗阻力的关键（花子晴等，2024）。下胚轴生长可分为缓慢生长阶段和快速生长阶段，在这一过程中植物激素通过调整细胞壁的延伸及微管的排列方向来响应外部环境变化。顶端弯钩发育包括形成、维持和展开三个阶段，在内源激素的调控下按顺序完成，保证幼苗顺利从土壤黑暗环境过渡到地上光照环境，完成出苗过程。本章阐述了单粒精播调控棉花出苗成苗过程及其机制，总结了棉花出苗成苗的影响因素和机械精播、一播全苗壮苗的技术措施。

第一节　棉花种子出苗的过程

棉花种子在适宜的环境条件下，先吸水膨胀，当吸足大约与自身重量相等的水分时，开始萌动发芽（董合忠等，2004）。子叶中储藏的营养物质在适宜条件下分解并转运至胚根、胚芽等部位，供胚生长，当胚根通过珠孔露出种皮时完成萌动（也称露白）；胚根继续向深处生长，长度达到种子长度一半时即完成发芽（Reddy et al.，1992；Rehman et al.，2019）。种子发芽后，胚根继续向下生长形成主根，同时下胚轴伸长把子叶和胚芽推出地面，子叶脱壳出土并完全展开完成出苗过程（Zhang，Dong，2020）。

一、下胚轴生长与出苗成苗

下胚轴作为连接根系和子叶的重要器官，是种子萌发出苗过程中水、矿质元素、养分和信号分子运输的重要通道（姜楠等，2014）。同时它对植物激素、光照、温度和重力等内部和外部信号也都有应答反应（王红飞，尚庆茂，2018），对植物幼苗生长发育具有重要生物学作用。在棉花种子萌发过程中，下胚轴伸长生长是胚根突出种皮的动力，能够促进胚对环境水分的吸收，有利于种子萌发（Sliwinska et al.，2009a；2009b）。棉花种子萌发后，下胚轴继续伸长，一方面有利于子叶出土和光合作用，为幼苗后续生长提供物质保障；另一方面促使胚根下扎吸收土壤中的水和营养元素，供幼苗生长发育（姜楠等，2014）。因此，下胚轴的稳健生长对棉花种子萌发出土及壮苗培育具有至关重要的作用。如果下胚轴失去生长能力，子叶则不能顺利出土进行光合作用，从而使种子营养被耗尽死于土壤中，不能出苗；相反，如果种子萌发后，下胚轴伸长过快，易形成高脚苗，不利于培育壮苗。

研究和生产实践表明，下胚轴生长响应光照、温度、湿度、土壤盐碱度和透气性等多种环境因子的调控。首先，种子萌发的土壤环境，包括硬实度、盐碱度、温度和透气性等，显著影响下胚轴的生长，进而影响植物种子的萌发率和成苗率。土壤硬度太大，种子萌发后受到的土壤阻力太大，影响下胚轴向下生长不利于胚根下扎和早期根系发育，从而影响植物幼苗的生长发育；土壤水分过多会影响土壤的透气性，造成植物种子缺氧，出苗困难；盐碱地土壤中过多的盐离子严重影响植物下胚轴的生长不利于出苗和成苗。其次，温度也是调控下胚轴生长、影响植物种子萌发成苗的主要因素。例如棉花、大豆等作物若播种过早，地温过低，会抑制下胚轴生长，导致萌发时间过长易造成烂种缺苗。而播种过晚，温度高，在子叶出土后下胚轴继续伸长而造成徒长，不利于壮苗，影响植株后期生长及产量品质（宋雨函，张锐，2021）。光照也是抑制下胚轴伸长、影响植物幼苗生长发育的关键信号。例如，多粒穴播、不间苗或晚间苗的棉花幼苗在生长过程中聚集在一起，相互遮阴，使下胚轴快速伸长形成高脚苗，从而降低了幼苗质量（张冬梅等，2019）。相反，通过单粒穴播的种子在出苗后，幼苗之间存在一定的距离，各自具有独立的生长活动空间，相互影响较小，光照充足，抑制下胚轴过度伸长，易形成壮苗（周静远等，2022）。总之，下胚轴生长是植物早期生长的一个重要阶段，它通过精确感知外部条件变化释放内源激素对其生长发育进行调控，从而帮助植物应对不良的环境条件实现幼苗的正常发育。

二、顶端弯钩发育与出苗成苗

种子萌发出苗过程中茎尖分生组织会遭受来自周围土壤的机械摩擦和损伤，单子叶植物和双子叶植物幼苗在穿透土壤时对茎尖分生组织的保护策略是不同的（Abbas et al.，2013）。对于棉花等大多数双子叶植物而言，在出土时下胚轴顶端会形成一个类似"钩子"的结构，即弯钩，它在种子萌发出土时起着重要的保护作用，并且以最小的受力面积顶土，有利于幼苗及时出土并脱掉种壳（Mcnellis，Deng，1995；Chen et al.，2004）。因此，弯钩及时建成是幼苗能否正常出苗的关键，直接关系到棉花基础群体的质量。此外，弯钩及时展开对能否正常出苗成苗也有重要影响。如果弯钩在未完全出土前提早展开，子叶和分生组织可能受损，导致棉花不能正常出苗；反之弯钩展开过晚，则会使棉苗带壳出土，影响子叶展开，降低幼苗质量，不利于形成壮苗（Mazzella et al.，2014）。弯钩的发育过程包括形成、维持和展开3个阶段（图2-1），分别叙述如下。

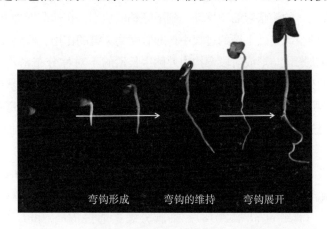

弯钩形成　　　　弯钩的维持　　　　弯钩展开

图2-1　棉花出苗过程中下胚轴生长与弯钩发育

注：幼苗萌发早期，下胚轴顶端两侧细胞差异生长，顶端弯钩形成；在土壤的机械压力下，弯钩内外侧细胞差异生长加剧，下胚横向增粗，弯钩进入维持阶段；随着幼苗的向上生长，土壤的机械压力不断减小，下胚轴快速伸长，弯钩内侧细胞生长速率增大，最终弯钩和子叶展开，幼苗顺利萌发。

（一）弯钩的形成

下胚轴顶端细胞的不对称生长和延伸是启动弯钩形成的原因，其中生长素在顶端弯钩内外侧的不对称分布是扩大这种生长不对称，形成顶端弯钩的重要原因之一（Du et al.，2022）。研究表明，除小部分生长素通过自由扩散进入细胞外，大部分是通过生长素的运输载体介导它们在细胞间的传递（刘旦梅，裴雁曦，2018）。在幼苗顶端弯钩的生长不对称建立以后，周质微管在重力和机械压力的作用下进行阵列重排，引起周质微管依赖性的生长素输出载体 PIN 进行重新的细胞定位，弯钩内外侧生长素不对称分布。有研究发现，当外源施加生长素运输抑制剂 1-萘氨甲酰苯甲酸（NPA）时，拟南芥幼苗顶端弯钩的形成受到抑制（Lehman et al.，1996）。说明生长素的不对称分布在很大程度上是由于生长素的极性运输所导致的。此外，由于种子方向和原始胚胎折叠的随机性，弯钩既能以重力依赖性的方式形成也能以非重力依赖性的方式形成。但总的来说，在顶端弯钩的起始阶段，幼苗对重力的正常感知对弯钩的发育有积极的促进作用（Peng et al.，2022）。

（二）弯钩的维持

维持阶段的顶端弯钩，基部弯曲区的矫直率约为顶端弯曲区的弯曲率，整个弯曲的区域以闭合的钩状弯曲"移动"到下胚轴的顶端，在幼苗抵御土壤机械压力保护幼嫩下胚轴组织突破土壤的过程中，起着尤为关键的作用。研究发现，这种动态的最大弯曲状态，与形成阶段弯钩内外侧生长素的不对称分布密不可分。已知弯钩内外侧的生长素浓度梯度通过调控受体蛋白激酶 1（TMK1）的入核，调控弯钩内外侧细胞的差异生长（Cao et al.，2022）。具体表现为弯钩外侧低浓度的生长素促进细胞生长，而内侧高浓度的生长素则抑制细胞生长。近期研究发现，PP2C-D1 是一种抑制细胞扩增并促进弯钩发育的磷酸酶，在黑暗条件下，小生长素上调基因家族 *SAURs*（*Small Auxin Up-Regulated genes*）与 PP2C-D1 结合，以拮抗的作用调控弯钩内外侧细胞伸长速度，对弯钩的最大曲率进行维持（Ren et al.，2018）。细胞分裂素通过 *PIFs* 和 *EIN3/EIL1* 两条平行的信号通路对 *Hookless1*（*HLS1*）进行转录水平上的调控促进弯钩维持阶段的发育。不同的是，*EIN3/EIL1* 途径主要在弯钩扩张过程中提供驱动力，而 *PIFs* 在顶端钩维持阶段中起主要作用。因此，顶端弯钩的最大曲率是由 *EIN3/EIL1* 和 *PIFs* 两个不同的信号通路共同作用的结果（Aizezi et al.，2021）。

（三）弯钩的展开

顶端弯钩经历形成和维持阶段的发育后，内侧细胞不断吸水膨胀，生长素的浓度逐渐被稀释到更适宜细胞生长的浓度范围，内侧细胞的生长速率快于外侧细胞，弯钩曲率不断减小，直到下胚轴伸直，弯钩展开。研究表明，光是促进弯钩展开的主要影响因素，在大多数的双子叶植物中，光能够诱导顶端弯钩的展开。其中，Cry1、PhyA 及 PhyB 等光受体通过抑制与弯钩维持阶段相关蛋白的作用，介导光诱导的弯钩展开（Holtkotte et al.，2017；Oh et al.，2020）。此外，在弯钩的展开阶段，*SAURs* 同样发挥着重要作用。例如：在黑暗条件下，在弯钩和子叶中大量积累的 SAUR17 - PP2C - D1 复合物，对弯钩的维持具有促进作用，而光照能够关闭 *SAUR17*，上调子叶和弯钩中与 PP2C - D1 结合并抑制其活性的 *SAUR50* 表达，最终导致弯钩和子叶的展开（Wang et al.，2020a）。

第二节　棉花出苗成苗的调控机制

下胚轴生长和顶端弯钩建成是棉花正常出苗成苗的关键，植物激素及环境信号通过影响弯钩建成和下胚轴生长相关基因表达，有效调控棉花出苗、成苗和壮苗过程。

一、下胚轴生长的调控机制

下胚轴生长包括伸长和增粗两个方面，是棉花等高等植物进行正常生命活动的保障。

（一）下胚轴伸长机制

幼苗出土是自然界广泛存在的植物特有生命现象，决定植物幼苗能否存活。出土前，幼苗下胚轴快速伸长，同时抑制子叶发育，减少土壤机械阻力；破土而出时，幼苗形态建成发生快速转变，下胚轴伸长被抑制，子叶展开，让植物能接收更多的光照，实现出土后的光合自养生长。因此，下胚轴伸长是高等植物进行正常生命活动的保障。

在植物幼苗生长发育及形态建成的过程中，细胞伸长是最重要和最基础的。研究表明，光信号通过改变下胚轴细胞中周质微管的动态及转换能力调控其排列方式，被认为是调控下胚轴伸长的重要因素之一。在黑暗条件下，下胚轴细胞中周质微管横向排列垂直于下胚轴，细胞生长速度快，下胚轴表现为快速伸长；幼苗见光后，下胚轴细胞内周质微管由横向排列变为斜向或纵向排列，抑制细胞生长，从而抑制下胚轴快速伸长（岳剑茹等，2021）。

此外，细胞伸长也受多种激素（如生长素、赤霉素、乙烯等）相互作用的调节。从细胞水平来说，植物液泡吸水产生的膨压是驱动细胞伸长的主要动力，细胞壁在维持细胞形状的同时以一种可控的状态进行生长（朱蠡庆等，2013）。研究表明，拟南芥细胞中纤维素合酶通过促进初生细胞壁中的纤维素合成来加速细胞伸长生长，进而促进下胚轴伸长（Hu et al.，2018）。

棉花种子在土壤中萌发后，下胚轴会迅速伸长生长，以促进幼苗出土。但在幼苗出土后，光照等因素会抑制下胚轴的快速伸长，使幼苗迅速进行光形态建成，以免形成高脚苗（Kong et al.，2018）。近年来，已在拟南芥中确定了可以介导植物激素调节下胚轴伸长的多种光信号元素，主要包括光受体 A/B（PhyA/B）、光敏色素互作因子（PIFs）和下胚轴 5（HY5）等（周静远等，2022）。PIFs 是一类含 bHLH 结构域的转录因子家族。迄今为止，在拟南芥 PIF 亚家族的 15 个同源成员中发现有 7 个成员（PIF1、PIF3、PIF4、PIF5、PIF6、PIF7、PIF8）可以和 PhyA/B 互作。光信号能够促进 PhyB 进入细胞核内与 PIFs 相互作用，使 PIFs 磷酸化降解，导致生长素合成限速酶基因 TAA1 和 YUC8/9 的表达下降，IAA 的合成量减少，抑制下胚轴伸长，相反黑暗中则促进 PIFs 积累及下胚轴伸长。除此之外，PIFs 对光调节下胚轴伸长的控制还涉及赤霉素信号通路转录因子 DELLAs（周静远等，2022）。

下胚轴伸长关键基因 HY5 是一种天然的下胚轴生长调节因子，在蛋白水平上由 E3 泛素连接酶 COP1 控制。研究发现，光照能降低细胞核中 COP1 蛋白水平使其在下胚轴生长中发挥双重作用：在土壤覆盖的黑暗环境下，COP1 富集在细胞核内，与 HY5 相互作用，促进 HY5 蛋白降解，进而促进下胚轴伸长；而在光照下，COP1 被移出细胞核，使 HY5 蛋白积累，抑制下胚轴伸长。此外，HY5 作为激素和光信号的连接转换器，能够介导多种激素对下胚轴伸长的调控，遗传分析证明 HY5 可以结合到 AUXIN RESISTANT 2（AXR2）和 SOLITARY ROOT（SLR）的启动子元件上进而负调控生长素的合成，从而抑制下胚轴快速伸长（周静远等，2022）。

（二）下胚轴增粗机制

为保证植物幼苗能够顺利出土，下胚轴除了要快速伸长外，其横向增粗也是必不可少的。与下胚轴伸长机制相同，下胚轴增粗同样与微管的排列方式有关。研究发现，与生长素、赤霉素等促进幼苗暗形态建成不同，在黑暗条件下乙烯能够抑制幼苗下胚轴伸长。在土壤机械压力下，萌发的幼苗诱导产生乙烯，乙烯通过其信号通路中的关键转录因子（*EIN3*）直接与微管相关蛋白相互作用，调控周质微管由横向变为纵向排列，从而促进下胚轴增粗。研究表明，微管相关蛋白WDL5通过稳定并重排微管参与乙烯抑制黄化下胚轴伸长的调节作用。总的来说，下胚轴的横向增粗为其向上生长打下坚实的基础，为后续顶端弯钩突破障碍伸出土壤提供动力（花子晴等，2024）。

二、顶端弯钩发育的调控机制

研究证明，生长素在下胚轴顶端内外侧细胞中的不均匀分布使得两侧细胞差异生长是弯钩建成的重要原因，而这种不均匀分布很大程度上是由于生长素的极性运输所致。AUX1/LAX3 和 pin-formed（PIN）作为植物体中主要的生长素内流和外排载体介导细胞对生长素的吸收（Zadníkova et al.，2010；Villalobos et al.，2012）。二者共同决定了生长素在顶端弯钩发育过程中的时空积累：AUX1/LAX3 将生长素均匀地转运到下胚轴顶端，加上 PIN 转运蛋白的极性定位，导致较高的生长素从弯钩外侧排出并在内侧积聚，使弯钩内外两侧产生不同的生长素梯度，引起弯钩两侧细胞差异生长，形成弯钩（Tiwari et al.，2003）。因此，下胚轴顶端两侧细胞中生长素的差异分布和响应对弯钩的建成至关重要，但它并不是促进这一进程的唯一信号。乙烯和赤霉素（GAs）对弯钩建成也有积极作用（周静远等，2022）。

乙烯影响生长素生物合成和运输响应基因的表达，是生长素梯度形成和维持的必要信号，在弯钩建成过程中起着重要作用。一方面，乙烯能够局部上调生长素生物合成基因 *TAR2* 表达，增强弯钩内侧的生长素生物合成途径。另一方面，乙烯可以增强弯钩内侧 AUX1 的转运及 PIN 在皮层细胞的优先定位，从而导致更高的不对称生长素积累，促进弯钩建成。此外，遗传分析发现，乙烯信号通路核心转录因子 *EIN3/EIL1* 可直接与 *Hookless1*（*HLS1*）启动子结合激活其转录，促进弯钩建成。但 *HLS1* 调节生长素差异反应的机制目前还不完全了解。DELLA 蛋白作为赤霉素信号转导途径中的负调控因子，能够直接与转录因子 *EIN3/EIL1* 的 DNA 结合域相互作用，抑制其功能。GAs 能够抑制 DELLA 蛋白对 *EIN3/EIL1* 的降解，促进 *HLS1* 的转录，进而促进弯钩建成。需要指出的是，迄今对植物激素调控弯钩发育的信号网络尚不十分清晰，特别是 GAs 或乙烯与生长素互作的详细分子机制尚不清楚，参与生长素不对称反应和作用于 *HLS1* 下游的调控因子仍有待确定。

光照等环境信号对弯钩建成同样发挥重要作用。光信号对弯钩建成的抑制依赖于 HLS1 蛋白与光受体 PhyB 的互作，破坏 *HLS1* 的寡聚化，进而抑制其对弯钩建成的调控。而在植物出土过程中，土壤覆盖产生的机械力会诱导下胚轴及顶端弯钩产生乙烯，促进顶端弯钩建成，确保植物成功破土而出（周静远等，2022）。

三、棉花壮苗的调控机制

全苗、壮苗是夺取棉花高产的基础。壮苗的表现是棉苗敦实，下胚轴粗壮，根系发达，叶片叶色油绿、大小适中。由此可见，下胚轴稳健生长是形成壮苗的关键。有研究表明，单粒精播种子在顶土出苗后，棉苗有独立的生长空间，相互影响小，光照充足，诱导 *HY5* 基因表达上调，*GhPIFs* 基因表达下降，抑制下胚轴快速伸长，棉苗敦实，发病率低，易形成壮苗。相反，多粒穴播种子出苗后棉苗积聚在一起，相互遮阴，抑制 *HY5* 基因表达，使下胚轴快速伸长形成高脚苗，降低了棉苗质量。总之，通过影响弯钩建成和下胚轴生长相关基因的差异表达，可以有效调控棉花的出苗、壮苗（图 2-2）。

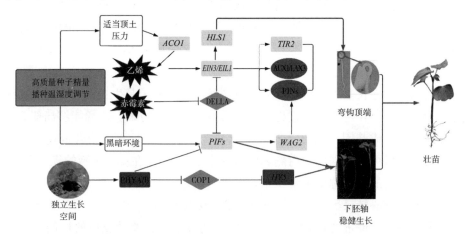

图 2-2　棉花弯钩建成和下胚轴生长促进出苗壮苗的机理（周静远等，2022）

注：机械压力、光照等环境信号与乙烯、赤霉素等激素信号相互作用并最终影响生长素的合成及运输，调控顶端弯钩生长素的不对称分布及下胚轴伸长。正常箭头表示正调控作用，T形箭头表示负调控作用，虚线箭头表示具体作用机制未知。

第三节　棉花出苗壮苗的影响因素和调控措施

棉花种子从萌发到出苗成苗过程中受内在和外在因素的影响，内在因素是种子本身，要求种子结构完整，有稳定的遗传组成和良好的活力；外在因素包括适宜温度、水分、土壤条件及其与土壤中其他生物和非生物因素之间的相互作用。其中，栽培管理措施通过改变外部环境调控出苗、成苗和壮苗。

一、棉花出苗壮苗影响因素概述

（一）内在因素

种子活力指在广泛的田间条件下，决定种子快速、整齐出苗并发育成正常幼苗的全部潜力的特性（董合忠等，2004），是影响种子出苗率与棉苗素质的根本因素。高活力的棉花种子具备完善的细胞结构和功能，吸胀后保持旺盛的代谢强度，在田间出苗和抗逆性方面也有很多优势。例如，高活力的种子具有更高的出苗率和更快的出苗速度，保证种子萌发迅速而整齐；在逆境土壤中高活力种子也具有更强的抗逆能力，能迅速、整齐出苗。反之，低活力的种子发芽出苗率低、速度慢，难以实现全苗壮苗。

（二）外在因素

水分是制约种子萌发成苗的主要因素，保持合适的土壤水分（墒情）是种子萌发出苗必不可少的（董合忠等，2004）。土壤水分过多会影响土壤的透气性，造成种子缺氧，出苗困难；土壤水分不足，会造成带壳出苗、苗芽干枯，降低成苗率。此外，土壤水分还通过影响土壤板结特性或引起某些土含病原体（如腐霉、疫霉等）限制棉苗生长发育。温度也是种子萌发、出苗、成苗的主要影响因素。种子发芽率和发芽速度，幼苗生长，以及许多生理过程（如气孔导度、蒸腾、养分传输和二氧化碳的吸收）及根系的吸收生长都受温度的影响。氧气是棉子萌发以及幼苗生长发育进行呼吸作用的必要条件，且棉花种子中含有大量脂肪，萌发时需要大量氧气，氧气不足会抑制棉花种子萌发进而影响棉苗的生长发育。影响棉花出苗、成苗和壮苗的外在因素很多，但从根本上都是通过影响水分、温度、氧气这 3 个基本因素而间接发挥作用。

二、影响下胚轴生长的因素

(一) 光照

光照是影响植物生长发育最重要的环境因素之一，在下胚轴的生长发育过程中具有重要意义。暗形态建成的幼苗在感受到光照后，快速伸长的下胚轴伸长速度变慢，弯钩和子叶也迅速打开，植物开始光形态建成。研究发现，不同波长的光照对植物来说具有不同的调控作用。光感受器是植物感受和响应光照机制的基础，不同结构与功能的光感受器与植物激素相互作用，共同调控下胚轴生长（Lin，2002）。光敏色素 B（PhyB）是一种植物体内的红光受体蛋白，它能够与光敏色素互作因子（PIFs）中的多个成员相互作用调控下游基因表达以响应光信号。在红光作用下，PhyB 蛋白发生构象变化从而被激活，被激活的 PhyB 从细胞质转移到细胞核与 PIF3、PIF4 结合并诱导其磷酸化，磷酸化的 PIF3 和 PIF4 被泛素—蛋白酶体系统识别降解，最终使其下游调控促进下胚轴细胞伸长的基因表达受到抑制，从而抑制下胚轴伸长。同样，在蓝光作用下，隐花素 1（Cry1）和隐花素 2（Cry2）通过降低生长素合成和转运蛋白的稳定性，减少下胚轴中生长素的表达量，从而抑制下胚轴伸长（Lin，2002）。最新研究发现，赤霉素能够通过其信号通路中的核心转录因子（DEL-LA）与光信号通路中的转录因子互作，抑制 PIF3、PIF4 的转录活性，在幼苗光形态建成中发挥着与光信号相反的作用（Xiong et al.，2023）。此外，光照强度对下胚轴的伸长同样发挥重要作用。在遮阴条件下，植物接收的光照强度变低，而较低的光照强度使 PhyB 失活，下胚轴伸长速率增大以获得更多的光照，该过程也被称为避阴反应。

(二) 温度

植物生长发育需要适宜的温度，当外界环境温度超出植物生长发育的最适温度时，植物的生长发育就会受到影响。在高温条件下，植物通过叶片变薄、下胚轴伸长、叶柄伸长等一系列调控机制启动热形态建成响应高温环境（Han et al.，2019）。PIF4 是高温条件下介导植物激素调控的关键枢纽，研究发现，高温能够下调表皮中高温感受器（PhyB）的活性，PhyB 与 PIF4 的结合能力下降，进而 PIF4 的 DNA 结合能力和 mRNA 的表达能力被诱导，正向调控生长素和油菜素甾醇生物合成相关基因的表达，从而促进下胚轴伸长（Sara et al.，2020）。另外，温度升高会促进下胚轴中某些 GA 合成基因和抑制 GA 降解基因的转录，使 GA 水平上升，从而诱导 DELLA 蛋白降解，释放 *PIF4* 下游促进细胞壁重构基因表达，促进下胚轴生长（Claeys et al.，2014）。除高温应答机制外，植物在进化过程中同样拥有一套低温应答机制，其中转录因子 CBF/DREB 在低温信号转导过程中起到关键作用。研究表明，低温能够提高拟南芥内源独角金内酯（SL）含量，SL 通过促进 *CBFs* 及其下游基因表达，增强植物抗冻性。同时，在拟南芥中独角金内酯在抑制下胚轴伸长中发挥重要作用，由此推测在低温条件下，植物幼苗通过独角金内酯信号通路，抵御低温，同时下胚轴伸长受到抑制（Wang et al.，2020b）。

（三）内源激素

植物幼苗能够将感受到的环境信号（如黑暗、光照）汇集到植物激素上，通过激素的精准调控适应外界环境。其中，生长素、油菜素内酯、赤霉素等植物激素在植物的暗形态建成中起到正向调节作用，而茉莉酸和脱落酸具有负向调节作用。

已知，在黑暗条件下，*PIFs* 以转录因子的形式，响应多种激素信号的应答，促进生长素相关基因的表达。在下胚轴中，生长素与其受体（ABR1）结合，促进 H^+ 和 K^+ 内流，细胞内渗透式增大，吸水膨胀，从而促进下胚轴伸长（Oh et al.，2014）。研究发现，在生长素促进下胚轴伸长的过程中，油菜素内酯（BR）信号通路中核心元件（BZR1）的入核反应起到关键作用。因此 BZR1 也被认为是实现油菜素内酯与生长素共同调控下胚轴伸长的关键枢纽（Yu et al.，2023）。此外，DELLA 蛋白能够通过与 *PIFs* 结合，抑制其转录，赤霉素能够通过泛素化途径降解 DELLA 蛋白释放 *PIFs*，与生长素信号通路发挥协同作用，共同促进下胚轴伸长（Feng et al.，2008）。

研究发现，极低水平的茉莉酸（JA）有利于暗形态建成中幼苗下胚轴的快速伸长。但在光照条件下，被诱导合成的茉莉酸，与光形态建成的关键调控因子 COP1 结合并激活其信号通路中的转录因子（*MYC1/MYC2/MYC3*）促进光形态建成正向调控因子 *HY5* 的表达，从而抑制了下胚轴的伸长（Zheng et al.，2017）。与茉莉酸不同的是，脱落酸（ABA）是一种植物生长抑制型激素，通过与其他生长促进型激素的拮抗作用，抑制下胚轴伸长。实验发现在红光下，脱落酸通过稳定 DELLA 蛋白，抑制赤霉素信号通路的传递，下调生长素生物合成基因的表达，抑制下胚轴伸长（Riccardo et al.，2018）。

三、影响顶端弯钩发育的因素

(一)光照

光照是影响下胚轴顶端弯钩发育的重要环境因子，在弯钩的展开阶段起到尤为关键的作用。研究发现，HLS1 蛋白位于 PhyB 下游，对顶端弯钩的发育起到决定性作用，其突变体在黑暗环境中不能形成顶端弯钩，光照通过改变其存在形式，调控弯钩的形态（Xiong et al.，2023）。此外，光照通过阻碍弯钩发育过程中的激素传递，调控弯钩的发育。在红光作用下被激活的 PhyB 直接与 EIN3 相互作用并促进其降解，切断乙烯信号通路的传递。除乙烯信号通路外，光还可以通过下调 GA 水平，抑制 GA 信号通路对弯钩发育的正调控（Shi et al.，2016；Xu et al.，2021）。总的来说，过早的光照对弯钩的形成和维持具有不利影响，而对于弯钩的及时展开光照又是不可或缺的，因此光照对弯钩发育的影响具有双面性。

(二)温度

在通常情况下温度和光照对弯钩的发育具有协同调控作用。在光照下，植物通过光敏色素与 PIF4 感应外界温度的变化。但近期研究发现，在黑暗条件下植物也可以通过不同于 Phy - PIF 的机制来感应外界温度。在黑暗条件下高温能够抑制乙烯诱导的拟南芥幼苗顶端弯钩的形成。其主要通过抑制部分乙烯介导的生长素生物合成相关酶的活性和生长素的运输，使生长素的不对称分布受到干扰，从而抑制弯钩的形成。在拟南芥中，高温环境还可以通过抑制黄素单加氧酶 8（YUCCA8）的表达来减弱生长素反应的不对称性，从而抑制弯钩的弯曲扩张，对弯钩的形成阶段造成影响。而低温胁迫能够通过选择性阻断生长素外输载体 PIN 蛋白的极性分布，从而影响生长素的极性转运及生长素浓度差异梯度在弯钩内外侧的建立，因此推测低温对弯钩的正常发育同样具有抑制作用（Shibasaki et al.，2009）。

(三)内源激素

内源激素以信号因子的形式参与弯钩发育的全过程，以拮抗的形式调控顶端弯钩的发育。研究表明，乙烯、赤霉素和油菜素内酯对弯钩的形成具有正向调节作用，而茉莉酸和水杨酸则相反，对弯钩的形成具有负向调节作用。但是总的来说，这些激素都以 *EIN3/EIL1* 和 *PIFs* 作为转录枢纽，以 *HLS1* 和其他生长素合成、响应、分布相关的基因为整合点共同调控顶端弯钩的形成（Wang，Guo，2019）。

已知在土壤的机械压力下，不断积累的乙烯通过解除 F－box 蛋白（EBF1/2）对 *EIN3/EIL1* 两个转录因子的抑制，激活 *HLS1* 和生长素流入载体（AUX1）的转录，加剧生长素的不对称分布，促进弯钩形成阶段的发育（Guo et al.，2003；An et al.，2012）。油菜素内酯通过其受体（BZR1）下调 EBF1/2 的转录水平，促进 EIN3 和 PIF3 的蛋白积累，通过调节幼苗对乙烯信号的响应来影响顶端弯钩的发育（Wang et al.，2023）。研究发现，在黑暗条件下油菜素内酯的合成基因突变体 det2 表现为顶端弯钩缺失的表型，进一步证实了油菜素内酯对弯钩的正常发育具有促进作用（Chory et al.，1991）。赤霉素通过去除与 *EIN3* 相互作用的 DELLA 阻遏蛋白，激活 *EIN3* 的表达，进而促进弯钩发育相关基因的表达，调控弯钩发育（An et al.，2012）。

对于顶端弯钩发育的负向调节因子，茉莉酸和水杨酸分别通过其信号通路中的核心转录因子 *MYC2* 和 *NPR1* 抑制乙烯信号通路中 *EIN3* 的表达，降低乙烯下游促进弯钩正常发育相关基因的表达，从而对顶端弯钩的正常发育造成影响。最新研究发现，除了通过乙烯信号通路抑制弯钩发育外，茉莉酸通过 *MYC2* 与 BZR1 相互作用，破坏了 BZR1 和 *PIFs* 复合物的形成，从而下调 BR 信号通路中下游介导生长素分布的相关基因表达，诱导顶端弯钩消失（Zhang et al.，2023）。而脱落酸主要在弯钩发育早期通过影响 PIN 表达及 PM 定位使生长素的不对称分布消失，从而阻碍弯钩形成阶段的正常发育，进而对整个弯钩发育造成影响。

总之，不同植物激素通过相互促进或抑制形成了一个复杂的信号调节网，在弯钩形成、维持和展开三个不同发育时期发挥不同作用，共同保障了弯钩的正常发育并为其环境适应性作出重要贡献。

四、单粒精播促进出苗壮苗的机制

（一）棉花种子单粒精播的出苗成苗表现

不同于花生、蚕豆等子叶不出土或半出土的双子叶植物，棉花属于子叶全出土双子叶植物类型，因此对整地质量、播种技术和播种量要求较高。基于这一生物学特性，传统观点认为一穴多粒播种或者加大播种量条播有利于棉花出苗、成苗。实际上这种传统认识是对棉花生物学特性的有限认知，是基于过去棉花种子加工质量和整地质量都较差，且不采用地膜覆盖的条件下形成的片面认识。

双子叶植物在顶土出苗过程中，为保护幼嫩的主茎分生组织免遭机械压力损伤，会在下胚轴顶端形成弯钩结构。棉花是双子叶植物，下胚轴顶端弯钩的形成对正常顶土出苗和脱掉种壳具有重要的作用。棉花子叶全出土特性并不影响单粒播种的棉花种子的出苗，反而有利于出苗、成苗和壮苗。试验和实践皆证明，在精细整地和先进播种技术的保证下，采用高质量种子，棉花单粒精播实现一播全苗壮苗是可行的，而且通过机械单粒精播也不影响工作效率。

2016—2017 年的大田试验研究表明，地膜覆盖条件下单粒穴播、双粒穴播、多粒（10 粒）穴播的田间出苗率相当，没有显著差异。但多粒穴播的棉苗有 16.5％带壳，而单粒穴播的仅有 1.4％带壳，由于带壳棉苗的子叶很难展开，多为异常苗，说明多粒穴播的异常苗显著高于单粒精播，而单粒穴播更容易形成正常苗（Kong et al.，2018；Li et al.，2021）。棉苗 2 片真叶展开时，调查棉苗病苗率、棉苗高度和下胚轴直径发现，单粒精播棉苗的病苗率为 13.5％，多粒播种棉苗的病苗率为 21.2％，多粒播种棉苗的病苗率显著高于单粒精播；单粒精播棉苗的高度比多粒播种棉苗低 35.6％，但单粒精播棉苗的下胚轴直径比多粒播种棉苗提高了 29.3％，说明单粒精播更易形成壮苗（图 2-3）（董合忠，2019）。这期间开展的技术示范也证明，在精细整地和地膜覆盖的保证下，棉花单粒精播实现一播全苗壮苗是可行的，而且通过机械单粒精播不仅不影响工作效率，还省去了间苗、定苗环节，是集中成熟轻简化植棉的重要技术措施（董合忠等，2018）。

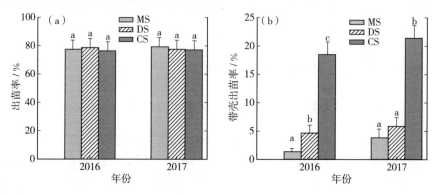

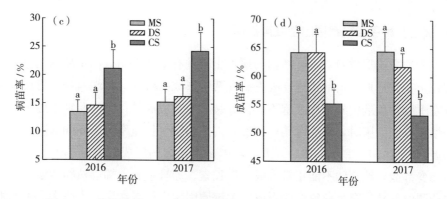

图 2-3　单粒精播（MS）、双粒穴播（DS）和多粒穴播（CS）棉苗的
出苗率（a）、带壳出苗率（b）、病苗率（c）和成苗率（d）

注：图中不同小写字母表示差异显著（$P<0.05$）。

2020—2021 年开展的大田试验结果发现，单粒穴播和多粒穴播的出苗率分别为 78.2% 和 77.9%，两者没有显著差异。但是，单粒精播和多粒穴播棉苗的带壳率及病害发生率存在显著差异。2020 年单粒穴播种子的带壳出苗率和病苗率分别为 4.1% 和 8.7%，远低于多粒穴播的 28.1% 和 16.7%；2021 年结果相似，单粒穴播种子的带壳出苗率和病苗率分别为 3.8% 和 8.1%，远低于多粒穴播的 19.2% 和 15.8%（图 2-4）。此外，多粒穴播的用种量约为单播穴播的 10 倍。需要注意的是，单粒穴播和多粒穴播的实收密度存在显著差异，多粒穴播一穴一株定苗后棉花最终实收密度为 114 000 株/公顷，单粒精播出苗后不定苗、不间苗，因有缺苗情况，最终实收密度为 86 400 株/公顷，相比多粒穴播降低了 24.2%。

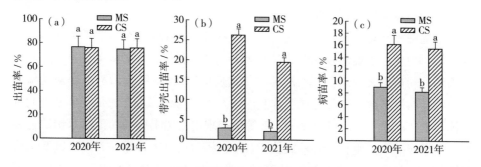

MS. 单粒精播；CS. 多粒穴播。

图 2-4　不同播种量对棉花出苗率（a）、带壳出土率（b）和病苗率（c）的影响

注：图中的数据为平均值±SE，不同字母表示在 $P<0.05$ 水平的差异显著。

（二）种子单粒精播出苗壮苗机理

顶端弯钩形成对双子叶植物的顶土出苗具有重要作用。揭示单粒精播促进棉花出苗并形成壮苗的机理，要先研究弯钩形成的机理。顶端弯钩的形成和展开是下胚轴顶端内外两侧细胞不对称分裂和生长造成的。当内侧细胞的生长速率慢于外侧细胞时，形成弯钩；相反，内侧细胞生长速率快于外侧细胞时，弯钩展开。HLS1、EIN3 和 COP1 等基因是调控弯钩形成的关键基因，这些基因突变都能导致弯钩不能正常形成。生长素、赤霉素和乙烯等植物激素在弯钩内外侧的差异分布是导致弯钩形成的关键原因。生长素在弯钩内侧大量累积抑制细胞生长，而赤霉素在弯钩外侧大量累积促进外侧细胞分裂和生长，从而促进了弯钩的形成。机械压力等信号可诱导乙烯合成，乙烯诱导弯钩形成基因表达促进弯钩形成。

在顶端弯钩形成和维持的过程中，生长素在顶端弯钩内侧含量高于外侧，这种生长素在弯钩内外侧的差异分布是导致弯钩形成的重要原因。弯钩形成时，生长素极性运输基因 PIN1、PIN3、PIN4、PIN7 和 AUX1/LAX3 在弯钩内外侧差异表达，导致生长素在弯钩内外侧不对称分布，从而促进弯钩形成。外源施加生长素转运抑制剂，可抑制弯钩处生长素梯度建立和弯钩形成。顶端弯钩内外侧生长素梯度形成后，通过生长素信号转导途径进行下游信号调控，最终引起内外侧细胞的不对称生长。因此，生长素信号转导途径中的关键因子对顶端弯钩的发育也具有至关重要的作用。生长素响应因子（ARF）是能够与生长素响应基因启动子中的 AuxRE 特异结合而发挥作用的一类转录因子。ARF 转录因子在调控弯钩形成中具有重要作用，arf7、arf19 功能缺失突变体的顶端弯钩发育产生缺陷。

乙烯在植物种子萌发、开花、果实成熟及对逆境胁迫的应答等方面具有重要作用。另外，乙烯对顶端弯钩具有重要的调控作用，在黑暗条件下，外源施加乙烯，幼苗会表现出典型的乙烯"三重反应"，即下胚轴增粗、变短及顶端弯钩的弯曲度增大。大量乙烯受体基因参与调控弯钩形成，乙烯受体基因的突变体 ein2、ein3、etr1－1 和 ers1－1 等都表现出乙烯不敏感和顶端弯钩缺陷表型。乙烯能够增强生长素外输载体 PIN1、PIN3、PIN4 和 PIN7，以及内输载体 AUX1 和 LAX1 的表达，从而促进弯钩形成。乙烯还可诱导弯钩形成关键基因 HLS1 的表达，从而促进顶端弯钩的形成。此外，乙烯也能够促进赤霉素的生物合成。在黑暗条件下，经外源施加乙烯后，顶端弯钩中赤霉素的合

成基因 *GA1* 表达量上调，且能够促进赤霉素应答启动子片段 GASA1 在顶端弯钩外侧的表达。因此，推测赤霉素的合成可能受到乙烯信号转导途径中下游转录因子 *EIN3/EIL1* 的影响。另外，在豌豆中发现，乙烯合成基因 *ACO1* 在弯钩内侧的表达量高于外侧。总之，正常乙烯的产生和信号转导途径是顶端弯钩发育过程所必需的，且乙烯对于顶端弯钩内外侧生长素的不对称分布是不可或缺的。乙烯信号通路通过转录因子 *EIN3/EIL1* 调控多个基因在顶端弯钩的表达，使得乙烯与赤霉素和生长素信号互作调控顶端弯钩的形成（董合忠，2019）。

基于前人对拟南芥等模式植物的研究，我们研究了棉花不同播种深度和每穴播种量对棉花顶端弯钩形成的影响。

1. 顶土压力影响乙烯合成基因 *ACO1* 和弯钩形成关键基因 *HLS1* 表达

随着播种深度增加，棉苗所受压力增加，诱导乙烯合成基因 *ACO1* 表达，促进棉花乙烯含量增加，从而促进弯钩形成；而与多粒穴播棉苗相比，单粒精播棉苗受到的顶土压力较大，则乙烯合成基因 *ACO1* 表达量增加，乙烯含量增加，从而导致单粒精播棉苗弯钩的弯曲程度大于多粒精播，更容易顶土出苗（图 2-5）。利用乙烯供体 1-氨基环丙烷-1-羧酸（ACC）和抑制剂 1-甲基环丙烷（1-MCP）分别处理棉苗，发现乙烯供体 ACC 处理能够诱导弯钩形成关键基因 *HLS1* 表达，促进弯钩形成，同时促进下胚轴增粗；而抑制剂 1-MCP 处理具有相反的作用，进一步说明乙烯在棉花弯钩形成中具有重要的作用（图 2-6）（Kong et al.，2018）。

2. 顶土压力调控植物激素在弯钩内外侧的差异分布

将播种深度分别为 1 厘米和 3 厘米的棉苗取出，从顶端沿纵轴中心线把弯钩分成了内侧和外侧，发现弯钩外侧细胞数量和大小都高于内侧，说明弯钩外侧细胞分裂和细胞生长快于弯钩内侧。播深 1 厘米处理的弯钩外侧细胞比内侧

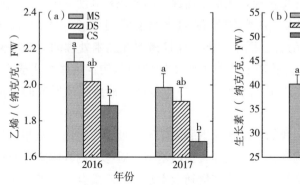
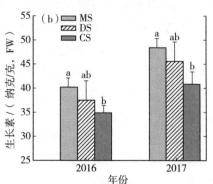

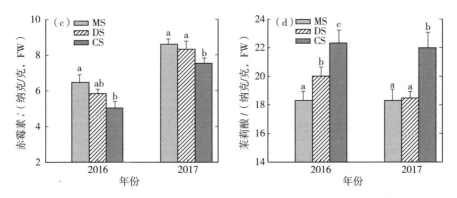

图 2-5　单粒精播（MS）、双粒穴播（DS）和多粒穴播（CS）棉苗的
乙烯（a）、生长素（b）、赤霉素（c）和茉莉酸（d）含量比较

注：条柱上标注不同字母表示差异显著（$P<0.05$）。

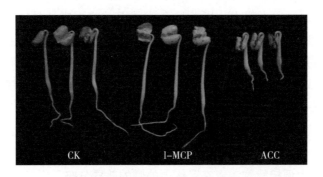

ACC. 弯钩快速形成；1-MCP. 不形成弯钩；CK. 对照。

图 2-6　乙烯供体 ACC 及抑制剂 1-MCP 对棉苗顶端弯钩形成的影响

细胞多 43%，而播深 3 厘米处理的弯钩外侧细胞比内侧细胞多 96%。进一步测定弯钩内外侧相关激素含量发现，无论是播深 1 厘米还是 3 厘米的棉苗，赤霉素（GA）和茉莉酸（JA）在弯钩外侧的含量皆高于内侧，但生长素（IAA）和乙烯在弯钩外侧的含量低于内侧，并且播深 3 厘米处理的弯钩内侧和外侧 GA、JA 及乙烯含量都高于播深 1 厘米处理的弯钩。这些结果表明，乙烯、GA、IAA 和 JA 在弯钩内外侧的差异分布是促进棉苗弯钩形成的关键（Kong et al.，2018）。

在以上研究的基础上，我们利用转录组研究了不同处理弯钩内外侧相关基因的表达，发现弯钩内外侧存在大量差异表达的基因。对弯钩内外侧差异表达基因进行 GO 分析发现，这些基因主要富集到激素水平、乙烯合成途径、转录

调节和生长素响应及信号转导、防御反应、氧化还原过程途径。进行 KEGG
分析发现，差异表达基因主要富集到植物激素信号转导、油菜素内酯合成、氨
基酸代谢及脂肪酸代谢等通路。在这些差异表达基因中发现了大量乙烯、生长
素、赤霉素合成代谢和信号转导相关基因。转录组分析结果进一步说明，植物
激素在弯钩形成中发挥了至关重要的作用。利用 RT-PCR 检测了同一播深的
单粒精播和多粒穴播棉苗中弯钩形成关键基因 EIN3、HLS1、COP1 和 PIF3
及乙烯合成基因 ACO1 的表达量，发现大量参与弯钩形成的基因 EIN3、
HLS1、COP1 和 PIF3 在 3 厘米播深处理弯钩中的表达量高于 1 厘米播深处
理，说明这些基因在棉花弯钩形成中具有重要作用；单粒精播棉苗中弯钩形成
关键基因 EIN3、HLS1、COP1 和 PIF3 及乙烯合成基因 ACO1 的表达量均
高于多粒穴播，这可能是单粒精播棉苗弯钩形成优于多粒穴播且更易成苗壮苗
的重要原因。

3. 弯钩内外侧生长素差异分布是弯钩形成的主要原因

进一步利用病毒介导的基因沉默（VIGS）技术分别沉默 EIN3、HLS1、
COP1 和 PIF3 基因，发现这些基因沉默后都不同程度地抑制了弯钩形成，证
实这些基因在棉花中具有促进弯钩形成的功能，而 GFP 对照及沉默 GhHY5
基因对弯钩形成没有影响（图 2-7）（董合忠，2019）。

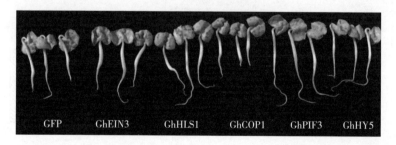

图 2-7　利用 VIGS 技术沉默 EIN3、HLS1、COP1 和 PIF3 基因对棉花弯钩的影响
　　注：GFP 为没有沉默任何基因的对照，GhEIN3、GhHLS1、GhCOP1、GhPIF3 和 GhHY5
分别代表各自 VIGS 基因沉默的棉苗。

进一步利用 VIGS 技术分别沉默 GhYUCCA8 和 GhGH3.17 基因后，下胚
轴顶端弯钩内外侧生长素梯度降低，不同程度地抑制了弯钩形成。与 VIGS-
GFP 对照相比，VIGS-YUCCA8 和 VIGS-GH3.17 沉默幼苗的顶端弯钩曲
率分别增加 53.1% 和 50.5%；顶端弯钩内侧细胞大小分别增加了 72.8% 和
68.7%。利用液相色谱检测弯钩内外侧 IAA 及 IAA-Glu 的含量发现，与

VIGS-*GFP* 对照相比，VIGS-*YUCCA8* 沉默苗顶端钩短弯钩内侧的 IAA 含量降低了 29.9%，而弯钩外侧的 IAA 含量仅降低了 7.9%；VIGS-*GH3.17* 沉默幼苗顶端钩短弯钩外侧的 IAA-Glu 含量降低了 31.0%，而弯钩内侧的 IAA-Glu 含量仅降低了 6.7%，导致幼苗顶端钩短弯钩内外侧之间活性 IAA 的不对称梯度降低。与 VIGS-*GFP* 对照相比，在 VIGS-*HLS1* 沉默的幼苗中，*GhYCCA8* 在顶端弯钩内侧和外侧的表达均降低，而 *GhGH3.17* 表达均上升；相反，在 VIGS-*YUCCA8* 和 VIGS-*GH3.17* 沉默幼苗中，顶端弯钩内外侧 *GhHLS1* 的表达没有改变（图 2-8）。因此 *GhHLS1* 基因通过促进弯钩内侧 *GhYUCCA8* 基因表达、抑制弯钩外侧 *GhGH3.17* 基因表达，顶端弯钩形成生长素梯度，促进弯钩形成。

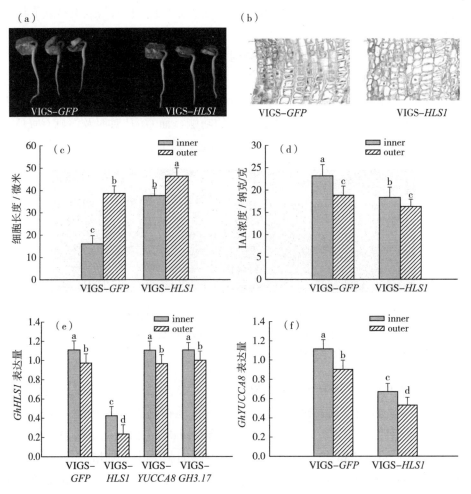

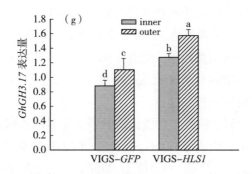

（a）*GhHLS1* 沉默抑制下胚轴顶端弯钩形成；（b、c）沉默棉苗弯钩内侧细胞大小差异比较；（d）沉默棉苗弯钩内外侧 IAA 含量；（e）*GhHLS1* 基因沉默效率鉴定（f）*GhHLS1* 基因沉默对 *GhYUCCA8* 基因表达量的影响；（g）*GhHLS1* 基因沉默对 *GhGH3.17* 基因表达量的影响。

图 2-8 *GhHLS1* 基因沉默对棉苗弯钩形态及 *GhYUCCA8*、
GhGH3.17 基因表达量的影响

4. 单粒穴播的实收密度低于多粒穴播，但两者最终籽棉产量没有显著差异

单粒穴播显著降低了棉花发病死苗率和带壳出苗率，其出苗率和壮苗率分别为 79.4％和 69.3％，多粒穴播的出苗率和壮苗率分别为 78.7％和 54.2％，显示两者出苗率相当，但壮苗率以单粒精播占优。多粒穴播 1 穴 1 株定苗后实收密度为 114 000 株/公顷，单粒穴播因有缺苗穴，实收密度较多粒穴播降低了 24.2％。在生育前期单粒穴播群体光合速率比多粒穴播低 32.8％和 16.7％，但在生育中后期（铃期至始絮）却显著高于多粒穴播，其中在始絮期较多粒穴播提高了 42.8％，光合产物向叶枝和叶枝铃的分配分别提高了 1.4 倍和 2 倍。单粒穴播与多粒穴播的籽棉产量相当，这是因为单粒穴播中后期光合生产能力强，棉花的叶枝生长发育旺盛，叶枝结铃多，弥补了缺苗降密带来的产量损失（Zhou et al.，2023）。

5. 单穴 2 株显著抑制了棉花叶枝的生长发育，相关基因的差异表达是叶枝生长发育受抑的重要原因

相同密度下 1 穴 2 株较 1 穴 1 株显著抑制棉花叶枝生长发育，1 穴 2 株的棉花叶枝数目及叶枝干重与总干物质重的比值分别减少了 57.3％和 72.1％。不同留苗方式并没有显著影响棉花籽棉产量，但改变了产量构成。与 1 穴 1 株相比，1 穴 2 株棉花叶枝贡献的产量减少了 54.5％，叶枝产量占产量的比值减少了 55.3％。1 穴 2 株棉花的总铃数降低，但铃重增加。

对不同留苗方式下的棉花叶枝顶进行转录组测序，获得了 2 155 个差异表达基因，其中 1 274 个上调表达、881 个下调表达。KEGG 分析通路表明，差异表达基因在植物激素信号转导、光合作用、光合生物的固碳作用、糖代谢以及氮素代谢等通路显著富集。由此说明，棉花叶枝生长发育是一个多基因参与、多个生物过程协同调控的过程。

综上，单穴播种量（粒数）造成出苗时顶土压力和乙烯信号强弱差异，其中单粒穴播通过 *GhEIN3* 诱导 *GhHLS1* 表达，*GhHLS1* 促进弯钩内侧 *GhYUCCA8* 基因表达、抑制弯钩外侧 *GhGH3.17* 基因表达，增加了幼苗顶端弯钩内外侧活性 IAA 的不对称分布，从而促进了弯钩形成（图 2-9）。单粒穴播的实收密度虽然低于多粒穴播，但两者最终籽棉产量相当。这与单粒穴播中后期光合生产能力强，叶枝生长发育旺盛且结铃多，弥补了缺苗降密带来的产量损失有关。1 穴 2 株的留苗方式抑制叶枝生长，改变了产量构成，但没有影响籽棉产量。这些结果表明，大面积生产中即使机械单粒穴播导致一定程度的缺苗和一穴多株，也不会引起显著减产；相反，单粒穴播促进弯钩形成，更易形成壮苗，而且省种省工。因此，单粒穴播是实现棉花轻简化栽培的重要措施（Zhou et al.，2023）。

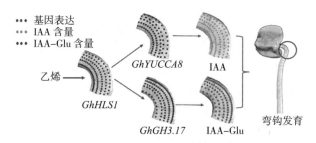

图 2-9　棉花单粒精播通过乙烯调控生长素在下胚轴顶端弯钩内外侧差异分布的机理

第四节　棉花机械精播出苗壮苗关键技术

采用先进的精量播种机械，将高质量的棉花种子按照预定的数量播种到棉田土壤中预定的位置，实现精准精确播种，是棉花集中成熟栽培的关键技术之一。

一、棉花机械精播的含义和优点

大田棉花机械精播是指采用先进的播种机械，选用优质种子，精细整地，将预定数量的棉花种子插播到土壤中预定的位置，实现棉花种子在棉田三维空间的精确定量和定位。机械精播技术是现代精准农业生产的重要内容之一，是常规农业生产向现代农业生产发展的必然趋势，是棉花种植技术史上的一大进步。

（一）棉花精播的含义

棉花精播就是精确定量和精准播种，其含义和要求至少包括以下 4 个方面：

一是种子数量精确。单位面积穴数和每穴粒数要精确，单粒精播时要求每穴一粒。缺穴、漏播率控制在规定的极低水平。

二是土壤位置精确。棉花种子处在田间三维坐标空间上的准确位置，即实现了株（行）距和播种深度的最佳配置。

三是种子质量高。种子需要具备高纯度和净度，且成熟度和发芽率都要达到相应的标准。种子经脱绒包衣，具有抗苗期病虫害的能力。

四是配套条件措施严格到位。整地质量高并用除草剂进行处理；土壤墒情适宜，或配套完备的滴灌设备，采用"干播湿出"的播种方式；采取地膜覆盖，施足基肥等。

棉花机械精播是棉花集中成熟轻简高效栽培的关键技术与核心技术，对实现棉花轻简化、机械化生产至关重要。尽管不同棉区因生态条件、生产条件不同，机械精播技术要求不尽一致，但棉花机械精播可以实现棉花种子在田间三维坐标空间和数量上的准确性，即实现了株（行）距、播种深度和播种量的最佳配置。精播技术可将棉花播种量由常规播种每穴 3 粒以上，降至每穴 1 粒或 2 粒或 1＋2 粒等配比方式，具体每穴粒数完全由种植者确定，目标穴粒数合格率≥90％，空穴率≤3％，田间出苗率≥90％，保苗率≥87％。

（二）棉花机械精播的优点

精播技术具有以下突出优点：

一是显著减少用种量。精播的用种量大约在 30 千克/公顷，而传统多粒播种（常规播种或非精量播种）一般在 60～75 千克/公顷。精量播种棉田因节约种子，种植成本可节约 600～900 元/公顷。新疆生产建设兵团第三师四十六团气吸式精量播种采用"单穴单粒"精量播种方式，大田平均单籽穴率为

91.6%，较常规播种提高84.9%；空穴率较常规播种略高（1.2%），用种量为28千克/公顷，较常规播种减少35千克/公顷。

二是节约间、定苗用工。一般无须间、定苗，节省劳力，因而还可节约用工成本1 500元/公顷以上。

三是减少个体间的竞争。单穴单粒，且株距和行距均匀配套，可减少植株间水分与营养竞争，有利于构建棉花高产群体。常规播种或非精量播种棉田由于需要间苗，常伤及所留苗的根系，造成苗弱和生长缓慢。

四是促使并带动相关技术的改善与进步。如种子质量的提高、种植模式的优化、耕整地质量的规范、土壤的改良、化控技术的实施、田间管理措施的强化、作业机具性能的提高和改进等。

由于具有以上优点，与不定苗的常规播种棉田相比，精量播种棉田常能显著增产；与定苗的常规播种棉田相比，能够省种、省工，具有节本、增效的作用。

二、促进棉花精播出苗壮苗的主要措施

棉花机械精播是一个系统工程，实现精确定量和定位播种，达到一播全苗的要求，需要一系列物质和技术的支撑。首先，整地质量要高，棉田平整、墒情适宜；其次，种子质量要好，以脱绒包衣种子为佳，种子发芽率≥90%，种子破籽率≤3%；最后，播种机械要配套。三者缺一不可。由于精量播种技术既可以减少农业生产投入又能显著提高棉花产量，已越来越受到人们的青睐。随着育种、种子加工处理技术、农药、除草剂和棉田灌溉技术的不断发展与完善，种子的发芽率和保苗率有了大幅提高，为精播技术的实施提供了可靠的保证。

（一）提高种子质量

高质量种子是及时形成顶端弯钩和下胚轴稳健生长的保障，是棉花一播全苗、培育壮苗的重要基础和前提。前人研究表明，种子活力水平与种子成熟度呈正相关关系，因此在生产中选取能代表品种特性的棉株中部且靠近主茎（内围1~2果节）、吐絮好、成熟度高、无病虫害的霜前花棉花种子是提高种子质量的根本措施。硫酸脱绒、药剂拌种及种衣剂包衣，能显著提升种子发芽率和出苗速度，同时有效防治棉花苗期病害和虫害，也是有效提高种子质量、保障

棉花一播全苗培育壮苗的重要措施。

（二）温墒调控措施

种子发芽出苗的土壤环境包括土壤硬实度、温度、水分等，显著影响棉苗弯钩建成和下胚轴生长，对棉花种子出苗和成苗至关重要。

播前深耕整地能有效改善土壤结构，提高地温，增强土壤通透性，扩大棉苗对水、肥的吸收范围，有利于根系下扎和幼苗顶土出苗；地膜覆盖则具有增温、保墒等作用，能有效促进棉苗生长发育，有利于培育壮苗；滴灌棉田采用"干播湿出"技术，即在未进行冬春灌棉田的"干土"中直接覆膜播种（干播），然后及时滴水增墒促进出苗（湿出），棉田盐碱较重时宜在播种后连续滴水 3～4 次，每次间隔 6～7 天，以降低棉种周围土壤的盐分，创造有利于棉种发芽出苗和幼苗生长的土壤环境（陈兵等，2023）。黄河流域棉区可在解冻后进行春耕，并结合增施有机肥及时耙耕、保墒；西北内陆（新疆）棉区春季风大，土壤水分蒸发快，应在入冬前翻耕完，避免春耕。无论哪个棉区，播前造墒、适期播种、地膜覆盖、滴灌补墒等措施都是为了优化温、墒、气等环境因子，确保种子萌发出苗过程中顶端弯钩及时建成和展开、下胚轴稳健生长（伸长和增粗），促进棉花成苗、成苗和壮苗。播种过早，地温低，抑制弯钩建成和下胚轴生长，容易造成烂种缺苗；播种过晚，下胚轴生长快，易形成高脚苗，而且因生育期推迟，不能充分利用有效的生长季节，影响产量和品质。

（三）播种粒数和深度

在适期播种的前提下，播种质量是实现一播全苗的关键。传统条播及一穴多粒的播种方式，不但浪费棉种，而且会造成棉苗拥挤，易形成高脚苗。Kong 等（2018）研究表明，单粒精播、适当浅播（播深 1.5～2.5 厘米）的棉花种子在顶土出苗时，受到机械压力大，诱导乙烯合成基因 *ACO1* 表达，产生足量乙烯。乙烯一方面促进 *HLS1* 表达，促进弯钩建成；另一方面诱导下胚轴增粗关键基因 *ERF1* 的表达，从而促进下胚轴增粗，更利于壮苗早发。相反，多粒穴播棉苗顶土力强，容易导致土壤提前裂开，棉苗受光导致 HLS1 蛋白含量降低，弯钩提前展开，易造成带壳出苗。因此，在精细整地和提高种子质量的前提下，适时播种、单粒精播并掌握好播种深度，大田播种深度一般 2.5 厘米左右，或者膜上打孔播种深度 1.5 厘米左右，浅覆土 1 厘米左右，侧封土，适当增加播种穴数（增加 30％～50％），缩小穴距，不仅能够保障全苗壮苗，也省去了间苗、定苗工序。

（四）棉花精量播种注意事项

1. 精量播种机械选择

新疆棉花均采用地膜覆盖。为提高作业效率，要求精量播种机能够一次性地完成厢面平整、开沟、铺膜、压膜、膜边覆土、准确打孔、精量播种、盖土、种行镇压等一条龙作业任务。在滴灌棉田还需要同时完成滴灌带铺设。新疆棉花精量播种机先后推广过气吸式与机械式两种不同原理的精量播种机，其中机械式又分为夹持式和窝眼式，目前窝眼机械式比较受棉农欢迎，普及率较高；气吸式精量播种机械在棉花上有一定使用面积，而夹持机械式在生产上已很少使用。目前新疆全面推广使用无人驾驶北斗卫星导航的精量播种机，覆膜、铺设滴灌带、下种、覆土一次性完成，每公里直线误差不超过 2 厘米。与传统播种方式相比，不仅节约棉种，还提高了土地利用率，方便棉苗长大后进行全程机械化田间管理和机械采摘。

2. 种子精选

高质量的种子是实现精量播种一播全苗的重要保障。要获得高质量的种子，一方面大田生产质量要高，另一方面种子加工质量要高。棉花常规用种加工工艺主要采用化学或物理方式脱绒、重力精选、风力精选等方式，而针对精量播种的生产用种，必须增加色选设备，以进一步提高种子的健子率和发芽率。根据多年生产实践，棉花精量播种的种子质量应达到：发芽率≥90％，破子率≤3％；子指 9.7～11.9 克，通常≥10.5 克，种子必须进行药剂包衣处理。

3. 棉田准备

棉田必须进行深耕作业，以满足棉花根系生长。耕地作业应适时适墒进行，一般要求耕深达到 25～30 厘米，深耕垡片翻转良好，地表物覆盖彻底，耕后地表平整、松碎，不重不漏。整地标准为平、松、碎、齐、净、直等。

4. 播种技术要求

（1）播种时期。精量播种棉田播种期较常规播种田略晚，一般建议在膜下 5 厘米地温稳定通过 14℃时开始播种。南疆 4 月 8—15 日、北疆 4 月 10—20 日为最佳播种期。

（2）播种机调试。先按试播要求填装种子，再将播种机升起，模拟播种机作业速度并按机组前进方向旋转点播滚筒，检查并调整好排种情况，然后按技术要求装好种子、地膜及滴灌带，机组按正常作业速度进行试播，并检查播种、铺地膜及滴灌带、覆土等情况，特别要认真检查播种器铺膜和穴播器的清理工作，调试播种机，实现播种机穴播器或排种器能准确地排出种子，既不能多出粒，也不能空白漏播，还要做到种子准确落在土壤预定位置，且分布均匀一致。达到播种技术要求后即可播种。

（3）播种要求。通常精量播种棉田使用的方形鸭嘴入土深度2.5～3.0厘米，种子下种深度（播深）2.0～2.5厘米，尖形鸭嘴入土深度3.5～3.8厘米，沙土地较黏土地鸭嘴入土宜相对深些，精量播种穴播器鸭嘴入土深度较非精量播种约少0.5厘米。精量播种棉田种行膜面覆土厚度北疆一般为1.5～2.0厘米，最小厚度仅1.0厘米；南疆一般为2.5～3.5厘米，最高可达4.5厘米左右。

播种时，特别注意以下几点：

一是种子箱检查。在向种子箱加种前，应清理种子箱可能存在的杂质、碎籽及残膜等，同时要防止种子箱加种过满，在行走过程中因种子相互挤压造成输种管堵塞。

二是严格作业标准。为保证错位率≤1%、空穴率≤3%，在拖拉机行走时，要严格按照田间播种质量标准作业，即作业速度≤3.5千米/小时，动力输出轴转速350～400转/米。做到播行端直、膜面平展、压膜严密、覆土适宜、接行准确，经常检查点播滚筒的鸭嘴开闭情况，以及下种、覆土覆膜、滴灌带铺设等作业质量，及时清除鸭嘴、开沟器和覆土装置上的泥土、废膜、残秆残茬等杂物，发现问题及时停车检修。考虑每次停车不仅降低田间作业速度，还容易出现小断条，因而应尽可能减少田间停车次数。为安全起见，机车起步、播种机提升或落下时要鸣号，防止伤人。

三是搞好滴灌带铺设。滴灌带铺设在播种行的窄行中间，滴灌带滴水流道朝上，不打折、不打结、不扭曲，松紧适度。滴灌带内不要带进沙子、泥土、残膜等杂物，防止堵塞滴灌带及滴头。地膜铺设平展，紧贴地面，横向及纵向拉力适宜，覆盖严实，地膜两侧垂直入土5～7厘米，采光面大。

四是注意播后检查。精量播种对土壤温度和墒情等的要求比常规播种要高些，因此在播种过程中，要及时检查地膜及滴灌带的铺设质量，每一播幅沿垂直方向隔10～15米用土压好，形成一条防风土带，滴灌带的连接处及地头两边的滴灌带用土压实，并注意及时压膜封洞，压好膜边、膜头及膜上破孔。

三、不同棉区棉花精播出苗壮苗关键技术

（一）黄河流域一熟制棉区单粒精播成苗壮苗技术要求

黄河流域棉区棉花单粒精播的核心技术要求是，在精细整地的基础上，单粒精播、适当晚播、种肥同播（代建龙等，2014；董合忠等，2016；张冬梅和董合忠，2017）。

1. 播前精细整地和灭草

（1）种子处理。种子经过脱绒、精选后，用抗苗病防蚜虫的种衣剂包衣，单粒穴播的种子质量应达到健子率≥90％，发芽率≥90％，破子率≤3％；每穴播种1～2粒的种子质量应达到健子率≥80％，发芽率≥80％，破子率≤3％。

（2）精细整地并喷除草剂。棉田耕翻整平后，每公顷用48％氟乐灵乳油1 500毫升，兑水600～750千克，均匀喷洒地表后耖地或耙耢混土。

（3）选择适宜的精量播种机械。要求能够一次性地精确定位精量播种、盖土、种行镇压、喷除草剂、肥料深施、铺膜、压膜、膜边覆土等一条龙作业任务。

2. 适当晚播、种肥同播

人们传统认为在膜下5厘米地温稳定通过15℃后就可以播种。基于控制烂铃和早衰、促进集中结铃的需要，可以较传统播种期推迟5～10天，黄河流域西南部4月20—30日播种，中部和东北部4月25日至5月5日比较适宜。参考这一播种期范围，结合品种特性、当时天气和墒情灵活掌握。黄河流域棉区一熟制棉花，实行"单粒精播、种肥同播"。要求在播种的同时，深施（10厘米以下）种肥（基肥），不仅免除了间苗、定苗工序，还可省去另施基肥的环节，节种50％～80％，并且解决了高脚苗的问题。

3. 技术要求

每穴1粒时用种量为15千克/公顷左右，每穴1～2粒时用种量为22.5千克/公顷，盐碱地可以增加到25～30千克/公顷。播深2.5厘米左右，下种均匀，深浅一致；种肥或基肥（复合肥或控释肥）施入播种行10厘米以下土层，与种子相隔5厘米以上的距离；盖土后再用50％乙草胺乳油1 050～1 500毫升/公顷、兑水450～750千克/公顷，或60％丁草胺乳油1 500～1 800毫升/公顷、兑水600～750千克/公顷，均匀喷洒播种床防除杂草；然后选择0.008

毫米及以上厚度地膜，铺膜要求平整、紧贴地面，每隔2～3米用碎土压膜。

4. 及时放苗

覆膜棉田齐苗后立即放苗，盐碱地沟畦播种在齐苗后5～7天打小孔，炼苗5～7天后选择无风天放苗。精准播种棉田不间苗、不定苗，保留所有成苗。雨后尽早中耕松土，深度6～10厘米。棉花苗期不浇水。

（二）西北内陆棉区单粒精播成苗壮苗技术要求

西北内陆棉区单粒精播技术已经比较成熟，但播种期和苗期经常遇到低温干旱逆境的影响，因此保苗成苗是整个技术的核心。

1. 冬灌前深翻或深松最佳，没有条件冬灌的棉田也可先深松，深松后浇冬灌水或翌年浇春灌水

同一棉田间隔2～3年深松一次为宜，其中黏土棉田2年深松一次，壤土棉田可3年深松一次。壤土或沙性壤土的棉田深松深度为40厘米，表层为壤土、下层为黏土或均为黏土的棉田，深松深度以50厘米为宜。从深松效果来看，翼铲式深松铲对犁底层破坏不彻底，容易形成大小不一的坚硬土块；弯刀式深松铲对耕层土壤的搅动效果较好，对犁底层破坏均匀、充分，推荐使用；凿型振动式深松铲介于两者之间。结合深耕或深松、冬灌或春灌，耙耢整平。

2. 根据盐碱程度、底墒大小、地力条件和淡水资源，灵活选择传统秋冬灌或春灌、膜下春灌和滴水出苗等节水造墒播种方式，并实行年际交替轮换

其中新疆北部要坚持"干土播种、滴水出苗"，盐碱较重的棉田可与秋冬灌交替；新疆南部在继续实行秋冬灌的基础上，根据盐碱程度、底墒大小、地力条件和淡水资源适当发展膜下春灌、膜上播种，底墒较好的棉田可试行干土播种、滴水出苗。

3. 当土壤表层（5厘米）稳定通过12℃时即可播种

使用智能化精量播种机械，铺滴灌带、喷除草剂、覆膜、打孔播种等工序一并进行；采用2.05米宽地膜，1膜盖3行，1行1带（滴灌带），行距76厘米，株距5.6～8.8厘米。膜上打孔，精准下种，下子均匀，1穴1粒，空穴率小于3%，播深2～2.5厘米。采用干播湿出棉田在温度达标时滴出苗水，滴水量为120～180米^3/公顷。

（三）两熟制晚春播早熟棉单粒精播成苗壮苗技术要求

黄河流域部分地区和长江流域棉区实行两熟制和多熟制，主要采用棉花与油菜、小麦、大蒜等作物套种的传统种植模式。这种模式虽然单位面积的产出和效益较高，但费工费时，效率极低。为此，改棉花—大蒜（小麦、油菜）套种为蒜（小麦、油菜）后早熟棉（短季棉）直播，建立机械单粒精播技术，保证了两熟制棉花的精量播种，解决了两熟制不能实行机械精量播种的难题（Lu et al.，2017；杨国正，2016；董合忠，2016）。技术要点如下：

1. 播前整地

麦后采用免耕贴茬直播。小麦留茬高度不超过 20 厘米，小麦秸秆粉碎长度不超过 10 厘米，粉碎后均匀抛撒。蒜后清理残茬，采用免耕播种。也可整地后播种，采用旋耕机旋耕，耕深 10～15 厘米。每公顷用 48％氟乐灵乳油1 500～1 600 毫升，兑水 600～700 千克，均匀喷洒地表，耖地或耙耢混土后机械播种。

2. 精量播种

小麦收获后，立即采用开沟、施肥、播种、镇压、覆土一次性完成的精量播种联合作业机直接播种，精量条播时用种量 22.5 千克/公顷，精量穴播时用种量 18 千克/公顷左右。播后用 33％二甲戊灵乳油 2.25～3.0 升/公顷，兑水225～300 千克/公顷均匀喷洒地面。大蒜收获后，采用多功能精量播种机抢时、抢墒播种，用种量 18～22.5 千克/公顷。播后用 33％二甲戊灵乳油 2.25～3.0 升/公顷，兑水 225～300 千克/公顷均匀喷洒地面。

3. 行距配置和管理

等行距种植，行距为 60～70 厘米，采用机械收获时可选用 76 厘米。自然出苗，出苗后不间苗、不定苗，实收株数 7.5 万～10.5 万株/公顷。

综上所述，实行精量播种减免间苗、定苗完全可以实现一播全苗、壮苗早发，为集中成熟打下基础，完全可以在我国主要产棉区推广普及。但采取该项技术必须注意以下 3 点（周静远等，2022；2023）：一是要因地制宜地选择精量播种保苗壮苗技术。西北内陆棉区膜上单粒精播技术已经基本普及，重点在于综合运用精细整地、种子处理和温墒调节等措施保苗壮苗；黄河流域棉区一熟制仍提倡先播种后盖膜，单粒穴播时种子发芽率要在 90％以上，否则提倡每穴 1～2 粒并有配套的精量播种机械，以确保较高的出苗率和收获密度；两熟制条件下播种成苗壮苗的关键在于墒情，要在有水浇条件的田块进行，要求精量播种即可，不必强调单粒精播。二是先播种后盖膜，在人工放苗时可以适当控制一穴多株，以解决棉苗分布不均匀的问题。三是按照稀植稀管、密植密管的原则进行大田管理。减免间苗、定苗，通常情况下密度会有相应增加，必然导致植株群体长势增强，因此通过合理化调，控制株高和营养生长，搭建集中成熟群体结构，才能实现产量不减、集中吐絮的目标。精量播种是一项先进的现代农业技术措施，扎实做好了会使棉花生产轻简、节本、高效。但是，如果措施不当、方法不对，作业质量达不到规定要求，也可能会给生产造成损失。因此，要加强各项运行、管理工作，切实运用好这项措施，确保棉花一播全苗。还要注意，精量播种减免间苗、定苗只是棉花轻简化栽培的一个环节，只有和高质量种子生产加工技术、轻简施肥、免整枝、水肥协同高效管理及集中收获技术等有机结合起来，才能实现真正意义上的轻简高效栽培。

🌸 参考文献

陈兵，孔宪辉，余渝，等，2023. 南疆盐碱地棉花微量多次滴水控盐增温成苗节水增产新技术. 中国棉花，50（2）：40-42.

代建龙，李振怀，罗振，等，2014. 精量播种减免间定苗对棉花产量和产量构成因素的影响. 作物学报，40（11）：2040-2945.

董合忠，2012. 滨海盐碱地棉花成苗的原理与技术. 应用生态学报，23：566-572.

董合忠，2019. 棉花集中成熟轻简高效栽培. 北京：科学出版社.

董合忠，李维江，汝医，等，2017-07-14. 无级调距式棉花膜上精量播种机：201410725608.0.

董合忠，李维江，张旺锋，等，2018. 轻简化植棉. 北京：中国农业出版社.

董合忠，李维江，张晓洁，2004. 棉花种子学. 北京：科学出版社.

董合忠，杨国正，田立文，等，2016. 棉花轻简化栽培. 北京：科学出版社.

花子晴，周静远，董合忠，2024. 双子叶植物下胚轴和顶端弯钩发育及其对出苗的调控机制. 生物技术通报，40：23-32.

姜楠，王超，潘建伟，2014. 拟南芥下胚轴伸长与向光性的分子调控机理. 植物生理学报，50：1435-1444.

刘旦梅，裴雁曦，2018. 双子叶植物幼苗顶端弯钩发育的分子机制. 中国生物化学与分子生物学报，3：1138-1145.

宋雨函，张锐，2021. 高等植物下胚轴伸长的调控机制. 生命的化学，41（6）：1116-1125.

王红飞，尚庆茂，2018. 被子植物下胚轴细胞伸长的分子机理. 植物学报，53：276-287.

杨国正，2016-06-15. 棉花免耕夏直播的栽培方法：201410273847.7.

岳剑茹，赫云建，邱天麒，等，2021. 植物微管骨架参与下胚轴伸长调节机制研究进展. 植物学报，56（3）：363-371.

张冬梅，董合忠，2017. 黄河流域棉区棉花轻简化丰产栽培技术体系. 中国棉花，44

（11）：44－46.

张冬梅，张艳军，李存东，等，2019. 论棉花轻简化栽培. 棉花学报，31（2）：163－168.

周静远，代建龙，冯璐，等，2023. 我国现代棉花栽培理论和技术研究的新进展. 塔里木大学学报，35（2）：1－12.

周静远，孔祥强，张艳军，等，2022. 基于种子萌发出苗过程中弯钩建成和下胚轴生长的棉花出苗壮苗机制与技术. 作物学报，48（5）：1051－1058.

朱蠡庆，王伯初，付雪，等，2013. 膨压在植物细胞生长中的作用. 生物物理学报，29（8）：583－593.

Abbas M，Alabadi D，Blazquez M A，2013. Differential growth at the apical hook：all roads lead to auxin. Front Plant Sci，4：441.

Aizezi Y，Shu H，Zhang L，et al. ，2021. Cytokinin regulates apical hook development via the coordinated actions of EIN3/EIL1 and PIF transcription factors in Arabidopsis. Journal of Experimental Botany，73（1）：213－227.

An F，Zhang X，Zhu Z，et al. ，2021. Coordinated regulation of apical hook development by gibberellins and ethylene in etiolated Arabidopsis seedlings. Cell Research，22（5）：915－927.

Cao M，Chen R，Li P，et al. ，2019. TMK1－mediated auxin signalling regulates differential growth of the apical hook. Nature，568，240－243.

Chen M，Chory J，Fankhauser C，2004. Light signal transduction in higher plants. Annu Rev Genet，38：87－117.

Chory J，Nagpal P，Peto C A，1991. Phenotypic and Genetic Analysis of det2，a New Mutant That Affects Light－Regulated Seedling Development in Arabidopsis. Plant Cell，3（5）：445－459.

Claeys H，De Bodt S，Inzé D，2014. Gibberellins and DELLAs：central nodes in growth regulatory networks. Trends in Plant Science，19（4）：231－239.

Du M M，Bou Daher F，Liu Y Y，et al. ，2022. Biphasic control of cell expansion by auxin coordinates etiolated seedling development. Science Advances，8（2）：eabj1570.

Feng S H，Cristina M，Giuliana G，et al. ，2008. Coordinated regulation of Arabidopsis thaliana development by light and gibberellins. Nature，451（7177）：475－479.

Guo H W，Ecker J R，2003. Plant responses to ethylene gas are mediated by SCF（EBF1/EBF2）－dependent proteolysis of EIN3 transcription factor. Cell，115（6）：667－677.

Han X，Yu H，Yuan R R，et al. ，2019. Arabidopsis Transcription Factor TCP5 Controls Plant Thermomorphogenesis by Positively Regulating PIF4 Activity，iScience，15（31）：611－622.

Holtkotte X，Ponnu J，Ahmad M，et al. ，2017. The blue light－induced interaction of cryptochrome 1 with COP1 requires SPA proteins during Arabidopsis light signaling. PLos Genetics，13（10）：e1007044.

Hu H Z，Zhang R，Feng S Q，et al.，2018. Three AtCesA6 - like members enhance biomass production by distinctively promoting cell growth in Arabidopsis. Plant Biotechnology Journal，16（5）：976 - 988.

Kong X Q，Li X，Lu H Q，et al.，2018. Monoseeding improves stand establishment through regulation of apical hook formation and hypocotyl elongation in cotton. Field Crops Res，222：50 - 58.

Kong X Q，Zhou J Y，Li X，et al.，2024. HLS1 promotes apical hook formation by regulating YUCCA8 and GH3. 17 expression differently in the inner and outer side of the hook in cotton. Physiologia Plantarum，176：e14148.

Lehman A，Black R，Ecker J R，1996. *HOOKLESS1*，an Ethylene Response Gene，Is Required for Differential Cell Elongation in the Arabidopsis Hypocotyl. Cell，85（2）：183 - 194.

Li X，Kong X Q，Zhou J Y，et al.，2021. Seeding depth and seeding rate regulate apical hook formation by inducing *GhHLS1* expression via ethylene during cotton emergence. Plant Physiol Biochem，164：92 - 100.

Lin C T，2002. Blue light receptors and signal transduction. Plant Cell，14（1）：207 - 225.

Lu H Q，Dai J L，Li W J，et al.，2017. Yield and economic benefits of late planted short - season cotton versus full - season cotton relayed with garlic. Field Crops Research，200：80 - 87.

Mazzella M A，Casal J J，Muschietti J P，et al.，2014. Hormonal networks involved in apical hook development in darkness and their response to light. Front Plant Sci，5：52.

Mcnellis T W，Deng X W，1995. Light control of seedling morphogenetic pattern. Plant Cell，7：1749 - 1761.

Oh J，Park E，Song K J，et al.，2020. PHYTOCHROME INTERACTING FACTOR8 Inhibits Phytochrome A - Mediated Far - Red Light Responses in Arabidopsis. The Plant Cell，32（1）：186 - 205.

Ottoline L，1999. Plant hormones：ins and outs of auxin transport. Current Biology，9（1）：R8 - R10.

Peng Y，Zhang D，Qiu Y P，et al.，2022. Growth asymmetry precedes differential auxin response during apical hook initiation in Arabidopsis. Journal of Integrative Plant Biology，64（1）：5 - 22.

Reddy K R，Reddy V R，Hodges H F，1992. Temperature effects on early season cotton growth and development. Agron J，84：229 - 237.

Rehman A, Farooq M, 2019. Cotton Production. Hoboken: Wiley Online Library: 23 – 46.

Ren H, Park M Y, Spartz A K, et al., 2018. A subset of plasma membrane – localized PP2C. D phosphatases negatively regulate SAUR – mediated cell expansion in Arabidopsis. PLos Genetics, 14 (6): e1007455.

Riccardo L, Alessandra B, Veronica R, et al., 2018. Abscisic acid inhibits hypocotyl elongation acting on gibberellins, DELLA proteins and auxin. Aob Plants, 10 (5): 61.

Sara K, Geonhee H, Soohwan K, 2020. The epidermis coordinates thermoresponsive growth through the phyB – PIF4 – auxin pathway. Nature Communications, 11 (1): 1053.

Shi H, Shen X, Liu R L, et al., 2016. The Red Light Receptor Phytochrome B Directly Enhances Substrate – E3 Ligase Interactions to Attenuate Ethylene Responses. Developmental Cell, 39 (5): 597 – 610.

Shibasaki K, Uemura M, Tsurumi S, et al., 2009a. Auxin response in Arabidopsis under cold stress: underlying molecular mechanisms. Plant Cell, 21 (12): 3823 – 3838.

Sliwinska E, Bassel G W, Bewley J D, 2009b. Germination of Arabidopsis thaliana seeds is not completed as a result of elongation of the radicle but of the adjacent transition zone and lower hypocotyl. J Exp Bot, 60: 3587 – 3594.

Tiwari S B, Hagen G, Guilfoyle T, 2003. The roles of auxin response factor domains in auxin – responsive transcription. Plant Cell, 15: 533 – 543.

Villalobos C, Luz Irina A, Lee S, et al., 2016. A combinatorial TIR1/AFB – Aux/IAA co – receptor system for differential sensing of auxin. Nature Chemical Biology, 8 (5): 477 – 485.

Wang J J, Sun N, Zhang F F, et al., 2020a. SAUR17 and SAUR50 differentially regulate PP2C – D1 during apical hook development and cotyledon opening in Arabidopsis. Plant Cell, 32 (12): 3792 – 3811.

Wang J J, Sun N, Zheng L D, et al., 2023. Brassinosteroids promote etiolated apical structures in darkness by amplifying the ethylene response via the EBF – EIN3/PIF3 circuit. Plant Cell, 35 (1): 390 – 408.

Wang L, Xu Q, Yu H, et al., 2020b. Strigolactone and Karrikin Signaling Pathways Elicit Ubiquitination and Proteolysis of SMXL2 to Regulate Hypocotyl Elongation in Arabidopsis. The Plant Cell, 32 (7): 2251 – 2270.

Wang Y C, Guo H W, 2019. On hormonal regulation of the dynamic apical hook development. New Phytol, 222: 1230 – 1234.

Xiong H B, Lu D D, Li Z Y, et al., 2023. The DELLA – ABI4 – HY5 module integrates light and gibberellin signals to regulate hypocotyl elongation. Plant Communications, 4 (5): 100597.

Xu P，Chen H，Li T，et al.，2021. Blue light‐dependent interactions of CRY1 with GID1 and DELLA proteins regulate gibberellin signaling and photomorphogenesis in Arabidopsis. Plant Cell，33（7）：2375‐2394.

Yu Z P，Ma J X，Zhang M Y，et al.，2023. Auxin promotes hypocotyl elongation by enhancing BZR1 nuclear accumulation in Arabidopsis. Science Advances，9（1）：eade2493.

Zhang J J，Chen W Y，Li X P，et al.，2023. Jasmonates regulate apical hook development by repressing brassinosteroid biosynthesis and signaling. Plant Physiology，193（2）：1561‐1579.

Zhang Y J，Dong H Z，2020. Yield and fiber quality of cotton. Encycl Renew Sustain Materials，2：356‐364.

Zheng Y Y，Cui X F，Su L，et al.，2017. Jasmonate inhibits COP1 activity to suppress hypocotyl elongation and promote cotyledon opening in etiolated Arabidopsis seedlings. Plant Journal，90（6）：1144‐1155.

Zhou J Y，Nie J J，Kong X Q，et al.，2023. Cotton yield stability achieved through manipulation of vegetative branching and photoassimilate partitioning under reduced seedling density and double seedlings per hole. Field Crops Research，303：109117.

Zádníková P，Petrásek J，Marhavy P，et al.，2010. Role of PIN‐mediated auxin efflux in apical hook development of *Arabidopsis thaliana*. Development，137（4）：607‐617.

第三章 棉花密植化控免整枝促进集中成熟

棉花具有无限生长习性，在主茎基部着生叶枝，叶枝不能直接结铃，却会与果枝竞争水分和养分，因此去叶枝是重要的传统植棉措施。为保证在有限生长期内完成开花结铃和吐絮，传统植棉还要求适时去掉主茎顶（打顶），包括去叶枝、打顶等措施的精细整枝技术，费工费时、效率极低，必须予以简化或者免除。免整枝就是利用农艺和化学方法调控叶枝和主茎顶端生长，减免人工去叶枝、打顶、抹赘芽、去老叶、去空果枝等传统整枝措施，并促进棉花集中成熟的技术措施。要实现免整枝而不减产、不降质，且促进集中成熟，需要综合运用适宜品种、合理密植和化学调控等技术措施。其中，合理密植与化学调控的有机结合是核心。

第一节 叶枝发育的调控机理与技术

棉花主茎基部着生叶枝，不仅与主茎和果枝竞争水分和养分，旺盛生长的叶枝还会引起遮阴，增加烂铃。因此，研究叶枝生长发育及其调控的机理与技术是棉花栽培学的重要内容。叶枝的强弱因品种而异，并受种植密度、水肥运筹和植物生长调节剂的显著影响。因此，良种良法配套是实现免整枝和集中成熟的根本途径。

一、叶枝的生长发育特点

叶枝也称营养枝或单轴分枝，一般着生在主茎基部第3～7片真叶之间，是不能直接着生棉铃的枝条（董合忠等，2008）。叶枝多少和强弱与品种有关，一般生育期长的晚熟、中熟棉花品种叶枝多（强）于生育期短的早熟棉花品种，杂交棉花品种多（强）于常规棉花品种；叶枝多少和强弱受环境条件和栽培措施的显著影响，地力、施肥、浇水、种植密度等都显著影响叶枝的生长发育，其中种植密度的影响最为突出，种植密度越高，叶枝越少、越弱（董合忠等，2007；2016）。

棉花植株真叶和子叶叶腋内皆可出生叶枝，但以真叶叶腋出生的叶枝优势强；不整枝时，棉花植株出生的叶枝一般可达1～6条，以3～5条的概率最大。下部叶枝出生早，但长势弱、生长速率较慢、结铃率低，是劣势叶枝；上部叶枝出生虽晚，但长势旺、生长速率较快、结铃率高，是优势叶枝。

叶枝叶的比叶重小于主茎叶和果枝叶；叶枝上着生的二级果枝的单枝生长量远低于主茎果枝。叶枝现蕾开花时间晚于主茎，但与主茎同时达到高峰期，终止时间早于主茎，这就是留叶枝棉花对叶枝打顶的时间要比主茎提前5～7天的原因。总体上叶枝的成铃率低于果枝，叶枝铃的铃重一般比果枝铃低10%左右；衣分略低于果枝铃，一般低5%左右。叶枝铃的纤维品质指标大部分略低于果枝铃（表3-1）。由于叶枝铃的这些特点，控制叶枝生长进而减少叶枝结铃可在一定程度上能够提高棉纤维品质（Li et al.，2019a）。

表3-1　叶枝铃与果枝铃棉纤维品质比较（2015—2016年，临清市）

种植密度/（万株/公顷）	棉铃类型	上半部纤维长度/毫米	整体度/%	短纤维/%	纤维强度/（厘牛/特）	马克隆值
3	叶枝	29.48b	85.9b	5.6b	28.6b	4.3b
	果枝	30.44a	88.3a	4.9c	31.1a	4.1b
6	叶枝	29.42b	84.2b	6.3a	28.5b	4.6a
	果枝	30.32a	86.7a	5.1bc	31.0a	4.4b
9	叶枝	29.31b	83.9b	6.4a	28.3b	4.7a
	果枝	30.28a	86.0a	5.2bc	30.7a	4.5ab
平均	叶枝	29.40b	84.7b	6.1a	28.5b	4.5a
	果枝	30.35a	87.0a	5.1b	30.9a	4.4ab

注：同列数值标注不同字母者代表差异显著（P<0.05），供试品种为K836。

二、合理密植控制叶枝的效应和机理

设置不同的种植密度或针对叶枝进行遮阴的研究发现，高种植密度通过降低叶枝光合作用、改变激素合成代谢相关基因的表达和内源激素含量抑制叶枝生长，叶枝遮阴通过与高种植密度基本相同的机制来控制叶枝生长（Li et al.，2019a；2019b）。

高种植密度显著抑制叶枝生长。高种植密度下叶枝干重与总干重的比值及叶枝数目均显著低于低种植密度处理（图 3-1）。其中，在播种后 125 天，与低种植密度相比，高种植密度棉花叶枝干重与总干重的比值降低了 95.0%，叶枝数目减少了 67.3%。叶枝的结铃数和对籽棉产量的贡献随密度升高也显著减小（表 3-2）。

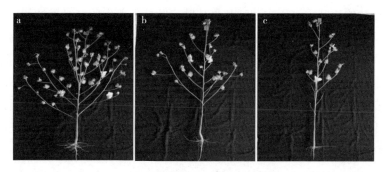

a. 种植密度 3 万株/公顷；b. 种植密度 6 万株/公顷；c. 种植密度 9 万株/公顷。

图 3-1　不同种植密度的棉花株型

表 3-2　种植密度对棉花总产量及产量构成和叶枝
产量的影响（2015—2016 年，临清市）

种植密度/（万株/公顷）	果枝铃铃重/克	叶枝铃			总籽棉产量/（千克/公顷）	总铃数/（个/米²）	平均铃重/克	叶枝铃产量贡献率/%
		铃重/克	铃数/（个/米²）	籽棉产量/（千克/公顷）				
3	5.72a	5.12a	26.8a	1 364a	3 813a	69.9a	5.43a	35.8a
6	5.18b	4.47b	13.8b	621b	3 872a	76.2b	5.14b	16.0b
9	5.01c	3.80c	1.7c	65c	3 887a	78.1b	5.03b	1.7c

注：表中同一列数据后面不同字母表示差异显著（$P<0.05$），供试品种为 K836。

提高种植密度显著降低了棉花叶枝叶光合作用。在播种后 110 天和 125 天，与低种植密度相比，高种植密度棉花叶枝叶净光合速率（Pn）分别降低了 76.4% 和 83.7%，RuBP 羧化酶的活性分别降低了 28.1% 和 33.2%，叶绿素含量分别减少了 62.8% 和 68.6%，可溶性糖含量分别减少了 25.8% 和 26.4%，淀粉含量分别减少了 44.4% 和 40.0%。

高种植密度改变棉花主茎顶和叶枝顶激素合成代谢相关基因的表达及相应

激素含量。增加种植密度提高了棉花主茎顶生长素合成、转运及细胞分裂素合成关键基因的表达量。在播种后 110 天和 125 天，与低种植密度相比，高种植密度主茎顶生长素合成关键基因 $GhYUC5$ 的表达量分别增加了 62.5％和 43.7％，生长素转运基因 $GhPIN1$ 的表达量分别增加了 34.1％和 21.5％，细胞分裂素合成关键基因 $GhIPT3$ 的表达量分别增加了 79.7％和 82.9％；相应的生长素含量分别增加了 43.9％和 31.3％，细胞分裂素含量分别增加了 29.7％和 38.6％。与主茎顶相反，棉花叶枝顶生长素、细胞分裂素合成、转运关键基因的表达量与含量随着种植密度的增加而降低，其中，在播种后 110 天和 125 天，与低种植密度相比，高种植密度棉花叶枝顶生长素合成关键基因 $GhYUC5$ 的表达量分别降低了 65.8％和 57.0％，生长素转运基因 $GhPIN1$ 的表达量分别降低了 61.4％和 60.6％，$GhPIN5$ 的表达量分别降低了 86.1％和 72.7％，细胞分裂素合成关键基因 $GhIPT3$ 的表达量分别降低了 63.8％和 66.8％，而编码独脚金内酯受体的基因 $GhD14$ 的表达量分别增加了 57.1％和 57.8％。同时，种植密度增加抑制了编码光敏色素 B 蛋白的基因 $GhphyB$ 及糖合成关键基因 $GhCYFBP$ 的表达，在播种后 125 天，与低种植密度相比，高种植密度叶枝顶 $GhphyB$ 基因的表达量降低了 62.3％，$GhCYFBP$ 基因的表达量降低了 67.3％。与这些关键基因表达相对应，叶枝顶生长素的含量分别减少了 45.3％和 27.9％，细胞分裂素的含量分别减少了 38.3％和 25.7％，赤霉素的含量分别减少了 23.1％和 38.2％，油菜素内酯的含量分别减少了 28.8％和 21.5％，而独脚金内酯的含量分别增加了 25.3％和 31.2％。

遮阴显著降低棉花叶枝叶光合作用。在播种后 55 天、62 天和 69 天，与对照相比，遮阴棉花叶枝叶净光合速率（Pn）分别降低了 42.7％、86.3％和 96.4％，RuBP 羧化酶的活性分别降低了 23.7％、29.1％和 28.0％，叶绿素含量分别减少了 46.7％、44.1％和 82.0％，可溶性糖含量分别减少了 74.3％、48.9％和 51.7％，淀粉含量分别减少了 80.0％、58.7％和 86.0％。而叶枝遮阴显著促进棉花主茎叶中光合产物积累，与对照相比，在播种后 55 天、62 天和 69 天，主茎叶净光合速率（Pn）分别增加了 12.2％、15.1％和 12.2％，RuBP 羧化酶的活性分别增加了 13.2％、5.4％和 9.8％，叶绿素含量分别增加了 10.0％、16.2％和 18.4％，可溶性糖含量分别增加了 21.1％、19.2％和 22.5％，淀粉含量分别增加了 12.3％、37.4％和 38.1％。

遮阴也影响棉花叶枝顶激素合成代谢相关基因的表达和激素含量，通过与密植相似的机制抑制叶枝生长。在播种后 55 天、62 天和 69 天，与对照相比，

棉花集中成熟栽培理论与实践

遮阴叶枝顶生长素合成关键基因 $GhYUC5$ 的表达量分别减少了 79.1%、86.4% 和 91.2%，生长素转运基因 $GhPIN1$ 的表达量分别减少了 55.5%、76.1% 和 81.9%，$GhPIN5$ 的表达量分别减少了 23.6%、77.1% 和 82.2%，细胞分裂素合成关键基因 $GhIPT3$ 的表达量分别减少了 41.5%、94.2% 和 92.9%，而编码独脚金内酯受体的基因 $GhD14$ 的表达量分别增加了 11.7%、32.7% 和 56.1%。同时，遮阴抑制编码光敏色素 B 蛋白的基因 $GhphyB$ 及糖合成关键基因 $GhCYFBP$ 的表达，在播种后 55 天、62 天和 69 天，与对照相比，遮阴后叶枝顶 $GhphyB$ 基因的表达量分别减少了 26.5%、32.7% 和 56.1%，Gh-$CYFBP$ 基因的表达量减少了 87.7%、88.6% 和 96.3%。与这些关键基因的表达相对应，遮阴棉花叶枝顶生长素、细胞分裂素和油菜素内酯的含量比对照显著降低，在播种后 55 天、62 天和 69 天，遮阴棉花叶枝顶生长素的含量分别减少了 33.8%、19.7% 和 40.8%，细胞分裂素的含量分别减少了 19.3%、12.6% 和 24.1%，油菜素内酯的含量分别减少了 24.6%、26.2% 和 27.8%，而独脚金内酯的含量分别增加了 21.5%、30.5% 和 28.6%（Li et al.，2019b）。

总之，密植或人工遮阴叶枝改变了光照强度与光谱特性，一方面直接削弱了叶枝光合作用；另一方面抑制了叶枝顶光受体基因（$phyB$）的表达，降低了叶枝生长素合成与转运关键基因（$GhYUC5$、$GhPIN$）、细胞分裂素合成关键基因（$GhIPT3$）的表达量及相应激素含量，提高了编码独脚金内酯受体的基因（$GhD14$）的表达量及独脚金内酯含量，从而抑制了叶枝生长（图 3-2），

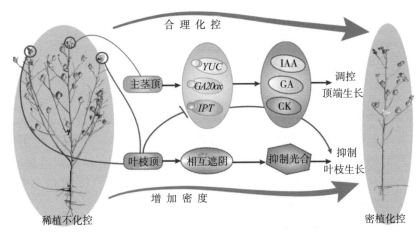

图 3-2　密植和化控控制叶枝和顶端生长的机理

· 68 ·

而主茎顶相关基因表达和激素含量变化则表现出相反的趋势（Li et al.，2019a；2019b）。甲哌鎓化控，不仅下调功能叶生长发育相关蛋白表达，减少碳水化合物合成和能量代谢，实现对株高的控制；而且促进光合产物向根、茎和生殖器官运输，减少了向主茎顶端运输，从而抑制了顶端生长（侯晓梦等，2017）。由此可见，合理密植与甲哌鎓化控有机结合，并配合科学运筹肥水、株行距合理搭配等农艺措施，可以有效地调控棉花叶枝和顶端生长，实现免整枝。

三、棉花叶枝控制技术

通过提高种植密度控制叶枝的生长发育是简化整枝甚至是免整枝的有效途径。棉花种植密度超过 7.5 万株/公顷时，棉株中下部遮阴程度加大，会改变棉株体内相关激素含量和比例，抑制叶枝的生长发育，导致叶枝很弱；加上甲哌鎓与水肥调节，叶枝只形成较少产量甚至基本不形成产量，完全可以减免整枝。过去没有化学调控，较高的种植密度会引起顶端生长加剧，现在依靠化学调控可以较好地解决这个问题。这一途径是世界各国，特别是发达植棉国家普遍采用的栽培模式，也是发展轻简化、机械化植棉的必然要求。进一步研究发现，肥水管理及株行距搭配甚至行向都在一定程度上影响叶枝的发育（董合忠，2019）：①基肥越多或氮肥投入越多，叶枝生长发育越旺盛；②速效肥对叶枝生长发育的促进作用大于缓控释肥；③灌水越多、持续时间越长，叶枝生长发育越旺盛；④行距搭配影响叶枝的发育，大小行种植、东西行向有利于叶枝发育，而等行距、南北行向种植便于控制叶枝生长发育；⑤喷施甲哌鎓显著抑制顶端生长，控制株高。因此，专用缓控释肥代替速效肥或者减少基肥、增加追肥、减施氮肥、平衡施肥，适度亏缺灌溉或部分根区灌溉，喷施甲哌鎓等植物生长调节剂都是控制叶枝发育的有效途径。种植密度和化学调控等因素对叶枝及株高调控效应与机理的明确为简化整枝甚至免整枝提供了十分重要的理论指导（董合忠等，2018）。

中早熟棉花品种全生育期需要≥10℃的活动积温 3 800℃以上，需光照 1 540 小时以上，采用中早熟春棉品种于 4 月底 5 月初播种，虽然比常规栽培推迟播种 10～15 天，生长季节减少了 10～15 天，但通过适当提高种植密度，减少单株果枝数，完全可以弥补晚播的损失。进一步分析发现，适当晚播、合理密植可带来一系列有利效应：一是由于晚播，气温和地温已明显升高，病害较轻，不仅比较容易实现一播全苗和壮苗，还可以减免地膜的使用，避免残膜污染；二是由于播种期推迟，现蕾、开花时间相应推迟，结铃盛期与该区的最佳结铃期可以更好地吻合，伏桃和早秋桃比例加大，伏前桃大大减少，烂铃自然减少；三是由于密度加大，在化学调控措施的保证下，虽然单株结铃数有所减少，但单位面积的总铃数显著增加；四是棉花晚播密植，使棉花自始至终处在一个相对有利的光温条件下生长发育，完成产量和品质的建成过程，为棉花优质高产创造了有利条件，容易实现高产优质；五是合理密植加化学调控有效控制了叶枝的生长发育，免整枝，节约了用工，不失为一熟制棉田有效的高产简化栽培技术（董建军等，2016；2017）。根据试验、示范结果，并参考生产经验，制定黄河流域棉区免整枝栽培技术如下：

一是品种选择。由于种植密度较大，在栽培上宜选用株型较为紧凑、叶枝弱、赘芽少的棉花品种，当前常规抗虫棉品种可选用中早熟类型鲁棉研 37 号、K836 等，早熟抗虫棉可选用鲁棉 532 等品种。

二是适期晚播。为使棉花结铃期与黄河流域棉区的最佳结铃期相吻合，并适当控制伏前桃的数量，减少烂铃，播种要适当拖后 10～15 天。春棉品种于 4 月 25 日至 5 月 5 日播种，最晚不超过 5 月 10 日。仍然可以覆膜栽培，但要特别注意及时放苗，高温烧苗。

三是合理密植，等行距种植。根据试验和示范情况，等行距、南北行向种植有利于控制叶枝生长发育。种植密度以 7.5 万～9 万株/公顷较宜，过低，起不到控制叶枝生长发育的作用；过高，则给栽培管理带来很大困难。在 7.5 万～9 万株/公顷的种植密度下，控制株高 100 厘米以下，以小个体组成的合理大群体夺取高产。

四是免整枝。不去叶枝，通过合理密植和化学调控抑制叶枝生长发育，7 月 20 日以前人工打主茎顶或者化学封顶，以后不再整枝。

五是科学化控。该项技术由于种植密度加大，棉田管理特别是化学调控技术的难度也相应增加，在使用甲哌鎓调控时要严格控制株高，这是该技术成功的关键。甲哌鎓的应用要坚持"少量多次、前轻后重"的原则，自 4～5 叶期开始化学调控，根据天气和长势，每 7～10 天化控一次，棉花最终株高 90～100 厘米。

六是水肥调控相配合。减少基肥投入和氮肥投入，或者一次性基施控释期为 90 天左右的控释氮肥；适当减少灌水量，采用部分根区灌溉或亏缺灌溉。

总之，在黄河流域棉区，免整枝栽培技术是指把播种期由 4 月中旬推迟到 4 月下旬至 5 月初，把种植密度提高到 7.5 万～9 万株/公顷，通过适当晚播控制烂铃和早衰，通过合理密植和化学调控，抑制叶枝生长发育，进而减免人工整枝。这一栽培模式由于减免了人工整枝，节省用工 30 个/公顷左右；通过协调库源关系，延缓了棉花早衰，一般可增产 5%～10%，节本增产明显，具有重要的推广价值（董合忠等，2017；董建军等，2016）。对于西北内陆棉区，由于采用的种植密度更高，叶枝的生长更弱，免整枝技术已经基本普及。要重点注意的是，采用化控技术时，宜在现有基础上增加次数、减少用量，并与水肥调控结合，最终控制棉花株高达到 75～90 厘米为宜。对于两熟制棉田的直播早熟棉，也要在合理密植的基础上加强化控，控制株高 80～90 厘米，实现免整枝。

第二节　棉花化学封顶的机理与技术

棉花具有无限生长的习性，顶端优势明显。打顶是控制株高和后期无效果枝生长的一项有效措施。研究和生产实践证明，通过摘除顶心，可改善群体光照条件，调节植株体内养分分配方向，控制顶端生长优势，使养分向果枝方向输送，增加中下部内围铃的铃重，增加霜前花量。我国多数植棉区都采取打顶措施，因为不打顶或者打顶过早过晚都会引起减产。基于打顶的必要性，探索化学封顶等人工打顶替代技术是棉花轻简化栽培技术的重要内容。

一、棉花化学封顶的机理

棉花打顶技术有人工打顶、化学封顶和机械打顶 3 种。机械打顶和人工打顶的原理一样，按照"时到不等枝，枝到看长势"的原则，在达到预定果枝数时（黄河流域于 7 月 20 日前、西北内陆于 7 月 10 日前、直播早熟棉于 7 月 25 日前）通过手工或机械去掉主茎顶芽，破坏顶端生长优势；化学封顶是利用化学药品强制延缓或抑制棉花顶尖的生长，控制其无限生长习性，从而达到类似人工打顶调节营养生长与生殖生长的目的。由于机械打顶对棉花有损伤，目前尚未大面积应用，各棉区仍以人工打顶为主。人工打顶掐掉顶芽及部分幼嫩叶片，费工费时，劳动效率低，是制约棉花轻简化生产和机械化作业的重要环节。因此，探索化学封顶的原理和技术十分必要。

有学者于 2015—2016 年设置人工打顶、化学打顶和未打顶 3 种处理。化学打顶剂（甲哌鎓）为人工喷施，用量为 1.125 升/公顷。打顶处理后采用酶联免疫吸附测定法（ELISA）定期测定棉花功能叶生长素（IAA）、赤霉素（GA_3）、脱落酸（ABA）和玉米素核苷（ZR）含量，采用同位素标记相对和绝对定量（isobaric tag for relative and absolute quantification，iTRAQ）技术对人工打顶和化学打顶处理打顶后 20 天的主茎功能叶进行差异蛋白质组学分析（侯晓梦等，2017）。结果表明，与人工打顶处理相比，化学打顶处理的株高高于人工打顶处理，两年试验中分别高 11.8% 和 14.5%，但低于未打顶处理，两年分别低 6.0% 和 6.5%，喷施化学打顶剂有效抑制了棉花株高的增长。不同打顶处理对棉花功能叶 GA_3 含量影响较大，打顶后 GA_3 含量变化为单峰曲线，处理 30 天各处理之间差异达到显著水平，GA_3 含量为未打顶＞化学打顶＞人工打顶，30 天后化学打顶与未打顶处理呈下降趋势，人工打顶处理则在 20 天时出现下降趋势，在处理后 50 天各处理 GA_3 含量无显著差异。2016 年 IAA 含量峰值出现在处理后 40 天，化学打顶处理峰值显著低于其他两个处理，2015 年 3 种打顶处理间无显著差异。ABA 含量在处理后 40 天时达到最大值，未打顶处理峰值显著低于其他两个处理。3 种打顶处理的 ZR 含量无显著差异。化学打顶与人工打顶处理相比，iTRAQ 标记方法在功能叶中检测到 69 个差异表达基因，29 个上调表达、40 个下调表达，其中碳水化合物和能量代谢相关的基因多下调表达，而与 GA_3 调节正相关的蛋白质多上调表达，增强 GA_3 效应。由此可见，化学打顶对棉花功能叶 GA_3 含量影响较大，化学打顶处理 GA_3 含量显著高于人工打顶处理，植物生长发育相关蛋白多下调表达，可能是植株通过减少碳水化合物合成，减少能量代谢，增加 GA_3 含量，激活 GA_3 效应来实现对株高的控制（侯晓梦等，2017）。

根据在新疆、山东等地的研究，棉花化学封顶能显著抑制冠层上、中部果枝长度，延缓横向生长，使株型更紧凑，果枝数、单株结铃数及产量增加，纤维品质未受影响。化学封顶棉花冠层上部透光率大，中、下部光吸收率较高，冠层光分布均匀，保证了较高群体光合能力及较长光合功能持续期。化学封顶棉花株型紧凑且叶片变小，收获前喷施脱叶剂后挂枝叶率显著减少，降低了机采籽棉含杂。另外，棉花化学封顶的效应与水分和肥料供应关系密切，搞好水肥运筹也是提高化学封顶效果的重要措施（徐守振等，2017）。

二、化学封顶关键技术

就目前各地开展的化学封顶试验效果而言，多数试验证实化学封顶可以基本达到人工封顶的效果，棉花产量与人工打顶相当或略有减产，也有比人工打顶显著增产或显著减产的情况。这主要是因为化学封顶还受品种、施肥和灌溉等因素的影响。探明这些因子的效应对于提高化学封顶效果十分重要。

化学封顶的效果受灌水量的影响。灌水量和甲哌鎓（DPC）剂量对铃数、产量和产量器官干物质质量等存在互作。在新疆北部，以人工打顶作为对照，选用氟节胺复配型和甲哌鎓复配型两种打顶剂，于喷施打顶剂后的两次灌水分别设置高灌水量（常规灌水量）、中灌水量（85％常规灌水量）和低灌水量（70％常规灌水量）3种不同灌水量，研究了不同灌水量对化学封顶棉花冠层特征、干物质积累与分配及产量的影响（徐守振等，2017）。结果表明，低灌水量与低剂量化控药剂配合主要依靠较高的群体生物量获得相对较高的产量；高灌水量下高剂量化控药剂处理主要依靠较高的产量器官干物质质量比获得相对较高的产量；中灌水量处理下，化学封顶棉花群体叶面积指数（LAI）高且持续期长，增加了光合面积，冠层开度适宜，光分布合理，冠层不遮蔽，有利于提高光能利用率，干物质积累量较大且提高了物质向上部生殖器官的分配比例。不仅如此，中灌水量相对于高灌水量的灌溉成本降低，而比低灌水量处理的籽棉产量显著提高。说明灌水量和化控药剂互相配合以保障营养生长和生殖生长协调是化学封顶技术成功的关键。

化学封顶的效果也受施氮量的影响。有学者在新疆石河子开展了施氮量（150千克/公顷、300千克/公顷、450千克/公顷）和甲哌鎓（DPC）剂量（450毫升/公顷、750毫升/公顷、1 050毫升/公顷）对棉花封顶效果及产量影响的田间试验研究（韩焕勇等，2017）。结果表明，低氮量下营养生长较弱，棉田群体LAI较小，群体光合速率（CAP）较低，形成的干物质较少，此时采用低剂量DPC化学封顶，有利于提高LAI和CAP，最终依靠较大的干物质量获得比中、高剂量DPC和对照都高的产量。中氮量下中剂量DPC的产量是所有处理中最高的，其籽棉产量较中氮量下的低、高剂量DPC分别提高了15.8％和9.8％，较对照也提高了5.8％，还比低、高氮量下的各处理和对照也显著提高（高氮量下高剂量DPC处理组合除外）。虽然该处理的LAI和CAP不是最高，地上部干物质量与中氮量下其他处理及高氮量下各处理相比差异也不显著，但其光合同化产物向产量器官的分配较多，尤其是在吐絮期，这是该处理产量较高的原因。高氮量下群体营养生长过旺，需要应用高剂量DPC化学封顶才能依靠较高的生殖器官干重避免减产。总之，棉花生产中需要根据地力和氮肥用量确定适宜的DPC剂量进行化学封顶。如果地力低、氮肥用量少，需降低DPC剂量；地力中等以上、氮肥用量适中，需要加大DPC用量。不建议棉田投入过多氮肥，这不仅会降低肥料的边际收益，而且容易导致营养生长和生殖生长失调，降低化学封顶的效果和加大棉田管理难度。

当前国内外使用最多的植物生长调节剂是甲哌锇和氟节胺，也可以两者配合或混配使用。甲哌锇在我国棉花生产中作为生长延缓剂和化控栽培的关键药剂已经应用了30多年，人们对其也比较熟悉。在前期甲哌锇化控的基础上，棉花正常打顶前5天（达到预定果枝数前5天）用甲哌锇75～105克/公顷叶面喷施，10天后用甲哌锇105～120克/公顷再次叶面喷施，可有效控制棉花主茎和侧枝生长，降低株高，减少中上部果枝蕾花铃的脱落，提高座铃率，加快铃的生长发育（代建龙等，2019）。

氟节胺（N-乙基-N-2′,6′-二硝基-4-三氟甲基苯胺）为接触兼局部内吸性植物生长延缓剂，其作用机制是通过控制棉花顶尖幼嫩部分的细胞分裂并抑制细胞伸长，使棉花自动封顶。25%氟节胺悬浮剂用药量为150～300克/公顷，在棉花正常打顶前5天首次喷雾处理，直喷顶心，间隔20天进行第二次施药，顶心和边心都施药，以顶心为主，可有效控制棉花主茎和侧枝生长，降低株高，减少中上部果枝蕾花铃的脱落，提高座铃率，加快铃的生长发育（代建龙等，2019）。

氟节胺和甲哌锇用量要视棉花长势、天气状况酌情增减施药量。从大量生产实践来看，甲哌锇比氟节胺要安全一些，两者混配使用的效果更好。用无人机喷施植物生长调节剂化学封顶较传统药械喷药省工、节本、高效，封顶效果更佳，值得提倡。

第三节　合理密植与免打顶对叶枝的协同抑制效应

棉花分枝复杂，有果枝和叶枝之分，并主要由果枝结铃形成产量。而且，由于叶枝会对主茎和果枝生长产生抑制效应，因此人工去叶枝是我国普遍采用的棉田管理措施。棉花具有无限生长习性，主茎顶端优势强，人工打顶可以破坏顶端优势，减少无效结铃并促进成铃发育，也是重要的棉田管理措施。但随着经济发展和城市化进程的不断推进，我国农村劳动力减少、用工成本增加，去叶枝和打顶等精耕细作栽培管理措施难以继续实行。现有研究实践表明，提高棉花种植密度可以有效抑制叶枝的生长发育，合理管理的免打顶棉花也不会减产。我们推测，免打顶与合理密植能够协同抑制棉花叶枝的生长发育，进而实现免整枝轻简栽培目的。为此，我们研究了免打顶与合理密植协同调控棉花叶枝生长发育的效应和机制，以期为棉花免整枝轻简栽培提供理论依据。

大田试验于 2022—2023 年在山东省农业科学院经济作物研究所棉花试验站（临清）进行。供试材料为棉花（*Gossypium hirsutum* L.）品种鲁棉 K836。试验采用裂区设计，主区为种植密度试验，设中（4.5 株/米²）、高（9.0 株/米²）2 个密度；副区为打顶方式试验，设人工打顶和免打顶两个水平。重复 3 次。测定不同处理组合棉株的叶枝生长发育、叶枝结铃和整株棉花的生长发育、产量和产量构成，同时测定棉株叶枝顶端内源激素含量，并进行转录组学测序，通过生物信息学分析方法确定可能参与棉花叶枝生长发育调控的候选基因，利用 CRISPR/Cas9 基因编辑系统创制突变体材料。旨在研究棉花叶枝生长发育相关基因、内源激素含量和分布与叶枝生长发育的关系，揭示种植密度和打顶对叶枝生长发育的调控机理。

一、密度与打顶对叶枝生长发育和内源激素的影响

根据 2022 年和 2023 年两年的大田试验结果，密度和打顶皆显著影响叶枝的生长发育（图 3 - 3）。

两年数据平均，高密度（9.0 株/米²）比低密度（4.5 株/米²）的叶枝长度、叶枝干重、叶枝叶面积、叶枝成铃数、叶枝籽棉产量及其占比分别降低了 33.3%、68.5%、51.6%、75.5%、69.1% 和 78.3%，免打顶比打顶叶枝长度、叶枝干重、叶枝叶面积、叶枝成铃数、叶枝籽棉产量及其占比分别降低了 15.8%、24.5%、32%、40.6%、40.6% 和 35%，说明提高密度和免打顶皆能显著抑制叶枝生长发育和结铃。高密度免打顶处理组合比低密度打顶组合的叶枝长度、叶枝干重、叶枝叶面积、叶枝成铃数、叶枝籽棉产量及其占比分别降低 43.1%、80.4%、75.5%、88.5%、89.7% 和 88.3%，说明合理密植和免打顶配合更能有效地抑制棉花叶枝的生长发育和结铃（表 3 - 3）。合理密植与免打顶对叶枝的生长发育具有协同抑制效应。

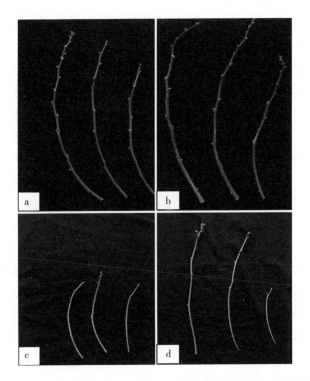

a. 密度 4.5 株/米²时免打顶；b. 密度 4.5 株/米²时人工打顶；c. 密度 9.0 株/米²时免打顶；d. 密度 9.0 株/米²时人工打顶。

图 3-3　密度和打顶对棉花叶枝发育的影响

表 3-3　密度和打顶对棉花叶枝生长发育的影响（2022—2023 年，山东临清）

种植密度/ （株/米²）	打顶 方式	叶枝长度/ 厘米	叶枝干物重/ 克	叶枝叶面积/ 厘米²	叶枝成铃数/ （个/米²）	叶枝籽棉产量/ （千克/公顷）	叶枝产量占比/ %
4.5	免打顶	63.1b	23.1b	2 216b	7.3b	362b	8.9b
	打顶	77.8a	27.1a	2 490a	10.4a	564a	12.8a
9.0	免打顶	44.3c	5.3d	610d	1.2d	58d	1.5d
	打顶	49.7c	10.5c	1 667c	3.9c	143c	3.2c

注：同列不同字母表示差异显著（$P < 0.05$）。

二、密度与打顶对叶枝顶激素含量的影响

植物激素是调控棉花株型的关键因子。对不同种植密度和打顶处理 1 天

和 5 天的棉花叶枝顶端内源激素含量测定发现，细胞分裂素类的顺式玉米素、异戊烯基腺苷、反式玉米素核苷等，生长素类的吲哚-3-甲醛与水杨酸，以及脱落酸，其含量在 4.5 株/m² 密度下均高于 9.0 株/m² 密度，且随着时间的增长激素含量均呈现下降趋势。说明打顶处理后高密度和低密度种植的棉花叶枝顶的生长素类物质升高，而脱落酸类物质降低，进而促进了叶枝的生长，而且低密度条件下内源激素的变化更大，对叶枝生长的促进效果更显著。

种植密度和打顶方式显著影响棉花叶枝顶的内源激素含量。提高密度降低了叶枝顶有关细胞伸长、分裂、生长相关的激素含量，而打顶提高了棉花叶枝顶有关细胞伸长、分裂、生长相关的激素含量。高密度和免打顶通过调控叶枝顶内源激素含量的变化，协同抑制了叶枝的生长发育（图 3-4）。

GO KEGG 分析发现，差异表达的基因显著富集的通路主要涉及类胡萝卜素生物合成，缬氨酸、亮氨酸和异亮氨酸降解，ABC 转运蛋白，色氨酸代谢，植物激素信号传导，MAPK 信号通路等多个途径。进一步表明种植密度和打顶方式通过多个途径协同调控了棉花叶枝的生长发育。

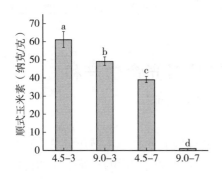
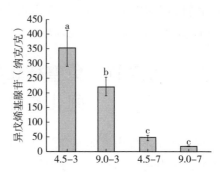
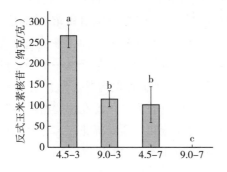
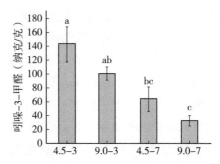

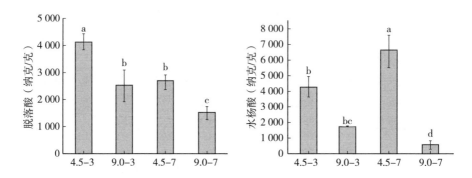

4.5-3.4.5株/米² 打顶后第3天；9.0-3.9.0株/米² 打顶后第3天；4.5-7.4.5株/米² 打顶后第7天；9.0-7.9.0株/米² 打顶后第7天。

图 3-4　打顶处理下不同密度叶枝顶激素差异

注：不同小写字母代表差异显著（$P<0.05$）。

综上，高密度和免打顶皆可显著抑制叶枝的生长发育和结铃，而且两者配合更为有效。高密度和免打顶皆显著影响叶枝顶内源激素水平，通过增强主茎顶端优势、减弱叶枝顶端优势，抑制了叶枝生长发育。转录组数据分析表明，密度和打顶方式通过类胡萝卜素生物合成、氨基酸代谢、植物激素信号传导、MAPK 信号通路等多个途径调控了棉花叶枝的生长发育。

第四节　免整枝和打顶对光合生产和同化物分配的影响

棉花产量不仅由群体光合能力决定，还受随后光合同化物在营养器官与生殖器官之间分配的影响。叶枝去留和打顶会显著改变或影响棉花个体和群体的冠层光合作用和光合同化物分配，进而影响棉花的产量和品质形成（Dai et al.，2017；2022）。然而，很少有关于整枝对棉花冠层光合作用和光合同化物分配的影响及其与籽棉产量形成的关系的报道。我们推断大田棉花整枝通过改变棉花冠层光合作用和光合同化物分配来调控产量的形成。基于这一推断，试验采用^{13}C 同位素示踪技术，研究了整枝和打顶对叶面积指数、冠层光合作用、光合同化物分配的影响及其与产量和品质形成的关系，旨在探明留叶枝和打顶对棉花产量和质量是否存在相互作用，留叶枝和打顶对棉花冠层光合生产和同化物分配的影响，以阐明免整枝免打顶不减产的机制（Nie et al.，2021）。

一、免整枝和打顶对产量和收获指数的影响

2019—2020 年开展的叶枝去留（去叶枝和保留叶枝）和打顶方式（不打顶、人工打顶和化学封顶）双因素裂区试验，比较研究了叶枝去留和不同打顶方式及其可能的互作对棉花产量、产量构成和收获指数的影响。结果表明，叶枝去留和打顶方式对棉花籽棉产量和收获指数有显著的影响，但两者没有互作效应。保留叶枝棉花的铃重和收获指数分别比去叶枝降低了 10.9％和 9.7％，但铃数和生物产量却分别提高了 8.3％和 6.4％，两者的籽棉产量相当。化学封顶的生物产量比不打顶提高了 22.4％，但收获指数降低了 9.4％，籽棉产量提高了 10.7％；人工打顶的生物产量比不打顶提高了 6.1％，收获指数提高了 4.8％，籽棉产量提高了 11.1％。化学封顶和人工打顶的籽棉产量相当（表 3-4）。从籽棉产量来看，化学封顶是可行的。

表 3-4　整枝打顶方式对棉花产量、产量构成和收获指数的影响（山东临清）

整枝和打顶方式	铃数/ （个/米²）	铃重/克	衣分/％	籽棉产量/ （千克/公顷）	生物产量/ （千克/公顷）	收获指数/％
整枝方式（VB）						
去叶枝	105.1b	4.77a	46.2a	5 034a	13 859b	36.3a
留叶枝	113.8a	4.25b	47.2a	4 839a	14 746a	32.8b
打顶方式（PT）						
不打顶	104.5b	4.41b	46.7a	4 602b	13 063c	35.2a
人工打顶	108.1b	4.73a	46.8a	5 114a	13 863b	36.9a
化学封顶	115.8a	4.40b	46.7a	5 092a	15 982a	31.9b
变异来源						
年（Y）	0.000 6	<0.000 1	ns	<0.000 1	<0.000 1	0.002 0
VB	<0.000 1	<0.000 1	ns	ns	0.013 3	0.000 2
PT	<0.000 1	0.017 7	ns	<0.000 1	<0.000 1	0.000 3
Y×VB	0.000 2	ns	ns	ns	ns	ns
Y×PT	ns	ns	ns	ns	ns	ns
VB×PT	ns	ns	ns	ns	ns	ns
Y×VB×PT	ns	ns	ns	ns	ns	ns

注：表中同一因素下不同字母表示在 0.05 水平上差异显著，ns 表示差异不显著，下同。

二、免整枝和打顶对棉花光合生产与同化物分配的影响

留叶枝棉花的叶面积系数在盛蕾期、盛花期和盛铃期比去叶枝分别提高了23.8%、12.0%和7.1%，在吐絮期两者相当；群体光合速率在盛花期、盛铃期和吐絮期分别比去叶枝提高了28.3%、13.3%和9.5%。但是，留叶枝棉株光合产物向营养器官分配的比例在盛花期和盛铃期分别提高了10.7%和4.4%，而向生殖器官分配的分别降低了26.2%和6.7%（表3-5）。与不打顶相比，化学封顶的叶面积系数在盛铃期和始絮期分别提高了10.6%和15.8%，人工打顶分别提高了8.9%和5.6%；化学封顶的群体光合速率在盛铃期和吐絮期分别提高了17.9%和27.7%，人工打顶分别提高了7.7%和6.3%。在棉株光合产物分配上（表3-5），化学封顶棉株光合产物在盛铃期向生殖器官（有效铃）分配比例与不打顶相当，而吐絮期却比不打顶降低了13.6%；人工打顶在盛铃期和吐絮期向生殖器官分配比例则分别比不打顶提高了5.9%和9.2%。

表3-5 整枝打顶方式对棉株光合产物向营养器官和生殖器官分配的影响

单位：%

整枝和打顶方式	盛花期		盛铃期		吐絮期	
	营养器官	生殖器官	营养器官	生殖器官	营养器官	生殖器官
整枝方式（VB）						
去叶枝	71.07b	28.93a	60.56b	39.44a	61.49a	38.51a
留叶枝	78.66a	21.34b	63.20a	36.80b	61.72a	38.28a
打顶方式（PT）						
不打顶	74.55a	25.45a	62.25a	37.75b	61.04b	38.96b
人工打顶	75.21a	24.79a	60.01b	39.99a	57.44c	42.56a
化学封顶	74.84a	25.16a	63.28a	36.72b	66.33a	33.67c
变异来源						
VB	0.007 6	0.000 3	0.042 8	0.001 5	ns	ns
PT	ns	ns	0.025 1	0.000 6	0.033 8	0.001 3
VB×PT	ns	ns	ns	ns	ns	ns

进一步比较棉株光合产物向不同器官分配发现，留叶枝棉花在盛花期和盛

铃期，棉株光合产物向根系分配的比例分别比去叶枝提高了 34.1% 和 66.5%，但是向果枝铃分配的比例分别降低了 43.3% 和 23.5%；在盛铃期和吐絮期，留叶枝向赘芽分配的比例降低了 78.4% 和 22.1%。与不打顶相比，人工打顶在盛铃期棉株光合产物向根系分配比例提高了 19.3%，向叶枝铃分配比例降低了 12.5%，但是向基部和上部果枝铃分配比例分别提高了 26.9% 和 37.2%；化学封顶则相反，其向根系、赘芽和叶枝铃的分配比例分别提高了 42.7%、35.1% 和 7.4%，而向上部果枝铃的分配降低了 28.8%。在吐絮期，人工打顶棉株光合产物向基部和上部果枝铃分配比例分别提高了 7.6% 和 23.7%，而化学封顶向根系、赘芽、叶枝铃和中部果枝铃的分配分别提高了 14.9%、87.8%、27.2% 和 19.8%（Nie et al.，2021）。

综上，保留叶枝不减产。化学封顶比不打顶显著增产，增产效果与人工打顶相当，化学或人工打顶的效果不受叶枝去留的影响。保留叶枝增强了棉花的光合生产能力但降低了同化物向生殖器官的分配，实现了与整枝相当的产量。保留叶枝还可在一定程度上抑制赘芽生长。化学封顶和人工打顶的籽棉产量相当，且两者皆比不打顶增产，但是，两者提高产量的机制不同。人工打顶一方面通过增强棉花的光合生产能力，提高了生物产量；另一方面提高了光合产物向棉铃的分配，产量和收获指数双高。化学封顶则通过大幅度提高棉花的光合面积和碳同化能力，提高生物产量，从而实现了经济产量的提升。

但是，必须注意的是，化学封顶棉花在生育后期营养生长旺盛、赘芽多，并产生了一些无效蕾花铃，不能形成有效产量。因此，生产上要加强生育中后期的化控，促进棉株同化物向有效棉铃转运。

第五节　生态区和种植密度对免整枝与打顶效果的影响

人工打顶是我国棉花生产中的重要农艺措施之一。棉花打顶能够打破顶端优势，促进光合产物向生殖器官转运，进而提高棉花产量。但随着农村劳动力数量和质量的下降，人工打顶用工多、效率低的弊端凸显，与当前提倡的轻简节本、提质增效的发展趋势相违背。化学封顶是利用化学药品强制延缓或抑制棉花顶尖的生长，控制其无限生长习性，从而达到类似人工打顶调节营养生长与生殖生长的目的。在一些棉区化学封顶开始作为人工打顶的替代手段应用于棉花生产，但是封顶效果不稳定，有时也表现出减产。我们认为，这种不稳定性可能与生态条件和种植密度有关，为此，在不同生态区（新疆呼图壁、山东临清和山东金乡）连续开展了 3 年大田试验，研究生态条件和种植密度对化学封顶的调控效应（Dai et al.，2022）。

一、打顶和种植密度对株高、生物产量和收获指数的影响

打顶和种植密度均影响棉花的株高、生物产量和收获指数。随种植密度提高，棉花的株高明显增加。与不打顶相比，人工打顶和化学封顶明显抑制了棉株的纵向生长，3 个试验点的表现一致，平均降低幅度为 12.1% 和 9.2%，但化学封顶和人工打顶处理的株高无差异。打顶和种植密度对棉花的生物产量和收获指数的效应存在生态区差异。在新疆试验点（表 3-6），化学封顶和人工打顶均降低了棉株生物量，低、中、高密度下的降幅分别为 7.2%～15.4%、7.1%～9.3% 和 9.2%～9.3%。在临清（表 3-7）和金乡（表 3-8）试验点，化学封顶和人工打顶仅降低了低密度下的生物量，中、高密度下的生物量差异不明显。从 3 个试验点的平均值来看，低密度下化学封顶较不打顶的生物量降低了 12.7%，而中、高密度下的生物产量相当，且与人工打顶无差异。不论密度高低，打顶均明显提高了各试验点棉花的收获指数，平均增幅为 7.1%～22.0%。

表 3-6　种植密度和打顶方式对西北内陆棉区棉花产量的影响（新疆呼图壁，2016—2018）

种植密度	打顶方式	株高/厘米	生物量/（千克/公顷）	籽棉产量/（千克/公顷）	铃数/（个/米²）	铃重/克	收获指数	早熟性/%
低密度	不打顶	100.9b	13 925c	4 625e	91.95c	5.03bcd	0.332c	82.1d
	人工打顶	91.8c	12 924e	4 980c	95.04b	5.24a	0.385ab	86.7c
	化学封顶	92.2c	11 777f	4 440f	87.57e	5.07bc	0.377b	86.2c
中密度	不打顶	104.9a	14 511b	4 580ef	93.28bc	4.91cd	0.316d	85.9c
	人工打顶	83.3d	13 485d	5 250a	101.74a	5.16ab	0.389a	93.6a
	化学封顶	90.6c	13 164d	5 165ab	102.28a	5.05bc	0.392a	92.7a
高密度	不打顶	107a	14 908a	4 485f	92.47c	4.85c	0.301e	82.5d
	人工打顶	85.5d	13 521d	5 200ab	102.77a	5.06bc	0.384ab	90.1b
	化学封顶	91.8c	13 541d	5 220b	102.20a	5.12ab	0.385ab	89.5b

（续）

种植密度	打顶方式	株高/厘米	生物量/(千克/公顷)	籽棉产量/(千克/公顷)	铃数/(个/米²)	铃重/克	收获指数	早熟性/%
方差分析（P）								
年（Y）		0.005 7	0.000 0	0.002 45	0.001 0	0.000 1	0.000 0	0.000 0
密度（D）		0.000 6	0.003 3	ns	ns	0.024 9	ns	0.005 5
打顶方式（T）		0.002 3	0.004 1	0.018 1	0.037 4	0.005 7	0.001 8	0.002 8
Y×D		ns	ns	ns	ns	ns	ns	ns
Y×T		ns	ns	ns	ns	ns	ns	ns
D×T		0.000 0	0.000 1	0.000 0	0.000 0		0.000 0	ns
Y×D×T		ns	ns	ns	ns	ns	ns	ns

表 3 - 7　种植密度和打顶方式对黄河流域棉区一熟春棉
产量的影响（山东临清，2016—2018）

种植密度	打顶方式	株高/厘米	生物量/(千克/公顷)	籽棉产量/(千克/公顷)	铃数/(个/米²)	铃重/克	收获指数	早熟性/%
低密度	不打顶	91.6c	9 452c	3 573cd	67.21c	5.32b	0.378bc	79.1cd
	人工打顶	82.2d	9 221c	3 707c	66.91c	5.54a	0.402a	82.7ab
	化学封顶	83.8d	8 613d	3 404de	62.14d	5.48a	0.395a	82.9ab
中密度	不打顶	96.8b	9 986b	3 515d	67.99c	5.17b	0.352d	81.5c
	人工打顶	90.8c	9 969b	3 898b	71.39b	5.46ab	0.391ab	84.6a
	化学封顶	92.9c	9 995b	3 818b	72.86b	5.24b	0.382b	84.7a
高密度	不打顶	99.9a	10 486a	3 471d	67.92c	5.11b	0.331e	82.5b
	人工打顶	91.5c	10 564a	4 099a	78.08a	5.25b	0.388b	86.1a
	化学封顶	92.6c	10 630a	4 029a	77.33a	5.21b	0.376bc	85.5a
方差分析（P）								
年（Y）		0.000 1	0.035 0	ns	0.042 0	0.000 1	0.012 0	0.000 1
密度（D）		0.001 3	0.000 2	0.259 1	ns	0.008 4	ns	0.000 1
打顶方式（T）		0.002 2	0.000 8	ns	ns	0.016 7	0.021 7	0.000 1
Y×D		ns	ns	ns	ns	ns	ns	ns
Y×T		0.048 0	ns	ns	ns	ns	ns	ns
D×T		0.000 0	0.000 0	0.000 0	0.000 3	0.123 3	0.001 3	ns
Y×D×T		ns	ns	ns	ns	ns	ns	ns

表 3-8　种植密度和打顶方式对黄河流域棉区两熟制大蒜后棉花
产量的影响（山东金乡，2016—2018）

种植密度	打顶方式	株高/厘米	生物量/（千克/公顷）	籽棉产量/（千克/公顷）	铃数/（个/米²）	铃重/克	收获指数	早熟性/%
低密度	不打顶	85.0b	6 229c	2 473f	55.57d	4.45b	0.397c	53.2e
	人工打顶	72.7c	6 045c	2 545f	55.69d	4.57a	0.421a	60.8c
	化学封顶	76.1c	5 470d	2 325g	51.10e	4.55a	0.425a	61.2c
中密度	不打顶	92.5a	8 877b	3 329d	76.88c	4.33c	0.375f	55.5f
	人工打顶	84.1b	9 445a	3 797a	85.90a	4.42b	0.402b	62.4b
	化学封顶	85.2b	9 359a	3 725ab	84.47ab	4.41b	0.398c	62.8b
高密度	不打顶	92.7a	8 961b	3 199e	78.22c	4.09d	0.357g	60.1d
	人工打顶	83.9b	9 460a	3 680bc	84.40ab	4.36c	0.389bc	62.5b
	化学封顶	86.3b	9 531a	3 641c	83.89b	4.34c	0.382d	63.2a
方差分析（P）								
年（Y）		ns	0.002 1	0.000 0	0.012 7	0.005 5	0.023 6	0.000 0
密度（D）		0.001 0	0.000 1	0.000 9	0.000 3	0.011 1	0.000 1	0.001 6
打顶方式（T）		0.000 5	ns	ns	ns	0.042 1	0.000 2	0.004 8
Y×D		ns	ns	ns	ns	ns	ns	ns
Y×T		ns	ns	ns	ns	ns	ns	ns
D×T		0.000 0	0.000 0	0.000 0	0.000 0	0.000 0	0.000 9	ns
Y×D×T		ns	ns	ns	ns	ns	ns	ns

二、打顶和种植密度对棉花产量和产量构成的影响

种植密度和打顶影响棉花的籽棉产量，且两者间存在互作效应。低密度下，化学封顶较不打顶棉花的籽棉产量降低 4%～6%，较人工打顶降低 5.5%～10.8%；中、高密度条件下，与不打顶相比，化学封顶和人工打顶棉花的籽棉产量在新疆、临清和金乡 3 个试验点分别提高 12.8%～16.4%、8.6%～16.1%和 11.9%～13.8%，但化学封顶和人工打顶的籽棉产量无差异。从产量构成来看，无论密度高低，人工打顶均提高了棉花的铃数和单铃重；化学封顶对铃数的影响则因密度而有所差异。与不打顶处理相比，低密度下，新疆、临清和金乡试验点化学封顶棉花的铃数分别降低 4.8%、6.1%和 8.0%，而

中、高密度下化学封顶棉花的铃数则分别增加 9.6%～10.5%、7.2%～13.9%和7.2%～11.9%，化学封顶棉花的单铃重与人工打顶处理相当。

三、打顶和种植密度对棉花光合生产与物质分配的影响

种植密度和打顶影响棉花的生物产量和收获指数，且两者间存在互作效应。在低密度下，化学封顶的生物产量降低了12.7%，但在中密度和高密度下，生物产量与不打顶相当。主茎功能叶的光合速率是棉花光合作用能力的重要指标。在低密度条件下，化学封顶后20天的功能叶净光合速率显著低于人工打顶或不打顶。然而，在中高密度下，化学封顶的净光合速率与人工打顶或不打顶没有差异。

在干物质分配上（表3-9），打顶后5天，棉株生物量受种植密度的影响，但不受打顶方式或两者互作的影响；然而打顶后45天（吐絮初期），棉株生物量、生殖器官干重和干物质分配到生殖器官的比例均受打顶方式、密度及其互作的影响。在低密度条件下，化学封顶的总生物量和生殖器官干重分别比不打顶降低了12.6%和7.7%，比人工打顶降低了8.3%和9.3%。在中密度和高密度下，打顶方式对棉株总生物量没有影响，但是化学封顶生殖器官干重比不打顶提高了7.4%和12.5%，人工打顶生殖器官干重比不打顶提高了8.2%和13.0%。打顶方式还显著影响了棉株生物量向生殖器官的分配，与不打顶相比，不同地点和种植密度条件下化学封顶和人工打顶的生殖器官占比平均分别提高了10.1%和10.6%。

表3-9　种植密度和打顶方式对棉花干物质积累量与分配的影响

种植密度	打顶方式	打顶后5天			打顶后45天		
		棉株生物量/(千克/公顷)	生殖器官干重/(千克/公顷)	生殖器官占比/%	棉株生物量/(千克/公顷)	生殖器官干重/(千克/公顷)	生殖器官占比/%
低密度	不打顶	5 575c	882b	15.8a	9 869b	3 819c	38.7b
	人工打顶	5 481c	876b	16.0a	9 397b	3 887c	41.4a
	化学封顶	5 552c	876b	15.8a	8 620c	3 524d	40.9a
中密度	不打顶	6 991b	1 032a	14.8a	11 125a	4 067b	36.6c
	人工打顶	6 857b	1 039a	15.2a	10 966a	4 399a	40.1a
	化学封顶	6 921b	1 028a	14.9a	10 839a	4 367a	40.3a

（续）

种植密度	打顶方式	打顶后 5 天			打顶后 45 天		
		棉株生物量/（千克/公顷）	生殖器官干重/（千克/公顷）	生殖器官占比/%	棉株生物量/（千克/公顷）	生殖器官干重/（千克/公顷）	生殖器官占比/%
高密度	不打顶	7 920a	1 148a	14.5a	11 451a	4 000b	34.9c
	人工打顶	7 817a	1 159a	14.8a	11 181a	4 518a	40.4a
	化学封顶	7 884a	1 184a	15.0a	11 234a	4 501a	40.1a
方差分析（P）							
年（Y）		ns	ns	ns	ns	ns	ns
密度（D）		0.002 7	0.000 7	ns	0.001 1	ns	ns
打顶方式（T）		ns	ns	ns	ns	0.000 1	0.000 1
Y×D		ns	ns	ns	ns	ns	ns
Y×T		ns	ns	ns	ns	ns	ns
D×T		ns	ns	ns	0.000 6	0.000 1	ns
Y×D×T		ns	ns	ns	ns	ns	ns

综上，人工打顶能够显著提高棉花的籽棉产量，且不受种植密度和生态条件的影响。化学封顶对棉花产量的效应也不受生态条件的影响，但因密度而有所差异。低密度下，化学打顶棉株收获指数的提高难以弥补其生物量的降低，进而造成减产；中、高密度下，在保证充足的生物量前提下，化学封顶通过提高棉株生物量向棉铃的分配（收获指数提高）实现增产，且与人工打顶产量相当。中、高密度下，化学封顶在保证棉花高产的同时，能够实现棉田打顶的机械化作业，减少用工和投入（Dai et al.，2022）。随着新型高效打顶剂和配套喷施机械的创新研制与优化提升，化学封顶必将取代传统的人工打顶成为轻简高效植棉的一项重要技术措施。

参考文献

代建龙，董合忠，埃内吉，等，2019-02-09. 一种采用化学封顶的晚密简棉花栽培方法：20160033887.3.

董合忠，李维江，唐薇，等，2007. 留叶枝对抗虫杂交棉库源关系的调节效应和对叶片衰老与皮棉产量的影响. 中国农业科学，40（5）：909-915.

董合忠，李维江，张旺锋，等，2018. 轻简化植棉. 北京：中国农业出版社.

董合忠，牛曰华，李维江，等，2008. 不同整枝方式对棉花库源关系的调节效应. 应用生态学报，19（4）：819 - 824.

董合忠，杨国正，田立文，等，2016. 棉花轻简化栽培. 北京：科学出版社.

董建军，代建龙，李霞，等，2017. 黄河流域棉花轻简化栽培技术评述. 中国农业科学，50（22）：4290 - 4298.

董建军，李霞，代建龙，等，2016. 适于机械收获的棉花晚密简栽培技术. 中国棉花，3（7）：35 - 37.

韩焕勇，王方永，陈兵，2017. 氮肥对棉花应用增效缩节胺封顶效果的影响. 中国农业大学学报，22（2）：12 - 20.

侯晓梦，刘连涛，李梦，等，2017. 基于 iTRAQ 技术对棉花叶片响应化学打顶的差异蛋白质组学分析. 中国农业科学，50（19）：3665 - 3677.

徐守振，杨延龙，陈民志，等，2017. 北疆棉区滴水量对化学打顶棉花冠层结构及产量的影响. 新疆农业科学，54（6）：988 - 997.

Dai J L，Li W J，Zhang D M，et al.，2017. Competitive yield and economic benefits of cotton achieved through a combination of extensive pruning and a reduced nitrogen rate at high plant density. Field Crops Research，209：65 - 72.

Dai J L，Tian X L，Zhang Y J，et al.，2022. Plant topping effects on growth，yield，and earliness of field - grown cotton as mediated by plant density and ecological conditions. Field Crops Research，275：108337.

Li T，Zhang Y J，Dai J L，et al.，2019a. High plant density inhibits vegetative branching in cotton by altering hormone contents and photosynthetic production. Field Crops Research，230：121 - 131.

Li T，Dai J L，Zhang Y J，et al.，2019b. Topical shading substantially inhibits vegetative branching by altering leaf photosynthesis and hormone contents of cotton plants. Field Crops Research，238：18 - 26.

Nie J J，Li Z H，Zhang Y J，et al.，2021. Plant pruning affects photosynthesis and photoassimilate partitioning in relation to the yield formation of field - grown cotton. Industrial Crops and Products，173：114087.

第四章 水肥轻简运筹促进棉花集中成熟

我国棉花平均单产居世界前列，特别是新疆棉花单产水平更是遥遥领先。但是，这种高产过分依赖于水肥等资源的大量投入。淡水资源缺乏是我国主要产棉区，特别是西北内陆棉区棉花可持续发展的主要限制因素。而氮肥过量投入，不仅增加了生产成本，而且对棉田生态环境造成了破坏。新疆产棉区普遍采用滴灌，已知滴灌可以诱导根区水分不均匀分布，利用处于干旱区的根系因渗透胁迫而产生根源信号，调节叶片气孔导度，在减少作物蒸腾耗水的同时保证光合作用正常进行。同时，通过叶源信号茉莉酸等，调控湿润区根系吸水，提高水分利用率，实现节水不减产（董合忠等，2019）。而且，新疆产棉区普遍采用水肥一体化技术，把部分根区灌溉与水肥一体化技术有机结合，实行水肥协同高效管理，可以保证棉花经济产量不减或有所提高，促进脱叶和集中成熟。

第一节 部分根区灌溉节水机理与
节水灌溉技术

淡水资源缺乏是我国主要产棉区，特别是西北内陆棉区棉花可持续发展的重要限制因素。在产量不减、品质不降的前提下通过优化灌溉技术提高灌溉水利用率，是节约用水、保障该区棉花生产持续发展的根本技术途径（Zhang et al.，2016）。部分根区灌溉是通过一定措施诱导根区土壤水分不均匀分布，利用处于干旱区域的根系因渗透胁迫而产生根源信号，调节叶片气孔导度，在减少作物蒸腾耗水的同时保证光合作用正常进行，实现节水不减产的技术措施。隔沟灌溉是实现部分根区灌溉的常用技术之一，在生产实践中，为了保证干旱区根系的正常发育，通常采用隔沟交替灌溉，既实现了部分根区灌溉，也保证了整个根系的正常发育。本项目关注的问题是，部分根区灌溉是否还有其他甚至是更重要的节水机理？如何在膜下滴灌条件下实现分区交替灌溉？

一、部分根区灌溉提高水分利用率的机理

利用嫁接分根系统结合聚乙二醇（PEG6000）胁迫可以在室内准确模拟部分根区灌溉。具体做法是，将嫁接分根系统的两侧根系分别放入两个独立的容器中，一侧加入正常营养液，另一侧加入20％的PEG6000模拟干旱，作为部分根区灌溉处理；两侧同时加入10％ PEG6000的处理作为传统亏缺灌溉（干旱）；两侧均加入正常营养液的处理作为饱和灌溉的对照。研究发现，传统亏缺灌溉显著降低了棉株吸水量，部分根区灌溉棉株吸水量与对照基本相当，其中灌水区根系（无PEG胁迫的一侧根系）吸水量占整株吸水量的82.6％。这表明，部分根区灌溉条件下灌水侧根系的吸水能力显著增强。

进一步研究发现，部分根区灌溉可显著提高叶片中茉莉酸（JA）合成酶基因 *GhOPR11*、*GhAOS6*、*GhLOX3* 的表达量，叶片中JA含量也显著升高。意外的是，灌水区根系并没有受到干旱胁迫，该侧根系JA合成酶基因 *GhOPR11*、*GhAOS6*、*GhLOX3* 的表达量也未显著变化，但该侧根系中JA含量却显著增加。据此推测，灌水区根系中JA含量升高可能是叶源JA向下运输所致。为此，通过叶片喷施外源JA、灌水区下胚轴韧皮部环割，以及病毒介导的基因沉默（VIGS）诱导叶片中JA合成酶基因 *GhOPR11*、*GhAOS6*、*GhLOX3* 表达降低3种途径对这一推断进行了验证。结果表明，叶片喷施外源JA可使叶片中JA含量升高，灌水区根系中JA含量随之升高。灌水区下胚轴韧皮部环割使叶片中JA含量升高，而灌水区根系中JA含量显著降低。VIGS诱导叶片中JA合成酶基因 *GhOPR11*、*GhAOS6*、*GhLOX3* 表达量降低（30％～60％）后，叶片中JA含量显著降低；检测灌水区根系中JA合成酶基因 *GhOPR11*、*GhAOS6*、*GhLOX3* 的表达量没有受到影响，但灌水区根系中JA含量显著降低。这些结果表明，部分根区灌溉可上调叶片中JA合成酶基因 *GhOPR11*、*GhAOS6*、*GhLOX3* 的表达量，并使叶片中JA含量升高；叶片中JA经韧皮部运输到灌水区根系，增加了灌水区根系JA含量（Luo et al.，2019）。

灌水区根系JA含量与棉花水通道蛋白基因（*GhPIP*）表达及水力导度（*L*）密切相关。因此，JA参与了灌水区根系吸水的调控。通过向灌水区根系中加入外源供体JA，灌水区根系JA的含量升高可促进 *RBOHC* 基因表达，增加了该侧根系中 H_2O_2 的含量。通过向灌水区根系加入外源供体 H_2O_2 和抑制剂DPI发现，H_2O_2 可通过上调根系中 *PIP* 基因的表达量来直接提高根系中

PIP 含量，H_2O_2 还可促进 *NCED* 基因表达、抑制 *CYP707A* 基因表达，增加了根系中 ABA 含量。通过向灌水区根系加入外源 ABA 及其抑制剂氟啶酮（flu-ridone）发现，ABA 虽然不能调控水通道蛋白基因（PIP）的表达量，但可以显著提高灌水侧根系水力导度，因此 ABA 可能是在转录后水平通过增强 PIP 的活性，从而增加了灌水侧根系水力导度，提高了棉花水分利用率（图 4-1）。干旱区根系遭受渗透胁迫后还通过多肽类物质（CEP）诱导湿润区根系氮素吸收关键基因 *NRT1.1* 和 *NRT2.1* 上调表达，增强了灌水区根系氮素吸收能力，提高了氮肥利用率（周静远等，2023）。

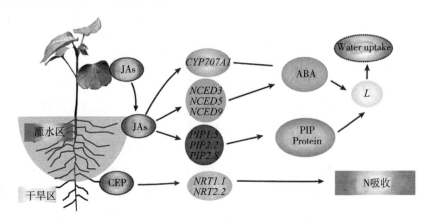

图 4-1　滴灌导致根区水分不均匀分布促进根系吸水吸氮的机理

部分根区灌溉条件下，叶源茉莉酸（JA）作为长距离信号增强灌水侧根系吸水能力，多肽类物质（CEP）诱导湿润区根系 N 素吸收关键基因 *NRT1.1* 和 *NRT2.1* 上调表达增强了灌水区根系 N 素吸收能力等规律的发现，连同前人关于干旱侧根系产生 ABA 信号调控叶片气孔开关减少水分蒸腾耗散的机制，全面解析了部分根区灌溉的节水机理，为部分根区灌溉提供了充足的理论依据。

二、基于部分根区灌溉的膜下分区交替滴灌技术

（一）通过增加滴灌带实现膜下分区交替滴灌

在干旱地区采用 66 厘米＋10 厘米方式种植棉花，1 膜 6 行 5 带。滴灌带铺设在小行和大行中间，共 5 个滴灌带，设置 3 个灌水处理：一是常规灌溉，每行两侧同时浇水，总量为 3 900 米³/公顷；二是亏缺灌溉（DI），每行两侧

同时浇水，灌水量减至 3 300 米³/公顷；三是分区交替灌溉，只在每个小行或大行灌水，大小行内的滴灌带交替使用，实现隔行交替滴灌（即分区交替灌溉），灌水总量为 3 300 米³/公顷。结果显示，棉花生物产量和籽棉产量受到不同灌溉方式的显著影响（表 4-1）。与传统灌溉相比，亏缺灌溉的生物产量下降了 13.4%，籽棉产量随之降低了 11.6%；尽管分区交替灌溉的生物产量比常规灌溉降低了 5.9%，但经济系数提高了 6.0%，籽棉产量与常规灌溉相当，比亏缺灌溉增产 12.5%。基于部分根区灌溉的膜下分区交替灌溉的水分生产率比常规灌溉和亏缺灌溉分别提高了 21.8% 和 15.9%（董合忠等，2018）。

表 4-1　不同灌溉方式对棉花产量和水分生产率的
影响（2014—2015，新疆石河子）

灌溉方式	灌水量/ （米³/公顷）	生物产量/ （千克/公顷）	籽棉产量/ （千克/公顷）	经济系数	水分生产率/ （千克/米³）
常规灌溉	3 900	15 273a	5 902a	0.386c	1.97c
亏缺灌溉	3 300	13 234c	5 218b	0.394b	2.07b
分区交替灌溉	3 300	14 368b	5 868a	0.409a	2.40a

注：同列数据标注不同字母者表示差异显著（$P < 0.05$），下同。

采用增加滴灌带这种方式虽然实现了膜下分区交替灌溉，收到了节水不减产的效果，但是与常规膜下滴灌（1 膜 6 行 2 带）相比，每 6 行棉花增加了 3 条滴灌带，实际上并不划算。如何在不增加或基本不增加滴灌带的前提下实现膜下分区交替滴灌呢？

（二）通过亏缺滴灌与常规滴灌依次交替实现分区交替滴灌

2015—2016 年我们在西部干旱地区大田开展了不同灌溉方式试验。采用 1 膜 6 行 3 带，滴灌带位于小行内。设 3 种灌溉方式：常规滴灌（NI，灌水量为 4 000 米³/公顷，滴灌 6 次）；亏缺灌溉（DI，灌水量为常规灌水量的 80%，3 200 米³/公顷，滴灌 6 次）；基于部分根区灌溉的分区交替灌溉（PRI，灌水量为常规灌水量的 80%，3 200 米³/公顷，滴灌 10 次，采取亏缺灌溉与常规灌溉交替进行、灌水量适当向棉花需水高峰期集中的灌溉方案）。收获密度为 15 万株/公顷。可以看出，分区交替灌溉在节水 20% 时，籽棉产量与常规灌溉基本相当，比亏缺灌溉增产 6.1%，水分生产率显著提高，而籽棉产量的提高主要是经济系数提高所致（表4-2）。通过亏缺滴灌与常规滴灌依次交替实现分区交替滴灌收到了与表4-1所示的相同效果，说明这种方式是完全可行的。

表4-2 不同灌溉方式对棉花干物质分配和水分生产率的
影响（2015—2016，新疆奎屯市）

灌溉方式	灌水量/（米³/公顷）	生物产量/（千克/公顷）	收获指数	籽棉产量/（千克/公顷）	早熟性/%	水分生产率/（千克/米³）
常规灌溉	4 000	14 155a	0.368c	5 209a	0.57b	1.31c
亏缺灌溉	3 200	12 017c	0.404a	4 855b	0.63a	1.52b
分区交替灌溉	3 200	13 276b	0.388b	5 151a	0.61a	1.61a

注：早熟性是指采用三次收花时前两次收花所占的质量比。

对停水后2天（7月17日）至下次灌水前（7月29日）不同灌溉方式棉花叶片中ABA和IAA含量的变化进行了测定。分区交替灌溉和亏缺灌溉叶片中ABA含量均显著高于常规灌溉，而IAA含量均显著低于常规灌溉。其中，7月18日、7月23日和7月28日分区交替灌溉叶片中ABA含量分别是常规灌溉的1.6倍、1.5倍和1.7倍，分区交替灌溉叶片中IAA含量分别比常规灌溉降低了20.9%、20.2%和23.0%（图4-2）（罗振等，2019）。

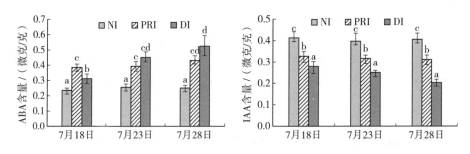

图4-2 不同灌溉方式对棉花叶片中ABA和IAA含量的影响

注：NI、PRI和DI分别表示常规灌溉、分区交替灌溉和亏缺灌溉，条柱上方标注不同字母者表示差异显著（$P<0.05$）。

大田研究进一步发现，分区交替灌溉显著提高了棉花叶片中ABA的含量，并显著降低了IAA的含量，促进同化物向生殖器官分配，提高了收获指数，这是部分根区交替灌溉不减产的重要原因。从产量构成的角度分析，在分区交替灌溉条件下，显著提高了单位面积铃数，铃重不减，经济产量增加8.3%。亏缺灌溉显著降低了光合速率，分区交替灌溉的光合速率与常规灌溉相当。部分根区灌溉灌水区根系 JA 含量升高诱导根系中 *PIP* 基因表达量上调，增加了根系吸水能力，维持了地上部水分平衡，进而维持了较高的光合速率，叶源 JA 作为信号分子促进了灌水侧根系吸水，这是部分根区灌溉减少灌水量但不减产的重要机制。因此，在西部干旱地区，通过增加灌水次数并减少每次的灌水量，同时亏缺灌溉与常规灌溉实行分区交替灌溉，实现了产量不减、节水 30％、霜前花率提高 22.5％、水分生产率提高 49.3％的显著成效（罗振等，2019）。

三、膜下分区交替滴灌技术及其示范结果

传统部分根区滴灌是定位灌溉特定根区，极易导致灌水少的区域（干旱区）根系发育不良，这在沟灌试验和以前的试验研究中得到了证实；而在 1 膜 6 行条件下的大小行内皆布滴灌带，则要显著增加滴灌带的投入（Luo et al.，2018）。为此，我们对传统部分根区滴灌方案进行了优化，并在新疆奎屯市开展了 3 年的示范。设置常规滴灌：1 膜 6 行 3 带，灌水量 4 200 米³/公顷，灌水 6 次，每次灌水量为 700 米³/公顷。亏缺滴灌：1 膜 6 行 3 带，灌水量减少 30％左右，为 3 000 米³/公顷，灌水 6 次，每次 500 米³/公顷。部分根区滴灌：1 膜 6 行 3 带，总灌水量比常规滴灌减少 30％（3 000 米³/公顷），次数由 6 次改为 10 次，每次滴灌量为 300 米³/公顷。膜下分区交替滴灌：1 膜 6 行 3 带，总灌水量比常规滴灌减少 30％（3 000 米³/公顷），灌水次数由 6 次改为 10 次，低量灌溉（150 米³/公顷）和中量灌溉（450 米³/公顷）各 5 次，且低量灌溉和中量灌溉依次交替。收获密度皆为 15 万株/公顷左右。每个处理面积 0.33 公顷，不设重复。三年的示范结果表明，虽然部分根区滴灌在节水 30％左右时，籽棉产量比亏缺滴灌略有增产，但比常规滴灌减产 4.9％；膜下分区交替滴灌比部分根区滴灌略有增产（5.8％），但与常规滴灌产量相当，水分生产率显著提高。膜下分区交替滴灌节水 30％、产量不减、水分生产率提高了 41％，达到了预期效果（表 4-3）。

总之，膜下分区交替滴灌的技术要点（董合忠，2019）：一是调整种植方式和滴灌带布局，由传统的 1 膜 6 行 2 带改为 1 膜 6 行 3 带或 1 膜 3 行 3 带，1 膜 6 行 3 带适宜把滴灌带放置在小行内；二是灌水量比传统滴灌技术减少 20％～30％，滴灌次数由 5～6 次增加到 10～12 次；三是每次常规滴灌改为亏缺（低量）滴灌与常规（中量）滴灌交替，灌水量适当向开花结铃期集中，实

现了膜下滴灌条件下的分区交替滴灌。该技术比常规滴灌节水 20%～30%，水分生产率提高 40% 以上，丰产稳产。

表4-3　膜下分区交替滴灌对棉花产量和水分生产率的

影响（2016—2018，新疆奎屯市）

处理	灌水量/ （米³/公顷）	籽棉产量/ （千克/公顷）	水分生产率/ （克/千克）	生物产量/ （千克/公顷）	收获指数
常规滴灌	4 200	5 425a	1.29c	14 583a	0.372b
亏缺滴灌	3 000	4 858c	1.62c	11 907c	0.408a
部分根区滴灌	3 000	5 157b	1.72bc	12 733b	0.405a
膜下分区交替滴灌	3 000	5 456a	1.82a	13 340ab	0.409a

第二节　棉花轻简高效施肥的理论与技术

我国传统植棉要求分次施肥，除播种前施基肥外，还包括追施苗期肥、蕾期肥、初花肥和盖顶肥等；进入棉花生长发育后期，还要求多次叶面喷肥。分次施肥虽然能够较好地满足棉花生长发育的需要，减少肥料损失，但费工费时，而且生育期间追肥若操作不好，还极易引起烧苗和肥害，造成产量损失。因此，改革施肥方式方法，提高肥料利用率，极具实践意义。

一、棉花的氮素营养规律

围绕轻简施肥开展的 ^{15}N 示踪试验表明（Yang et al.，2013），棉株累积的氮素量，随施氮量增加而增加，随生育进程而增加；累积速率随施氮量增加而加快，开花期最快，开花以前和吐絮以后均较慢，符合 Logistic 函数。花铃期累积的氮素占总量的 67%，并随施氮量增加而上升；而累积的肥料氮素占总肥料氮素的 79%，而且与施氮量关系不大。但棉株对氮的吸收速率，随施氮量增加而加快。棉株体内积累的氮素以肥料氮素为主，占 75%，随施氮量增加而上升。肥料氮在不同器官中所占比例随施氮量增加而增加，但生殖器官最高，其次是营养枝，赘芽最低。这说明通常情况下肥料氮对棉花生长发育十分重要，施肥特别是施用氮肥对棉花高产优质是十分必要的。

关于棉花对不同时期施入的氮肥利用动态的研究表明（Yang et al.，

2012；2013），棉株对基肥氮的吸收主要在苗期和蕾期，且基肥氮在棉株中所占比例以苗期最高（65％），随生育进程而稀释，吐絮期仅占18％。棉株对初花肥氮的吸收主要在开花期（93％），而且首先在果枝叶（占32.4％）和蕾铃（占29.4％）中累积，然后转变为以蕾铃为中心（占69.8％），但随氮量增加蕾铃中氮的比例大幅下降，而营养枝中氮的比例大幅上升。初花肥氮在棉株中所占比例，开花期为49％、吐絮期为35％。棉株对盛花肥氮的吸收利用率约为56％，其中98％在结铃期吸收，盛花肥中氮主要在蕾铃（占54.1％）累积，随后其他器官累积盛花肥的氮进一步向蕾铃（占70.4％）转移，但随施氮量增加营养枝和赘芽中氮的比例上升，盛花肥氮在棉株中所占比例保持在23％，随施氮量增加而增加。棉株对肥料氮的吸收率平均为59％，随施氮量增加而提高，其中对初花肥氮的吸收率最高（69.6％）、对基肥氮的吸收率最低（48％）。肥料氮的土壤留存率平均为12％，随施氮量增加而下降，其中基肥中量施氮处理的比例最高（17.2％），盛花肥最低（8.2％）。肥料氮素损失率平均为29％，其中基肥和盛花肥损失率分别为34.6％和36.1％，高于初花肥的19％，中量施氮处理损失率（34％）高于其他施氮量处理。

不同生态类型棉花对肥料氮吸收的基本规律相同，吸收高峰皆出现在花铃期，但是吸收高峰出现早晚和持续期长短不同。长江流域春棉对肥料氮吸收最快的时期在出苗后70～115天（初花到结铃盛期），黄河流域和西北内陆春棉对肥料氮吸收最快的时期在出苗后60～100天（初花到结铃盛期），黄河流域和长江流域接茬直播早熟棉对肥料氮的吸收高峰期在出苗后50～90天（盛蕾到结铃盛期）。棉株吸收的肥料氮分配给蕾铃和果枝叶的比例为70％以上，随花铃期氮肥比例的增加而进一步提高；而吸收的土壤氮分配给蕾铃和果枝叶的比例只有65％左右，不受肥料氮施用时间的影响。棉株对肥料氮的吸收率、肥料氮在土壤中的残留率均随氮肥后移而增加，肥料氮损失率却随氮肥后移而下降。合理密植能够提高氮肥利用率，表现出一定的"以密代氮"的作用（董合忠等，2018）。由此可见，无论哪个棉区、哪种棉花品种类型，减施基肥氮、增加初花肥氮，满足棉花需肥高峰期对氮肥的需求，都是提高肥料利用率的根本途径。

二、控释氮肥的养分释放与棉花养分吸收规律

采用释放期为120天的树脂包膜尿素（含N 43％，包膜率4％）418千克/

公顷（纯 N 180 千克/公顷），连同 P_2O_5（来自过磷酸钙，含 16％ P_2O_5）150
千克/公顷、K_2O（来自 KCl，含 60％ K_2O）210 千克/公顷，播种前一次深
施。测定发现，控释氮肥养分释放高峰在花铃期，而棉花对氮素的吸收高峰期
也基本在花铃期；控释氮肥养分释放量在使用后 110 天内一直略大于棉花植株
的养分吸收，说明控释氮肥养分释放可以实现与棉花养分吸收基本同步或略早
于养分吸收，加之土壤养分的供应，能够满足生育期内棉花对氮素的需求，进
而达到与分次追施速效肥基本相当的效果（董合忠等，2018）。

　　总体来看，控释氮肥在苗期养分释放量小，而在棉花需肥高峰期达到释放
高峰，使土层中速效氮含量达到高峰值，即养分释放高峰、根区养分含量高峰
与棉花养分吸收高峰处于同一时段。因此，正常情况下控释肥既满足了养分需
求，充分利用了土壤中的氮素，又减少了氮肥流失，在一定程度上提高了氮肥
利用率。但是，研究也发现大田条件下包膜控释尿素等控释肥养分释放受土壤
温度、墒情及理化性状等因素的影响，使得控释肥的养分释放与棉花营养吸收
有时不能完全匹配，这可能是使用控释肥有时减产的原因。根据我们的实践，
解决这一问题的途径有两条：一是通过改进包膜材料和加工工艺，研制养分释
放与棉花吸收同步性好且受外界条件影响小的新型棉花专用缓控释肥；二是根
据地力水平、产量目标和品种特点，通过添加一定数量的速效肥，制成专用缓
控释掺混肥，既能较好地解决这一问题，又能降低纯用控释肥的成本，不失为
当前条件下的一种有效选择。

　　总之，花铃期累积的氮占总量的 67％，其中累积的肥料氮占总肥料氮的
79％；棉花对基肥氮吸收的比例最小，对初花肥氮利用率最高；减施基肥氮、
增施初花肥氮满足需肥高峰期棉花对氮的营养需要，可以显著提高棉花经济系
数和氮肥利用率，一次基施缓控释氮肥也可以达到基本相同的效果，肥料利用
率比传统施肥提高了 14％～30％。棉花的氮素营养规律为科学施肥、轻简施
肥提供了理论依据，根据棉花需肥规律科学施肥、合理施肥，特别是速效肥和
控释肥配合使用，不仅能够减少施肥次数、提高肥料利用率，还能控制营养枝
和赘芽的发育，协调营养生长和生殖生长的关系，促进棉花产量和品质的形成
（董合忠等，2018；董合忠，2019）。

三、棉花轻简高效（一次性）施肥技术

　　施肥是棉花高产优质栽培的重要一环，用最低的施肥量、最少的施肥次数

获得理想的棉花产量是棉花施肥的目标。要实现这一目标，必须尽可能地提高肥料利用率，特别是氮肥利用率。棉花生育期长、需肥量大，采用传统速效肥料一次施下，会造成肥料利用率低；多次施肥虽然可以提高肥料利用率，但费工费时。改多次施肥为一次施肥是棉花施肥方式的重大转变。

一次性施肥是棉花轻简高效运筹肥料的重要方式，可分为一次性基施控释复混肥和一次性追施速效肥。前者采用控释复混肥，在播种前或播种时将肥料一次性施入，以后不再追肥；后者是不施基肥或仅用一定量的种肥，前期也不追肥，在盛蕾或初花期一次性追施速效肥。这两种一次性施肥的方法各有利弊、各有条件要求，要因地制宜，特别是要与肥料种类、种植方式和种植制度相配合。肥料一次性基施要求采用控释肥或者控释肥与速效肥结合，适合春棉；一次性追施更适合晚播的早熟棉和短季棉（董合忠等，2018）。

（一）施肥量

连续多年开展的氮肥和缓控释肥施用联合试验确定了 3 个主要产棉区轻简高效植棉的经济施肥量（表 4-4）。

长江流域棉区传统最佳施氮量为 250～280 千克/公顷，平均为 260 千克/公顷，籽棉产量为 3 651～4 476 千克/公顷，平均为 4 065 千克/公顷。结合生产实践和节本增效的要求，套种杂交棉经济施氮量以 225～240 千克/公顷为好，油后或麦后早熟棉经济施氮量以 180～210 千克/公顷为好，$N : P_2O_5 : K_2O$ 的比例为 1 : 0.6 : (0.6～0.8) 为宜，适当使用硼肥。

表 4-4　不同棉区基于轻简植棉的经济施肥量

单位：千克/公顷

棉区	高产田	中产田	低产田
黄河流域	约 225 ($N : P_2O_5 : K_2O=1 : 0.5 : 0.9$)	约 195 ($N : P_2O_5 : K_2O=1 : 0.5 : 0.6$)	约 180 ($N : P_2O_5 : K_2O=1 : 0.6 : 0.5$)
长江流域	约 240 ($N : P_2O_5 : K_2O=1 : 0.6 : 1$)	约 225 ($N : P_2O_5 : K_2O=1 : 0.6 : 0.8$)	约 200 ($N : P_2O_5 : K_2O=1 : 0.6 : 0.7$)
西北内陆	约 300 ($N : P_2O_5 : K_2O=1 : 0.6 : 0.3$)	约 270 ($N : P_2O_5 : K_2O=1 : 0.6 : 0.2$)	约 240 ($N : P_2O_5 : K_2O=1 : 0.6 : 0.05$)

数据来源：三大棉区 4 年 96 点次试验并经生产实践修订。

黄河流域棉区传统最佳施氮量为 225～260 千克/公顷，平均为 230 千克/

公顷；籽棉产量为 3 450～3 885 千克/公顷，平均为 3 675 千克/公顷。结合生产实践和节本增效的要求，黄河流域棉区氮肥经济施用量以 210 千克/公顷（180～225 千克/公顷）为宜，其中籽棉产量目标为 3 000～3 750 千克/公顷时，施氮量为 180～210 千克公顷；籽棉产量目标为 3 750 千克/公顷以上时，施氮量为 210～225 千克/公顷。前者 N：P_2O_5：K_2O 的比例为 1：0.6（0.5～0.7）：0.6（0.5～0.7），后者 N：P_2O_5：K_2O 的比例为 1：0.45（0.4～0.5）：0.9。需要注意的是，蒜后直播早熟棉的氮肥用量可以进一步减少至 150 千克/公顷。

西北内陆棉区传统最佳施氮量为 293～359 千克/公顷，平均为 350 千克/公顷；籽棉产量为 4 964～5 618 千克/公顷，平均为 5 262 千克/公顷。结合生产实践和节本增效的要求，氮肥经济施用量为 240～300 千克/公顷，N：P_2O_5：K_2O 的比例为 1：0.6：（0～0.2）。适当使用锌肥。

（二）速效肥一次性施用技术

根据生态条件、种植制度和实际需要，制定了各棉区速效肥的轻简高效施用方法和技术。

长江流域和黄河流域棉区传统棉花施肥次数最多 8～10 次，分别是基肥、种肥、提苗肥、蕾期肥各 1 次，花铃肥 2 次，以及后期叶面喷肥 2～4 次。我们的研究和实践发现，现有棉花施肥次数可以进一步减少，在长江流域常规 3 次施氮（基肥 30%、初花肥 40%、盛花肥 30%）的基础上，尽管施氮量水平相差很大（150～600 千克/公顷），但各处理棉株（整个生长期）吸收的总氮中近 60% 是在出苗后 60～80 天吸收的，而且棉株对其中基肥吸收的比例最小，主要用于营养器官生长，对初花肥利用效率最高。因此，氮肥后移（降低基肥比例、增加初花肥比例）有利于提高肥料利用率，而且在晚播高密度条件下，降低氮肥用量至 150～225 千克/公顷，并且在初花期一次施用全部肥料通常对棉花产量影响不大，这一需肥规律的明确为简化施肥或一次性施肥提供了理论基础。本着减少施肥次数、提高肥料利用率的目标，长江流域和黄河流域棉区纯作或套种春棉，一般采取在施用一定数量基肥或种肥的基础上，初花期一次性追施，其中全部磷肥、钾肥（有时还有微量元素）和 40%～50% 的氮肥作基肥施用，剩余的在初花期一次性追施；对于大蒜、油菜或小麦后的早熟棉或短季棉，在盛蕾期一次性追施速效肥即可。

（三）控释复混肥配方和施肥技术

控释肥省工、节本、增效的效果已经得到试验和实践肯定。各地开展的大量控释肥效应试验表明，与使用等量速效化肥相比，既有增产或平产的报道，也有减产的报道。我们对棉花施用控释肥的研究表明，只要使用量和方法到位，使用等量或减少 10％～15％控释肥就能够达到与速效肥基本相同的产量结果，而且利用控释肥可以把施肥次数由传统的 3～4 次降为 1 次，既简化了施肥，又避免了肥害，总体上比较划算。基于此，我们制定了棉花专用控释肥配方及一次性使用技术（董合忠等，2018）。

一般情况下，采用氮磷钾复合肥（含 N、P_2O_5、K_2O 各 15％～18％）750 千克/公顷和控释期 90～120 天的树脂包膜尿素或硫包膜尿素 225 千克/公顷作基肥，以播种前在播种行下深施 10 厘米为最好，以后不再施肥。需要指出的是，采用专门生产的控释复合肥一次性施肥，在 2010 年与不施肥的处理产量相当，比速效肥减产（表 4-5）。有些年份控释肥的养分释放与棉花吸收不匹配（同步）可能是出现这一现象的主要原因，值得重视。

表 4-5　不同施肥处理对籽棉产量的影响（2008—2011，山东惠民县）

单位：千克/公顷

施肥处理	2008 年	2009 年	2010 年	2011 年	平均
不施肥	3 467a	3 453b	3 347d	2 979b	3 312b
复合肥＋速效氮肥 2 次	3 562a	3 698a	3 782b	3 702a	3 686a
复合肥＋速效氮肥 1 次	3 551a	3 627a	3 761b	3 693a	3 658a
复合肥＋控释氮肥	3 483a	3 731a	3 941a	3 785a	3 735a
控释复合肥	3 447a	3 483b	3 635c	3 729a	3 553a

注：1. 试验为定位试验。
2. "复合肥＋速效氮肥 2 次"处理为氮磷钾复合肥（含 N、P_2O_5、K_2O 各 18％）750 千克/公顷作基肥，尿素（含 N 46％）初花追施 150 千克/公顷、打顶后追施 75 千克/公顷；"复合肥＋速效氮肥 1 次"处理为氮磷钾复合肥（含 N、P_2O_5、K_2O 各 18％）750 千克/公顷作基肥，尿素（含 N 46％）开花后 5 天追施 225 千克/公顷；"复合肥＋控释氮肥"为氮磷钾复合肥（含 N、P_2O_5、K_2O 各 18％）750 千克/公顷和控释期 120 天的树脂包膜尿素 225 千克/公顷作基肥；控释复合肥为金正大生态工程集团股份有限公司生产的棉花控释专用肥（氮、磷、钾含量与上述处理相同）作基肥一次性施入。基肥施肥深度为 10 厘米，追肥深度为 5～8 厘米。

根据种植制度和生态条件配置控释肥复混肥能取得更好的效果。为了解决速效肥施肥次数多、控释肥释放受环境条件影响而与棉花营养需求不匹配的问题，在大量试验和实践的基础上，研发出 4 个棉花专用配方。

1. 适合黄河流域和长江流域棉区两熟制棉花专用控释肥配方

每公顷 150 千克树脂包膜尿素（42％ N，控释期 120 天），150 千克硫包膜尿素（34％ N，控释期 90 天），300 千克单氯复合肥（17％ N、17％ P_2O_5、17％ K_2O），100 千克磷酸二铵（18％ N、46％ P_2O_5），5 千克硼砂，5 千克硫酸锌。N∶P_2O_5∶K_2O 为 183∶96∶201。

2. 适合黄河流域和长江流域棉区两熟制棉花专用控释肥配方

每公顷 200 千克树脂包膜尿素（42％ N，控释期 120 天），150 千克硫包膜尿素（34％ N，控释期，90 天），150 千克大颗粒尿素（46％ N），200 千克磷酸二铵（18％ N、46％ P_2O_5），100 千克硫酸钾（50％ K_2O），150 千克包膜氯化钾（57％ K_2O），50 千克氯化钾（60％ K_2O），5 千克硼砂，5 千克硫酸锌。N∶P_2O_5∶K_2O 为 240∶92∶157。

3. 适合黄河流域和西北内陆棉区一熟制棉花专用控释肥配方

每公顷 115 千克树脂包膜尿素（42％ N，控释期 90 天），200 千克硫包膜尿素（34％ N，控释期，90 天），270 千克硫酸钾复合肥（16％ N、16％ P_2O_5、24％ K_2O），180 千克磷酸二铵（18％ N、46％ P_2O_5），225 千克硫酸钾（50％ K_2O），10 千克硫酸锌。N∶P_2O_5∶K_2O 为 187∶99∶178。其中，在新疆使用时，可根据土壤含钾情况适当降低硫酸钾的比例。

4. 适合黄河流域一熟制棉花专用控释肥配方

每公顷 140 千克树脂包膜尿素（42％ N，控释期 90 天），150 千克硫包膜尿素（34％ N，控释期 90 天），150 千克包膜氯化钾（57％ K_2O），硫酸钾复合肥（16％ N、6％ P_2O_5、24％ K_2O），280 千克磷酸二铵（18％ N、46％ P_2O_5），200 千克硫酸钾（50％ K_2O），150 千克包膜氯化钾（57％ K_2O），50 千克氯化钾（60％ K_2O），4 千克硼砂，4 千克硫酸锌。N∶P_2O_5∶K_2O 为 174∶134∶194。

使用缓控释掺混肥需要注意如下事项：如果缓控释养分仅为氮素时，缓控释氮素应占总氮量的 50％～70％，养分释放期为 60～120 天，总氮素用量可比常规用量减少 10％～20％，磷、钾肥维持常规用量。在涝洼棉田或早衰比较严重的棉田，钾肥可选用包膜氯化钾和常规钾肥按 1∶1 配合使用。为了减少用工，提高作业效率和肥料利用率，提倡采用种肥同播。要选择具备施肥功能的精量播种机，该播种机还应具有喷药、覆膜功能。大小行种植（大行行距 90～100 厘米、小行行距 50～60 厘米）时，在小行中间施肥；等行距 76 厘米种植时，在覆膜行间施肥。施肥行数与种行数按 1∶1 配置，深度 10 厘米以下，肥料与相邻种子行的水平距离为 10 厘米左右。套种条件下一般采用育苗移栽的方式栽培棉花，难以实行种肥同播，可于棉花苗期（2～5 叶）采用相应的中耕施肥机械施肥，施肥深度为 10～15 厘米，与播种行的横向距离为 5～10 厘米。

（四）一次性施肥的保障措施

施肥量适度减少、肥料利用率提高以后，留在土壤中的肥料也相应减少，因此合理耕作对保障土壤肥力十分重要。实行棉花秸秆还田并结合秋冬深耕是改良培肥棉田地力的重要手段。棉花秸秆粉碎还田，应在棉花采摘完后及时进行，还田机械作业时应注意控制车速，过快则秸秆得不到充分的粉碎，导致秸秆过长；过慢则影响作业效率。一般以秸秆长度小于 5 厘米为宜，最长不超过 10 厘米；留茬高度不大于 5 厘米，但也不宜过低，以免刀片打土增加刀片磨损和机组动力消耗。

第三节　水肥协同高效管理的理论与技术

西北内陆棉区广泛采用膜下滴灌和水肥一体化技术，按照棉花生长发育和产量品质形成的需要，利用滴灌施肥装置，将按照棉花产量目标和土壤肥力状况设计的棉花专用水溶性肥料融入灌溉水中，随滴灌水定时、定量、定向供给棉花，实现水肥协同管理。

一、滴灌棉田土壤养分变化动态

棉花生长发育期间，土壤养分的供应状况，直接影响棉花的生长发育及产量。了解棉田土壤养分的变化，可以为合理施肥提供依据。

（一）滴灌棉田土壤碱解氮含量变化特征

土壤碱解氮含量代表土壤的供氮强度。它主要包括铵态氮、硝态氮、酰胺态氮、氨基酸及易水解的蛋白质态氮，其中大多数遇水后会随水移动。高产棉田土壤氮素含量变化具有下列特征。

1. 土壤碱解氮水平分布特点

棉花滴头水前，滴灌带处各土层的碱解氮含量均较高，但距滴灌带 45 厘米处（棉苗根系集中区）的 0～10 厘米土层的碱解氮含量较低。滴第一水（不施肥）后，滴灌带处各土层的土壤碱解氮含量急剧减少，但距滴灌带 15～75

厘米间的各点的碱解氮含量略有上升。这表明,在未带氮肥的情况下进行滴灌,土壤中氮将随水向外移动。

从第二次滴水(棉花盛花期)开始,每水均施氮肥。经多次滴灌后,0～10厘米土层,距滴灌带60厘米处(地膜覆盖与裸地交界处)和75厘米处(宽行裸地的中间)的碱解氮含量较高。10厘米以下各层土壤水平方向碱解氮含量变化幅度较小。

棉田停水后15天,0～10厘米土层,距滴灌带30～75厘米处的碱解氮含量呈上升趋势。

2. 土壤碱解氮垂直分布特点

各生育期,棉田土壤碱解氮含量随着土层加深而逐渐减少。

3. 土壤碱解氮的时间变化特征

0～60厘米土层碱解氮含量,从苗期至吐絮期,随着棉花生育进程的发展呈逐渐递减的趋势,但比常规灌溉缓慢。

(二)滴灌棉田土壤有效磷含量变化特征

1. 土壤磷素养分水平分布特点

棉花滴头水前(棉花苗期),垂直于滴灌带水平方向0～75厘米地段各层土壤有效磷含量变化为0～10厘米和10～20厘米土层有效磷含量波动幅度较大。其中,0～10厘米土层距滴灌带60厘米处土壤有效磷含量明显降低。这表明,棉花苗期主要吸收的是表层有效磷。20～60厘米土层水平方向的土壤有效磷波动幅度较小。滴第一水后(棉花盛蕾期),0～10厘米土层土壤有效磷含量在滴灌带处(0点)和未覆膜的裸露处(75厘米)较低;10～20厘米土层的有效磷含量,在滴灌带0～75厘米处呈现缓慢下降的趋势。多次滴灌后,0～10厘米土层从滴灌带处至75厘米处水平方向土壤有效磷含量波动幅度范围变小。

2. 土壤磷素养分垂直分布特点

棉花现蕾期、盛蕾期、盛花期和吐絮后的土壤有效磷垂直变化特点:0～60厘米土层四个时期的平均值均是10～20厘米土层最高,其次是0～10厘米土层;20厘米以下土壤有效磷含量迅速下降。

3. 土壤有效磷的时间变化特点

苗期至吐絮期,膜下滴灌棉田土壤有效磷的时间变化特点是:0～20厘米耕层土壤有效磷含量从苗期开始上升,到现蕾至盛蕾期达最高峰,盛蕾期后基本呈直线缓慢递减。因此，盛蕾期前和盛铃期后，滴施一定数量的磷肥，有利于使土壤有效磷含量保持在一个较高水平，是获得棉花超高产的重要措施。

（三）滴灌棉田土壤速效钾含量变化特征

1. 土壤钾素养分水平分布特点

滴灌前，垂直于滴灌带水平方向0～75厘米处，土壤速效钾含量波动幅度较大的是0～20厘米土层，20～60厘米的土壤速效钾含量变化较小。灌第一水后至停水，0～10厘米土层土壤速效钾含量波动幅度较大，10～60厘米各土层水平方向速效钾含量分布非常均匀，变化幅度很小。

2. 土壤钾素养分垂直分布特点

滴灌前（现蕾期），由于基肥的影响，土壤速效钾含量最高的是10～20厘米土层；盛蕾期至吐絮期，土壤速效钾含量0～10厘米土层最高，其次是40～60厘米土层，10～40厘米土层较低。这是因为棉花根系主要分布在10～40厘米土层。

3. 土壤钾素养分的时间变化特点

棉花苗期（5月中旬）到盛蕾期（6月中旬），为土壤速效钾含量逐渐上升阶段；盛蕾期后开始逐渐下降，到铃期（8月上中旬）降至最低点；吐絮后，土壤速效钾含量又迅速回升。因此，进入花铃期后，高产棉田应适量补施钾肥。

二、测土配方施肥技术

棉花生长过程中需不断从土壤中吸收氮、磷、钾、硫、钙等大中量元素及锌、锰、铁、铜等微量元素。因此，土壤中营养元素含量以及元素含量间搭配的协调性，都影响着棉花的正常生长发育。因此，科学施肥是棉花获得高产优质栽培的重要途径。

棉花测土配方施肥是根据棉花生育特性、需肥规律、土壤养分状况及棉花产量目标，确定适宜的施肥种类、时间和用量的施肥技术。这项技术具有很强的针对性，它可以针对不同气候、不同土壤、不同品种及不同的田间管理措施，制定相应的施肥技术方案。因此，它也是一项高产、高效的施肥技术。

（一）施肥原则

1. 依据土壤肥力状况和肥效反应，适当调整氮肥用量、增加花铃期施用比例，科学安排磷、钾肥的施用时期和数量。

2. 充分利用有机肥资源，增施有机肥，重视棉秆还田。

3. 施肥与高产优质栽培技术相结合，充分发挥水肥的调控作用。

（二）施肥量建议

根据多年高产棉田的实践，提出下列施肥量建议（表4-6）（董合忠，2019）。

表4-6 高产棉田施肥量参考

单位：千克/公顷

灌溉方式	皮棉产量水平	有机肥	氮肥（N）	磷肥（P_2O_5）	钾肥（K_2O）	微肥
膜下滴灌棉田	1 800~2 250	棉籽饼 750~1 125	300~330	120~150	75~90	根据缺肥情况补施
	2 250~2 700	棉籽饼 1 125~1 500	330~360	150~180	90~120	
沟灌棉田	1 350~1 650	棉籽饼 750	270~300	105~120	30~45	根据缺肥情况补施
	1 650~1 950	棉籽饼 1 125~1 500	300~345	120~150	45~90	

（三）滴灌棉田施肥方案

1. 氮肥

基肥占总量 25% 左右，追肥占 75% 左右（现蕾期 15%，开花期 20%，花铃期 30%，棉铃膨大期 10%）。

2. 磷、钾肥

基肥占 50% 左右，其他作追肥。

3. 全生育期追肥 8 次左右

前期氮多磷、钾少，中期氮、磷、钾相当，后期磷、钾多氮少。每次肥料都结合滴灌系统实行随水施肥。尽可能选用全水溶性肥料作追肥；若选用磷酸一铵等作追肥时，需配合 1.5 倍以上尿素追施。

三、水肥运筹与种植模式结合的效果

新疆棉花的种植模式主要是宽窄行（66 厘米＋10 厘米），近年来等行距

76 厘米也有一定的发展。关于两者的表现目前仍有一定的争议。为此，我们在新疆奎屯市的高产棉田开展了 6 年试验，得出了以下十分有趣和重要的结果：

（一）不同种植模式产量表现

表 4 - 7 的结果表明，在不施氮肥的情况下，宽窄行比等行距增产 11.9%；随着施氮量的增加，单产增加，其中等行距在施氮量为 360 千克/公顷时籽棉单产最高，而宽窄行模式在施氮量为 300 千克/公顷时的籽棉产量最高，增加施氮量没有进一步提高产量。

两种种植模式的最高产量皆为 7 500 千克/公顷左右，没有显著差异。从产量表现上来看，等行距可以达到宽窄行相同的产量，但没有明显优势，而且似乎还需要投入更多的氮肥。

表 4 - 7　不同种植模式对氮肥利用效率和产量的
影响（2017—2023，新疆奎屯市）

种植模式	施氮量/ （千克/公顷）	铃密度/ （个/米²）	铃重/ 克	籽棉产量/ （千克/公顷）	氮肥农学利用率/ （千克/公顷）	氮肥表观 利用率/%	脱叶率/ %
等行距 76 厘米	0	85.4e	4.75b	4 055e	—	—	93.3a
	240	105.5c	5.71a	6 025c	8.21cd	59.4b	90.6b
	300	115.8b	5.82a	6 738b	8.94c	58.5b	88.7c
	360	126.1a	5.89a	7 428a	9.37b	56.1b	85.5d
宽窄行 66 厘米＋ 10 厘米	0	93.7d	4.85b	4 538d	—	—	91.3ab
	240	118.4b	5.78a	6 846b	9.62ab	62.3a	89.2bc
	300	130.2a	5.82a	7 578a	10.13a	61.9a	85.9d
	360	126.9a	5.79a	7 345a	7.80d	59.0b	82.4e

注：1. 等行距处理为 1 膜 3 行，1 行 1 管；宽窄行为 1 膜 6 行，窄行间布滴灌管。

2. 各处理施 P_2O_5 140 千克/公顷和 K_2O 70 千克/公顷，滴水量皆为 4 800 米³/公顷。

3. 为避免不同施肥的后效影响，在同一地块的不同位置开展试验。

4. 每年皆在棉花吐絮率为 40% 左右时（9 月 5—10 日）喷脱叶剂，脱叶剂为德国拜耳作物科学公司生产的脱吐隆（主要成分噻苯隆和敌草隆，540 克/升悬浮剂），施药 20 天后调查脱叶率。

（二）氮肥利用效率

等行距种植模式在施氮量 360 千克/公顷时的氮肥农学利用率最高，而宽窄行种植模式在施氮量 300 千克/公顷时的氮肥农学利用率最高，而且宽窄行的表观利用率总体上高于等行距。在产量最高的情况下，宽窄行比等行距的氮肥农学利用率和表观利用率分别提高了 8.1% 和 10.3%。结果说明，与等行距相比，宽窄行在一定程度上提高了氮肥利用效率。

（三）脱叶率比较

以新疆为主的西北内陆棉区基本普及棉花的机械采收。而机械采收质量和机采籽棉含杂率受脱叶效果（脱叶率）的影响显著。进一步提高脱叶率不仅有助于提高棉花生产效率和质量，还能增加农民的收益，推动西北内陆棉区的棉花产业健康可持续发展，对于西北内陆棉区机采棉的高质量发展具有重要意义。本研究发现，在同样施肥量的情况下，等行距的脱叶率总体上高于宽窄行。但是，宽窄行施氮量 300 千克/公顷和等行距施氮量 360 千克/公顷的脱叶率没有显著差异，说明宽窄行的脱叶率可以通过施氮量来调节。

根据以上分析，我们认为宽窄行种植的稳产性好，能够节省氮肥。同时，等行距种植和减施氮肥的宽窄行种植都能较好地解决脱叶问题。要认清两种模式的优缺点，因地制宜地选择。目前来看，宽窄行种植的优势更大，难以被等行距取代。

四、水肥一体化与协同管理技术

水肥一体化技术是将棉花所需的肥料溶解于灌溉水中，通过灌水系统将肥水均匀、准确地补充到棉花根系附近的土壤中，供棉花吸收、利用的高效施肥技术；是在应用滴灌技术的基础上，将滴灌专用肥（水溶性肥料）、滴灌施肥装置、测土配方施肥以及水肥耦合等技术有机地结合在一起而形成的一项综合施肥技术。在该技术的基础上，把部分根区灌溉与水分一体化技术有机结合，达到水肥协同高效，可以进一步实现节水省肥的效果，则是水肥协同管理的内涵。这项技术能有效、方便地调节施用肥料的种类、比例、数量及时期，具有节水、省肥、便于自动化管理等优点（Feng et al.，2017；Zhang et al.，2026）。

（一）滴灌专用肥

滴灌专用肥是一种水溶性肥料，是实现水肥一体化和节水农业的载体。水溶性肥料是一种可以完全溶解于水，容易被作物吸收利用的多元复合肥料。它不仅含有作物所需的氮、磷、钾等全部营养元素，还含有腐植酸、氨基酸、海藻酸、植物生长调节剂等。

1. 水溶性肥料的类型

按剂型可分为固体型和液体型。固体型水溶性肥料包括粉剂和颗粒，液体型包括清液型和悬浮型。固体型水溶肥较液体型养分含量高，运输、储存方便；液体型水溶肥配方容易调整，施用方便；与农药混配性好。

按肥料作用可分为营养型和功能型。营养型水溶性肥料包括大量元素、中量元素和微量元素类，主要含有多种矿质营养元素，可以有针对性地补充作物各个生长阶段所需的营养物质，避免作物出现缺素症状；功能型水溶性肥料是营养元素和生物活性物质、农药等一些有益物质混配而成，满足作物的特需性，可以刺激作物生长，改良作物品质，防治病虫害等，如腐植酸类、氨基酸类水溶性肥料。

2. 滴灌专用肥的特点

目前，大田施用的滴灌专用肥具有以下特点：

（1）滴灌专用肥为酸性肥料，其 pH 应小于 6.0，可以减少灌溉水和土壤中碱性物质对肥效的影响。

（2）能与各种中、酸性农药，植物生长调节剂混用。

（3）水溶性好（≥99.5%），含杂质及有害离子（如钙、镁等）少，不易造成滴头堵塞。

（4）养分配比可根据作物营养诊断和测土结果进行灵活调整，并可根据需要添加中微量元素，为作物供给全价营养。

2021—2022 年有学者对史丹利农业集团股份有限公司提供的含腐植酸水溶肥海藻酸原液和利果浓缩液进行试验（李杰等，2023）。其中，海藻酸原液 $N-P_2O_5-K_2O \geqslant 200$ 克/升，$N \geqslant 100$ 克/升、$P_2O_5 \geqslant 80$ 克/升、$K_2O \geqslant 20$ 克/升，腐植酸 $\geqslant 30$ 克/升，黄腐酸 $\geqslant 16$ 克/升，海藻酸 $\geqslant 2$ 克/升，$B \geqslant 0.5$ 克/升，$Zn \geqslant 0.5$ 克/升；利果浓缩液 $N-P_2O_5-K_2O \geqslant 200$ 克/升，$N \geqslant 30$ 克/升、$P_2O_5 \geqslant 30$ 克/升、$K_2O \geqslant 140$ 克/升，腐植酸 $\geqslant 30$ 克/升，$B \geqslant 2$ 克/升，$Ca \geqslant 0.5$ 克/升，$Zn \geqslant 0.5$ 克/升。

结果表明（表 4-8），单株铃数随液体肥用量的增加而增加，LF3 和 LF4 与常规化肥相当，显著高于 LF1 和 LF2；单铃重随液体肥用量的增加而增加，LF3 和 LF4 与常规化肥相当，显著高于 LF1 和 LF2；籽棉产量随液体肥用量增加而增加，总体来看，LF3 和 LF4 与常规化肥相当，显著高于 LF1 和 LF2。以上结果表明，液体肥料可在一定程度上代替化学肥料（李杰等，2023）。

表 4-8　含腐植酸水溶肥对产量和产量结构的影响（李杰等，2023）

肥料种类	2021			2022		
	铃数/ （个/株）	铃重/克	籽棉产量/ （千克/公顷）	铃密度/ （个/米²）	铃重/克	籽棉产量/ （千克/公顷）
常规化肥（CF）	8.00a	5.44ab	7 355a	7.80a	5.41ab	7 411a
化肥腐殖酸混合液 1（LF1）	5.50c	4.92c	6 020c	5.20b	4.89c	6 005c
化肥腐殖酸混合液 1（LF2）	6.30b	5.09c	6 545b	6.10b	5.04b	6 512b
化肥腐殖酸混合液 1（LF3）	7.60b	5.36b	7 245a	7.30a	5.32bc	7 304a
化肥腐殖酸混合液 1（LF4）	8.10a	5.59a	7 535a	7.90a	5.54a	7 602a

注：CF 表示单施常规化肥（N330 千克/公顷、P_2O_5 180 千克/公顷、K_2O 120 千克/公顷），LF1 表示 60% 常规化肥＋225 升/公顷海藻酸原液＋150 升/公顷利果浓缩液，LF2 表示 60% 常规化肥＋450 升/公顷海藻酸原液＋300 升/公顷利果浓缩液，LF3 表示 60% 常规化肥＋675 升/公顷海藻酸原液＋450 升/公顷利果浓缩液，LF4 表示 60% 常规化肥＋900 升/公顷海藻酸原液＋600 升/公顷利果浓缩液；各处理肥料分别于棉花生育期随水滴施，共计 8 次，其他按当地农田管理进行。

（二）滴灌施肥装置

1. 压差式施肥罐

该装置适用于井水滴灌棉田。压差式施肥罐是肥料罐与滴灌管道并联连接，使进水管口和出水管口之间产生压差，通过压力差将灌溉水从进水管压入肥料罐，再从出水管将经过稀释的营养液注入灌溉水中。

该施肥装置操作简易，固体或液体肥料均适宜，是新疆膜下滴灌棉田应用最为普遍的一种施肥装置。施用的肥料先在施肥罐中充分溶解后再随水滴施。随水施肥时先滴清水 0.5～1.0 小时，然后滴入充分溶解的肥料，并在停水前 0.5～1.0 小时停止施肥。

但是，压差式施肥装置不易控制加入肥料的浓度，无法从肥料加入量和施入时间上实现精量控制，因而存在灌溉施肥的养分分布不均匀问题。

2. 气泵式施肥装置

该装置是通过肥料泵将肥料注入灌溉系统。这种方法可定量地控制加入肥料的数量。

该滴灌施肥装置由于气泵质量问题和粗糙的操作环境，工作中容易出现故障，导致整套装置的整体寿命下降，从而增加了农业生产中在施肥环节上的成本。

3. 吸入式滴灌施肥装置

该装置仅限于在河水滴灌条件下使用。这套设备在施肥过程中，肥料中的杂质可能给滴灌首部过滤设备造成了一定程度的影响，增加了滴灌设备过滤环节的成本。

（三）水肥协同管理

改传统"水肥一体化"为"水肥协同管理"是新疆轻简化植棉技术的重要发展：一是改传统节水灌溉为部分根区灌溉，即将传统的"1 管 3 行"改为"1 管 1 行"或"1 管 2 行"，灌水量在传统灌水量的基础上减少 15％左右，将灌水 5～6 次改为 8～10 次、每次灌水量减少 30％～50％，比传统灌水终止日提前 7～10 天；二是改传统肥料为滴灌专用肥，并与灌溉自动化与智能化、棉株水分与营养信息监测等结合，实现了水肥协同高效，较传统水肥一体化技术节水减肥 10％～20％。

水肥协同管理是节水和节肥技术的高度融合，实现了水肥一体化管理，不仅节省肥料，而且显著提高了肥料利用率（Luo et al.，2018；白岩等，2017；Feng et al.，2017）。水肥融合技术有以下几个优点。

一是节水。水肥融合技术是在隔行滴灌节水技术的基础上发展起来的一体化技术，通常比一般的滴灌技术节水 20％以上，比传统地面灌溉节水 30％～50％。

二是省肥。根据我们多年多点的试验研究，传统施肥氮肥表观利用率为 38.9％～46.0％，而水肥融合技术的氮肥表观利用率为 44.8％～61.7％。正是由于肥料利用率的提高，传统施肥在施氮量 240 千克/公顷（减施 40％）时，比施氮量 375 千克/公顷减产 16.8％，而水肥融合技术下施肥量减少 40％（240 千克/公顷）时，籽棉产量基本不减（表 4 - 9）。

表 4 - 9　不同施肥方式对棉花产量和氮肥利用率的影响（2016—2017）

施肥方式	施氮量/（千克/公顷）	生物产量/（千克/公顷）	籽棉产量/（千克/公顷）	经济系数	氮素吸收/（千克/米²）	氮肥表观利用率/％	氮肥农学利用率/（千克/千克）
	375	15 150a	6 075b	0.401c	350c	38.9d	4.80d
传统施肥	300	14 355b	6 015b	0.419b	342c	46.0c	5.80c
	240	11 805c	5 055c	0.428a	302d	40.8cd	3.25e
	0	9 675d	4 275d	0.442	204e	—	—

（续）

施肥方式	施氮量/（千克/公顷）	生物产量/（千克/公顷）	籽棉产量/（千克/公顷）	经济系数	氮素吸收/（千克/米^2）	氮肥表观利用率/%	氮肥农学利用率/（千克/千克）
	375	15 255a	6 300a	0.413c	375a	44.8c	5.56c
滴灌施肥	300	15 000a	6 330a	0.422b	361b	51.5b	7.05b
	240	13 965b	6 240a	0.447a	355c	61.7a	8.44a
	0	9 465c	4 215b	0.445	207e	—	—

注：1. 表中数据为新疆南部和北部4个试验点数据的平均值，375千克/公顷为足量施肥。
 2. 各处理磷钾肥施用量一致，皆为磷肥（P_2O_5）150千克/公顷、钾肥（K_2O）90千克/公顷，其中传统施肥中，50%氮钾肥、100%磷肥基施，30%氮肥和50%钾肥初花追施，其余20%氮肥盛花期追施；在水肥融合技术中，20%氮肥和50%磷、钾肥作基肥，其余氮、磷、钾肥皆滴灌追肥。

三是环保。水肥一体化技术使土壤容重降低、孔隙度增加，增强土壤微生物的活性，减少养分淋失，绿色环保。

四是减轻盐害。为了进一步挖掘膜下滴灌节水省肥的潜力，本研究在现有分区滴灌和水肥一体化技术的基础上，一方面，通过将常规滴灌改为分区交替滴灌，即足量滴灌与低量滴灌依次交替；另一方面，施肥量与灌水量协同，肥料主要通过低量灌水时加入，以减少肥料淋失，实行水肥协同管理，同时施肥量与棉花需肥规律相匹配。试验设计常规滴灌足量滴肥（灌水量4 200米^3/公顷、纯氮量330千克/公顷，一水一肥）、常规滴灌减量滴肥（灌水量4 200米^3/公顷、纯氮量264千克/公顷，一水一肥）、减量滴灌减量滴肥（灌水量3 000米^3/公顷、纯氮量264千克/公顷，一水一肥）、分区交替滴灌均量滴肥（灌水量3 000米^3/公顷、足量滴灌与低量滴灌依次交替，纯氮量264千克/公顷，一水一肥）、分区交替滴灌差量滴肥（灌水量3 000米^3/公顷、足量滴灌与低量滴灌依次交替，纯氮量264千克/公顷，只在低量灌溉时施肥，实行水肥协同管理）。三年研究结果表明，通过分区交替滴灌差量滴肥实现水肥协同管理，与常规滴灌足量滴肥相比，氮肥量减少了20%，灌水量减少了28.6%，籽棉产量相当，水分生产率提高了38.1%，氮肥农学利用率提高了52.9%。

更令人兴奋的是，与常规滴灌相比，分区交替滴灌还显著降低了土壤20～40厘米土层的含盐量，降幅为16.2%～24.4%；降低了盛花期主茎功能叶Na^+和丙二醛（MDA）含量，降幅分别为15.2%～27.7%、9.6%～14.2%。由此可见，通过分区交替滴灌差量滴肥（足量灌水与低量灌水结合，在低量灌水时滴肥），实行水肥协同管理，一方面足量灌水促进了盐分淋溶，在一定程度上降低了耕层（20～40厘米）含盐量，减轻了盐害；另一方面低量灌水时滴肥，减少了养分淋失，促进了养分的吸收，提高了养分利用效率。水肥协同管理是西北内陆棉区通过"调冠养根"塑造新型群体的有效手段之一，具有显著的节水、省肥和环保效果（表4-10）。

表4-10　水肥协同高效管理对棉花产量和水肥利用率的
影响（2017—2020，新疆奎屯市）

处理	氮肥量/（千克/公顷）	灌水量/（米³/公顷）	籽棉产量/（千克/公顷）	生物产量/（千克/公顷）	收获指数	水分生产率/（克/千克）	氮肥农学利用率/（千克/千克）	0～20厘米土壤含盐量/（克/千克）	20～40厘米土壤含盐量/（克/千克）	叶片Na⁺含量（FW）/（毫克/克）	叶片MDA含量（FW）/（毫摩/克）
常规滴灌足量滴肥	330	4 200	5 394a	14 346a	0.376b	1.28c	2.42b	1.328b	1.826b	8.42b	0.135 5b
常规滴灌减量滴肥	264	4 200	5 104b	13 361b	0.382b	1.21c	1.93c	1.319b	1.885b	8.48b	0.136 7b
减量滴灌减量滴肥	264	3 000	4 587b	11 791	0.389ab	1.53b	1.74d	1.524a	2.024a	9.88a	0.142 8a
交替滴灌均量滴肥	264	3 000	5 085b	12 809c	0.397a	1.69a	2.58b	1.321b	1.525c	7.48c	0.127 1b
交替滴灌差量滴肥	264	3 000	5 310a	13 176bc	0.403a	1.76a	3.71a	1.315b	1.531c	7.14c	0.122 5b

注：1. 常规滴灌和分区交替滴灌下不施氮肥的籽棉产量分别为4 592千克/公顷和4 404千克/公顷。

2. 交替滴灌差量滴肥即为水肥协同高效管理。

3. 表中数据为2017—2020年4年数据的平均值，其中土壤含盐量以及盛花期主茎功能叶Na⁺和MDA含量为2019—2020年2年数据的平均值。

4. 棉花播种前0～40厘米土壤含盐量为2.082克/千克。

根据多年的试验和示范，确定西北内陆（新疆）棉花水肥协同管理的水肥运筹技术如下：

根据新疆棉花生长发育规律特点，新疆棉田膜下滴灌应该遵循量少、多次、保持土壤湿润的原则。头水以少量为原则，随即紧跟二水，以后要因地因时而异，每隔5～10天灌溉1次。头水过早过多，易引起棉花徒长，造成高、大、空的棉花株型，但头水过晚且水量不足，又易造成蕾铃大量脱落。花铃期，灌水必须及时，充分灌溉，否则引起棉花早衰、棉桃脱落，造成减产。适时停水也极为关键，停水过早，易引起早衰；但停水过晚，易引起贪青晚熟、霜后花比例增加等。推荐轻简高效施肥方案是氮肥（N）270～300 千克/公顷，磷肥（P_2O_5）120～180 千克/公顷，钾肥（K_2O）80～120 千克/公顷。高产棉田还要适当加入水溶性好的硼肥 15～30 千克/公顷、硫酸锌 20～30 千克/公顷。通常 20%～30% 的氮肥、50% 左右的磷钾肥基施，其余作为滴灌追肥在现蕾期、开花期、花铃期和棉铃膨大期追施，特别是要重施花铃肥，花铃肥应占追肥的 40%～50%。而且在施肥多的花铃期，灌水量也宜相应增大，促进二者正向互作，提高水肥利用率。

参考文献

白岩，毛树春，田立文，等，2017. 新疆棉花高产简化栽培技术评述与展望. 中国农业科学，50（1）：38 - 50.

董合忠，2019. 棉花集中成熟轻简高效植棉. 北京：科学出版社.

董合忠，李维江，张旺锋，等，2018. 轻简化植棉. 北京：中国农业出版社.

李杰，马腾飞，边洋，等，2023. 有机液体肥替代部分化肥对滴灌棉花产量和品质的影响. 西南农业学报，36（9）：1991 - 1999.

罗振，辛承松，李维江，等，2019. 部分根区灌溉与合理密植对旱区棉花产量和水分生产率的影响. 应用生态学报，30（9）：3137 - 3144.

周静远，代建龙，冯璐，等，2023. 我国现代棉花栽培理论和技术研究的新进展. 塔里木大学学报，35（2）：1 - 12.

Feng L, Dai J L, Tian L W, et al., 2017. Review of the technology for high - yielding and efficient cotton cultivation in the northwest inland cotton - growing region of China. Field Crops Research, 208: 18 - 26.

Luo Z, Kong X Q, Zhang Y Z, et al., 2019. Leaf - sourced jasmonate mediates water uptake from hydrated cotton roots under partial root - zone irrigation. Plant Physiology, 180: 1660 - 1676.

Luo Z, Liu H, Li W P, et al., 2018. Effects of reduced nitrogen rate on cotton yield and nitrogen use efficiency as mediated by application mode or plant density. Field Crops Research, 218: 150 - 157.

Yang G Z, Chu K Y, Tang H Y, et al., 2013. Fertilizer ^{15}N accumulation, recovery and distribution in cotton plant as affected by N rate and split. Journal of Integrative Agriculture, 12: 999 - 1007.

Yang G Z, Tang H Y, Nie Y C, et al., 2011. Responses of cotton growth, yield, and biomass to nitrogen split application ratio. European Journal of Agronomy, 35: 164 - 170.

Yang G Z，Tang H Y，Tong J，et al.，2012. Effect of fertilization frequency on cotton yield and biomass accumulation. Field Crops Research，125：161 - 166.

Zhang D M，Luo Z，Liu S H，et al.，2016. Effects of deficit irrigation and plant density on the growth，yield and fiber quality of irrigated cotton. Field Crops Research，197：1 - 9.

第五章 化学脱叶催熟与机械采收

棉花脱叶催熟技术是使用化学脱叶剂及催熟剂干预棉花的生理生化过程，加快棉花的生育进程，使其叶片提前脱落，棉铃集中开裂、吐絮的一种技术（周婷婷等，2020）。棉花脱叶催熟是促进棉花集中成熟的最后一个环节（董合忠等，2017；董合忠，2019）。科学合理地施用脱叶催熟剂，不仅能够解决棉花后期贪青晚熟、结铃吐絮分散的问题，并能加快收获前棉花叶片的脱落，提高采摘率和作业效率，降低机采籽棉的含杂率，是机械采收的重要前提和保障。

第一节 棉花脱叶催熟的原理

棉花叶片的自然脱落是棉花植株体内发生的一系列生理生化变化的结果，常与叶片衰老相关，植物激素平衡的变化对叶片脱落过程起着重要的作用（Wang et al.，2019）。在棉花脱叶催熟的过程中，噻苯隆和乙烯利等化学药剂扮演着重要的角色。这些化学物质通过干预植物激素的平衡，调节叶片和棉铃的生理机制，促进棉花的脱叶和催熟过程。

一、化学脱叶机理

在衰老的叶片中，促进脱落的乙烯和脱落酸含量增加，而抑制脱落的生长素含量下降，在离层两端生长素浓度梯度逐渐消失，从而离区对乙烯变得敏感，最终导致叶片脱落（Agustc et al.，2008；高丽丽等，2016）。棉铃开裂的生理基础是棉铃铃柄基部维管束形成一个软木层阻止水分进入棉铃，维管束组织中的内层与心皮（铃壳）之间发生分离（Simpson，Marsh，1977），从而导致棉铃开裂。通常来说，棉铃开裂之前，乙烯释放量显著提高，至棉铃出现明显裂缝时，乙烯释放量达到高峰，之后迅速下降（刘文燕等，1981；廖宝鹏

· 114 ·

等，2020）。

噻苯隆是一种合成植物生长调节剂，广泛应用于棉花的脱叶催熟过程中。研究表明，噻苯隆能够抑制叶片中生长素的合成和传输，从而降低叶片中生长素的含量，减缓叶片生长和分化，促进叶片衰老和脱落。同时，噻苯隆还能够诱导乙烯和脱落酸的产生，增加叶片对这些植物激素的敏感性，加速叶片离层形成，从而促进叶片脱落。

二、化学催熟的机理

棉花脱叶催熟的原理是在棉花吐絮期通过喷施特定化合物来抑制叶片中生长素功能的发挥，而促进或者诱导乙烯和脱落酸产生，同时诱导叶柄离层远轴端至近轴端的生长素梯度消失，以及叶片对乙烯和脱落酸的敏感性增加，进而加速叶片离层形成，促进叶片脱落。使用低剂量脱叶剂时不足以引起叶片脱落，增加脱叶剂使用剂量时则会造成叶片枯而不落。而对于棉铃来说，通过喷施特定化合物则可以加速铃壳的脱水过程，并可以提高其乙烯释放量，当乙烯释放量达到高峰时棉铃出现裂缝，进而加速棉铃开裂、吐絮。

乙烯利是一种广泛应用于棉花脱叶催熟的乙烯制剂。乙烯作为一种重要的植物激素在植物生长发育中起着关键作用。乙烯利的施用能够增加棉花叶片和棉铃中乙烯的合成和释放，促进植物内部的乙烯信号传导，加速叶片和棉铃的脱落和催熟过程。具体来说，乙烯利能够诱导叶片中乙烯合成酶基因的表达，增加乙烯的产生量，进而提高叶片对乙烯的敏感性，促进叶片的衰老和脱落。同时，乙烯利还可以影响棉铃细胞内部的乙烯合成和释放过程，加速棉铃的开裂和吐絮。

第二节 影响棉花脱叶催熟的因素

棉花脱叶催熟效果受多方面的影响，大致分为两大类，即外部因素和内部因素（Faircloth et al.，2004）。其中，外部因素主要指脱叶催熟剂喷施时的气象因素，施药方式、种植模式和密度、病虫害发生长度、空气湿度与土壤含水量等；内部因素主要包括品种间不同的遗传特性、株型结构与生长发育状况等。这些因素都直接或间接影响棉花的脱叶催熟效果（Yu et al.，2022；

2023)。

一、棉花品种

目前市场上流通的棉花品种主要参考产量、品质以及抗枯黄萎病抗病指数等相关指标，随着棉花集中成熟轻简高效栽培技术的推广应用，应综合考虑棉花产量、品质、耐逆、易管等多方面指标，为棉花的全程轻简化、机械化生产提供品种保障。

(一) 黄河流域一熟制棉花品种要求

1. 性状要求

要求株型紧凑，抗倒伏，株高一般控制在 80～100 厘米，也可适当放宽，但最高不应超过 120 厘米，株高过高易引起倒伏，不利于机械收获；第一果枝节位 5 节以上，高度要控制在 15～20 厘米，因为采棉机部件设计只能采收高于地面 15 厘米的棉絮，而初始果节位过高又会延长生育期，因此初始果枝节位高度要控制在 15～20 厘米。

2. 早熟性

要求早熟性好。棉花纤维品质形成与棉铃正常成熟、纤维完全发育直接相关，选用早熟品种一方面与机采棉一次收获相关，另一方面也是提高棉花纤维比强度的需要，由于棉花机采需要等到全部吐絮后集中一次采收，而中下部棉铃在吐絮后随着在田间暴露时间增加，纤维比强度下降明显，不同品种不同年份下降幅度在 0.3～1.4 厘牛/特，因此机采棉品种需采取综合措施提高纤维比强度，而良好的早熟性是保证棉纤维比强度的重要因素，一般选择生育期 120 天左右的棉花品种。

3. 吐絮情况

要求吐絮集中，含絮力合适。冀中南棉区要求在 10 月 20 日吐絮率达到 95% 以上，含絮力过低，不能抵抗风雨冲击，会造成籽棉大量脱落；含絮力过高，容易夹壳，影响采净率。因此，棉花吐絮较早、吐絮比较集中有利于较早集中机采，提高采棉机的工作效率。

4. 对植物生长调节剂和脱叶剂的敏感性

要求对甲哌鎓和脱叶剂敏感，以塑造集中成熟株型，施药后叶片易脱落。实行机械采收的地块要求叶片要偏小，光合能力强，茸毛少，对脱叶剂敏感，能在吐絮后自然落叶则更好。

5. 对纤维品质的要求

在机械采收的前提下，为满足纺织企业要求，要求纤维长度、强度和一致性要好。纤维品质要达到双30以上，尤其是纤维比强度，能经受住清理机械的冲击，马克隆值最优在3.7～4.2，最高不要超过4.7。

机采棉品种一方面要满足采棉机械的要求，另一方面要求农艺性状协调一致，还要在早熟、稳产基础上做到抗枯萎病、耐黄萎病，纤维长、强、细协调。经2021—2023年连续3年筛选，鲁棉338、鲁棉522、鲁棉5191、K836等一熟春棉品种较适合在黄河流域棉区作为集中早熟轻简栽培品种种植（表5-1）。

表5-1　适合集中成熟轻简栽培的棉花品种（系）筛选

品种	株高/厘米	果枝数/个	始节位高度/厘米	一次花率/%	对脱叶催熟剂敏感性	产量/（千克/公顷）
鲁棉338	108.8	13.6	24.2	88.0	较敏感	3 862
鲁棉5191	106.8	13.8	26.4	88.9	敏感	4 086
鲁棉522	103.5	12.6	25.3	89.3	较敏感	3 921
鲁棉5195	105.2	13.1	26.7	90.1	敏感	4 032
鲁棉632	108.7	12.6	24.5	87.1	较敏感	3 866
鲁棉37	112.8	13.6	24.3	86.8	较敏感	3 916
鲁棉636	112.1	13.6	23.4	87.6	较敏感	3 839
冀棉278	104.7	12.6	24.4	84.6	不敏感	3 762
冀棉824	112.7	12.1	21.6	84.2	不敏感	3 869
冀棉1004	110.8	13.2	24.6	84.3	不敏感	3 782
K836	106.8	13.2	28.6	90.7	敏感	4 108

注：本表由山东省农业科学院经济作物研究所栽培团队提供并整理（2021—2023）。

（二）长江流域和黄河流域两熟制早熟棉品种要求

长江流域棉区和黄河流域棉区南部区域，热量充足、有效积温高、降雨量丰沛、土壤肥力高，多采用棉花与大蒜、油菜、小麦等作物一年两熟种植。为适应当前棉花集中成熟轻简高效生产的发展要求，上述区域的棉花生产逐渐由传统的蒜（油菜、小麦）套春棉向蒜（油菜、小麦）后直播早熟棉转变。近年来，随着短季棉育种水平的不断提高，育种家培育出了系列早熟、优质、高产的短季棉品种，为蒜（油菜、小麦）后直播提供了品种保障。

1. 性状要求

为实现棉花与其他作物一年两熟接茬种植，要求短季棉的生育期 105 天以内，出苗快，苗期长势强；株型紧凑，主茎和果枝的节间短、夹角小，通透性好，适于密植，茎秆粗壮，抗倒伏能力强；叶枝弱、赘芽少，适合免整枝种植；开花结铃吐絮集中，铃期短，吐絮畅，高抗枯萎病、耐黄萎病，高抗棉铃虫。

2. 抗性要求

为简化管理并保证产量的稳定，要求品种具有较强的抗枯萎病、高耐黄萎病、高抗棉铃虫能力；并且对干旱、淹涝、低温寡照均具有较好的抗性，以防止棉花生长中前期因干旱而导致营养体发育受限，以及中后期花铃脱落严重、烂铃多的现象。

3. 对化调剂的敏感性

针对当前棉花品种的特性，做好化学调控十分重要。中前期的生长主要依靠缩节胺（助壮素）等化学调控剂来调节棉株生长、塑造合理株型，因此，必须要求所种植品种对缩节胺类化调剂敏感；机械采收前为提高机械化采摘的采摘率和作业效率，棉花必须实施脱叶，要求棉花叶片对脱叶剂的反应敏感，以提高化学脱叶效果。

4. 对纤维品质的要求

与人工采棉相比，机械采收的棉花因需经过多道清花工序，易造成棉花纤维长度变短 1～2 毫米，纤维比强度降低 1～2 厘牛/特，因此，为达到纺织企业的纺纱要求，机采棉种植过程中应选用高品质的棉花品种，正常春播棉田采用中早熟棉花品种，要求纤维长度≥30 毫米，纤维比强度≥30 厘牛/特；晚春播棉田采用优质短季棉花品种，纤维长度≥29 毫米，纤维强度≥29 厘牛/特。

（三）西北内陆棉区对棉花品种要求

西北内陆棉区的棉花生产多采用机械采收。目前市场上棉花品种的选择主要以棉花产量、品质以及抗棉花枯黄萎病抗病指数来决定，很多时候忽略了棉花品种对棉花机械化过程的影响，比如对棉花脱叶剂的敏感性、集中成熟的情况等。

机械化采摘的棉花品种应具备以下几个基本特点：一是在机械采摘过程中不掉絮、不卡壳，叶小，苞叶小，叶片茸毛少；二是机械采摘棉花在生长性状上必须要求棉花具有一定的抗虫性、抗病性、极强的抗倒伏性、高产稳产、熟期早；三是在生长方面必须对光合作用适应能力强，株型紧凑，结铃部位比较集中，吐絮畅，含絮率高；四是纤维品质要好，特别要注意纤维长度和衣分等内在品质，纤维长度29毫米以上、断裂比强度29厘牛/特以上。2021年，在北疆玛纳斯县对该区域种植的棉花品种进行品种展示与筛选（表5-2），筛选出新农棉1号、新石K18、新陆早82号3个品种综合产量优异，品质达标，无较大的产品缺陷，适合该区域种植。

表5-2　适合北疆集中成熟轻简栽培的棉花品种（系）筛选

品种名称	出苗率/%	始节高度/厘米	株高/厘米	单株结铃/个	单铃重/克	产量/（千克/公顷）
惠远720	93.91	24.2	68.8	6.1	6.42	6 787.5
新陆早79号	88.17	23.2	72.1	5.5	7.23	7 072.5
新陆早82号	84.14	22.5	69.6	6.5	6.33	7 131.0
新农棉1号	92.77	24.0	76.2	7.1	5.71	7 572.0
新陆早78号	94.67	22.8	68.3	6.6	6.12	7 101.0
H33-1-4	91.96	22.7	64.3	5.9	6.71	6 702.0
K07-12	89.80	25.6	70.4	6.4	6.12	6 702.0
新石K18	87.93	22.9	69.2	6.5	6.20	7 176.0
新陆早67号	85.77	24.8	67.4	6.0	6.71	6 972.0
新陆早57号	88.44	22.6	72.4	6.4	6.20	7 030.5

引自杨恒超等，2023。

二、化学药剂

选择合适的脱叶催熟剂是保障棉花产量和质量的关键因素。通常可将棉花脱叶催熟剂（表5-3）分为三类：干燥剂、脱叶剂和催熟剂（Slosser et al.，2005）。

表 5 - 3　棉花脱叶催熟剂主要种类

有效成分	有效成分英文名	生产企业
脱叶磷	tribufos	Amvac Chemical Corporation
噻苯隆	thidiazuron	Bayer CropScience
敌草隆	dimethipin	—
唑草酯	carfentrazone - ethyl	FMC
吡草醚	pyraflufen - ethyl	Nichino America
嗪草酸甲酯	fluthiacet - methyl	Chemtura Corporation
氟胺草酯	flumiclorac - p entyl	Valent USA Corporation
噻苯隆＋敌草隆	thidiazuro＋dimethipin	Bayer CropScience
乙烯利＋环丙酰草胺	ethephon＋cyclanilide	Bayer CropScience
噻节因	dimethip in	—
氯酸钠	sodium chlorate	—
草甘膦	glyphosate	—
百草枯	gramoxone	—

引自周婷婷等，2020。

（一）干燥剂

干燥剂可以引起植物细胞破裂，促进植株干枯、落叶。百草枯是一种快速灭生性除草剂，对叶绿体膜破坏力极强，以致光合作用和叶绿素合成很快终止，对棉花具有一定的脱叶和催熟作用，通常将低剂量（154～461 克/公顷）百草枯与其他脱叶剂混合使用增强对棉花的催枯作用；若百草枯剂量过高会导致棉花叶片枯而不落，并对未成熟棉铃造成伤害（王永山等，1996；Supak，Snipes，2001）。由于百草枯对高等动物的毒性问题和没有有效的解毒剂，自 2016 年 7 月 1 日起，已禁止百草枯水剂在国内销售和使用。

氯酸盐是一种具有强烈氧化作用的物质，可以降低植物叶片的光合作用、呼吸强度和蒸腾强度，低剂量时可以作为棉花脱叶剂使用，高剂量时与百草枯一样具有催枯作用。在棉花生育后期遇到低温时，可选用氯酸盐进行脱叶、催枯。

（二）脱叶剂

脱叶剂能够使棉花叶柄基部形成离层，促进叶片脱落。按照作用方式，可分为激素型和除草剂型。激素型脱叶剂以噻苯隆及其相关复配产品为主，属于接触性脱叶剂，无内吸传导作用。该类脱叶剂不直接伤害棉花叶片，而是通过棉花叶片吸收影响器官内乙烯、生长素和脱落酸的平衡，进而促进棉花茎叶和叶柄之间形成自然离层，从而促进叶片脱落。因此，在施药时要保证药液喷洒均匀、全面，尽可能让所有叶片接触药剂，以达到最佳的脱叶效果。

敌草隆作为除草剂与噻苯隆复配剂，能够有效加快叶片的焦枯速度，增强低温下的脱叶效果；噻节因是兼具激素和除草剂活性的脱叶剂，能够通过抑制气孔开关蛋白合成而导致棉花叶片迅速失水。脱叶磷则对叶片的栅栏组织具有较强的伤害作用。唑草酯通过产生自由基而伤害细胞膜（田晓莉等，2004）。除此之外，吡草醚、嗪草酸甲酯、氟胺草酯、环丙酰草胺及植物毒素冠菌素也可用于棉花脱叶（Du et al.，2014）。从剂型角度看，获批脱叶剂剂型主要集中在悬浮剂和可湿性粉剂，另有少量水分散粒剂、可分散油悬浮剂和微乳剂（宋兴虎等，2020）。

（三）催熟剂

乙烯利作为催熟剂能够促进棉花体内的乙烯生成，加快棉铃的发育并促进成熟，从而引起叶片脱落和棉铃开裂吐絮，乙烯利的催熟效果优于其对棉花的脱叶效果，在棉花生产上得到了广泛的应用。在实际生产中，乙烯利通常与各类脱叶剂混合使用，可以加速棉花叶片脱落和棉铃吐絮。

三、气象因子

（一）温度

棉田周围温度影响脱叶催熟剂的施用效果，一般来说，棉花的脱叶率与喷施脱叶催熟剂时的气温呈正相关关系。脱叶催熟剂要求日平均气温一般在18～20℃及以上，最低温度为14℃。在施药后的3～5天脱叶剂开始发挥药效，而乙烯利需要进入棉株7天后才可以产生催熟效果（表5-4）。在施药后5～7天无有效降水的前提下，日平均温度应大于16℃，最低温不低于12℃。有研究指出，喷施脱叶催熟剂后的5～15天是影响脱叶催熟效果的关键时期，日平均气温最低为18℃、日最低气温大于15℃时，棉花的脱叶率将达到98％以上。脱叶催熟效果与喷施脱叶催熟剂前3天的最低气温有直接关系，并且不同生育期的棉花品种对温度的响应也有所不同，早熟品种喷施药剂的温度应在 16～20℃，而晚熟品种则可以选择 10～16℃温度范围（田景山等，2019）。

表 5-4　不同时间喷施脱叶剂对棉花脱叶率的影响

喷施时间	重复	脱叶率（%）			
		喷后 5 天	喷后 10 天	喷后 15 天	喷后 20 天
8 月 30 日	1	37	72	90	97
	2	37	71	92	98
	3	31	63	88	99
9 月 5 日	1	62	71	82	92
	2	53	73	80	92
	3	52	78	81	94
9 月 10 日	1	9	60	87	99
	2	9	56	89	98
	3	14	61	88	99
9 月 15 日	1	29	70	89	94
	2	34	72	90	93
	3	30	70	90	94

引自刘勇等，2018。

（二）湿度

植株生长季节内如果气候较湿润，则会导致叶片表皮变薄，若在此时喷施脱叶剂，药剂会在其叶表面停留较长时间，利于脱叶催熟剂的吸收利用；但是若在喷施脱叶剂之前或者喷施时棉株遭受水分胁迫，会降低其脱叶效果（Oosterhuis et al.，1991）。收获前的最后一次灌溉对于脱叶催熟效果至关重要，灌水量过大，易造成棉花生长过旺，造成贪青晚熟，降低脱叶效果；适量降低灌溉量可使土壤保持较低的含水量，则利于脱叶。

（三）光照

棉花植株在生长季节内较长时间缺乏足够的光照，尤其是脱叶催熟剂喷施后的 3～7 天，脱叶剂的喷施效果会大打折扣。若施药后遭遇连阴雨天气，或连续降雨，也会极大地降低棉花叶片对药剂的吸收，从而降低脱叶催熟效果。因此，喷施脱叶催熟剂时，要选择晴朗天气作业，以提高脱叶催熟效果。

四、栽培措施

（一）种植模式和制度

当前，我国棉花栽培进入以"轻简节本、提质增效、生态安全"为主攻目标的新时期，对棉花新型种植模式下的合理群体结构也有了新要求。一方面要提高光能利用率，充分挖掘棉花群体的产量潜力，实现棉花高产稳产；另一方面通过优化成铃、集中吐絮，利于脱叶催熟，提高原棉品质并实现集中收获。这两方面要协同兼顾，必须因地制宜，制定集中成铃与收获、产量品质协同提高的新型种植模式和制度。

1. 西北内陆机采棉"降密健株"集中成熟种植模式

西北内陆棉区基本实现了机械采收，对脱叶催熟要求较为严格，因此，构建适合该区域的合理群体对于优化脱叶催熟效果尤为重要。在长期摸索基础上，我们提出了构建该区域"降密健株型"群体的栽培策略，其核心目标是提高脱叶率，便于机械采收。实现这一目标的主要技术途径是降密健株，提高群体的通透性（董合忠等，2018；Dai et al.，2017）。对于采用 66 厘米＋10 厘米宽窄行机采种植模式，地膜幅宽 205 厘米，株距 9.4～11.7 厘米，亩平均收获密度 1.3 万～1.5 万株；水土条件好的棉田可选 76 厘米等行距模式，株距 6.9～8.4 厘米，亩平均收获密度 0.8 万～1.1 万株。为构建更加合理的"降密健株型"集中成熟群体，要优化株行距配置、膜管配置，综合运用水、肥、药、膜等措施，科学合理调控，即通过调控萌发出苗和苗期膜下温墒环境，实现一播全苗、壮苗，建立稳健的基础群体；结合化学调控、适时打顶（封顶）、水肥协同高效管理等措施调控棉株地上部生长，优化冠层结构，优化成铃，集中吐絮，提高脱叶率。

2. 黄河流域一熟制棉花"增密壮株"集中成熟栽培模式

黄河流域棉区一熟制棉花集中成熟栽培通常采用"中密中株型"群体，而且采用早播早发、大小行种植，株高过高、封行过早，导致棉花地上部徒长、根系发育不良而出现根冠失调，因此，要以"控冠壮根"为主线构建"增密壮株型"群体（董合忠等，2018；Dai et al.，2017），以促进脱叶集中成熟与集中采收。具体而言，一是适当增加密度，收获密度由传统的每亩 2 500～3 000

株提高至每亩 4 500～5 500 株，并由大小行种植改为 76 厘米等行距种植；二是控冠壮根，通过提早化控和适时打顶（封顶），控制棉株地上部生长，实现适时适度封行；三是棉田深耕或深松、控释肥深施、适时揭膜或破膜，促进根系发育，实现正常熟相；四是适当晚播，一般于 4 月 25 日至 5 月 5 日播种，减少伏前桃，进一步促进集中成铃。

3. 长江流域与黄河流域两熟制"直密矮株"集中成熟栽培模式

长江流域与黄河流域棉区两熟制棉田以接茬直播早熟棉密植争早为主线构建"直密矮株型"群体。该群体的株高明显下降、结铃吐絮集中度明显提高，利于后期脱叶催熟、集中收获。该模式的塑造首先要采用早熟棉或短季棉品种，小麦（油菜、大蒜）后抢茬机械直播，建议在 5 月下旬至 6 月上旬直接贴茬播种，每亩用种量 2～2.5 千克，增加种植密度，每亩平均收获密度需提高至 5 000～6 000 株；在轻简化管理方面，棉花出苗后不间苗、定苗，自棉花 4～5 片真叶开始化控，分别于盛蕾初花、打顶后 5 天左右化控一次，每亩喷施 98% 甲哌鎓 1.5～4 克，最终株高控制在 85～100 厘米；在施肥方面采用一次性追施，即在现蕾期每亩追施氮肥 4～6 千克，以促进集中结铃。

（二）水肥管理

氮素对棉株脱叶催熟效果影响显著。适宜的施氮量能够有效地协调营养生长和生殖生长两者间的关系，有效地抑制营养生长，利于塑造适合轻简管理的集中成熟株型。有研究指出，紧凑型的株型不仅有利于棉铃适时开裂成熟，也有利于棉花叶片脱落。在棉花生育后期施氮肥量过多，则会导致棉株营养生长延长，阻碍棉铃吐絮，同时也会降低脱叶和催熟效果。

1. 西北内陆地区多采用膜下滴灌，肥料随水滴施

该区域坚持以地定产、以产定肥的施肥原则，按照亩产 350～400 千克籽棉目标产量确定每亩施肥总量为 180～190 千克，$N：P_2O_5：K_2O=1：0.3：0.25$，在酌施基肥的前提下，氮肥主要以随水滴施为主，棉花全生育期滴水 8～10 次，每亩总滴水量为 230～280 米^3。具体的水肥滴施情况如下：

4 月：滴施出苗水 30～35 米^3/亩。

6 月：滴水 2～3 次，正常年份第一次滴水在 6 月上旬开始，滴水量为 30 米^3/亩；第二次、第三次滴水量均为 20～25 米^3/亩。从 6 月 10 日开始计算，按每日施用滴灌肥 0.15 千克、尿素 0.35 千克的标准，6 月每亩共滴施滴灌肥 3 千克、尿素 7 千克。

7 月：滴水 3～4 次，每次滴水量为 25～30 米³/亩。从 7 月 1 日开始计算，按照每日施用滴灌肥 0.4 千克、尿素 1 千克的标准，7 月每亩共滴施滴灌肥 12 千克、尿素 30 千克。

8 月：滴水 2～3 次，每次滴水量为 20 米³/亩，共滴施尿素 6 千克/亩（此期滴水量和供肥量应呈每次递减趋势，前多后少；8 月 20 日停肥，8 月 25 日停水）。

2. 黄河流域一熟制春棉一次性施肥

施肥是棉花高产优质栽培的重要一环，用最低的施肥量、最少的施肥次数获得最高的棉花产量，并实现棉花的集中结铃吐絮是棉花施肥的目标。要实现这一目标，必须尽可能地提高肥料利用率，特别是氮肥的利用率。棉花的生育期长、需肥量大，采用传统速效肥料一次施下，会造成肥料利用率降低，并易导致棉花营养生长过度，不利于脱叶；多次施肥虽然可以提高肥料利用率，并可以有效控制棉花的营养生长和生殖生长，但费工费时。从简化施肥来看，速效肥与缓控释肥配合施用是棉花生产与简化管理的新技术方向，对于滨海盐碱地，更应提倡施用缓控释肥，以提高肥料利用率，降低成本，塑造适于集中收获的理想株型，便于后期脱叶催熟。

（1）速效肥。在施足基肥的基础上，一次性追施速效肥，每公顷基施 N、P_2O_5 和 K_2O 分别为 105 千克、120 千克和 210 千克，开花后追施纯 N 90～120 千克。

（2）控释肥。采用速效肥与控释氮肥结合一次性基施。每公顷 95 千克控释氮（N）+105 千克速效氮（N）、P_2O_5 90～120 千克、K_2O 150～210 千克，种肥同播，播种时施于膜内土壤耕层 10 厘米以下，与种子水平距离 5～10 厘米，以后不再追肥。

3. 黄河流域和长江流域一年两熟早熟棉一次性追肥

蒜（麦）后短季棉采用一次性追施，现蕾期每亩追施 N 4 千克、P_2O_5 2.5 千克和 K_2O 3.0 千克，在保证集中结铃吐絮的前提下，塑造"直密矮株型"群体，利于脱叶催熟。油后直播短季棉提倡采用专用配方缓控释肥料种肥同播，每亩用量 50 千克左右。棉花专用配方缓控释肥料中 N18％～20％、P_2O_5 8％～10％、K_2O 18％～20％，其中控释氮（N）占总氮（N）的 80％～100％，控释氮（N）养分释放期为 60～90 天，释放期为 60 天的控释氮（N）

和 90 天的控释氮（N）各占 50％左右。

第三节　棉花脱叶催熟技术

科学合理的棉花脱叶催熟剂喷施技术能够提高棉花的脱叶吐絮质量，进而降低籽棉中的碎叶杂质，对解决棉花品质问题具有重要意义。但在实际生产中，脱叶催熟剂的喷施往往受到多种因素的影响，包括喷施设备选择、药剂喷施时间及喷施浓度等。

一、喷施药械

（一）喷杆喷雾机

喷杆式喷雾机是一种将喷头装载于横向喷杆或竖向喷杆上的一种植保机械，广泛应用于大田作物，具有作业效率高、喷洒效果优良等特点。应用于棉花脱叶催熟剂喷施的喷杆式喷雾机主要分为普通喷杆式喷雾机、吊杆式喷杆喷雾机和风幕式喷杆喷雾机（刘刚等，2014；贾卫东等，2013）。

普通喷杆式喷雾机具有喷射压力大、雾化性能好、穿透力强、农药利用率高、操作简单、使用安全等特点，广泛地应用于新疆棉田植保作业和脱叶催熟剂喷施作业中，具有良好的作业质量。然而，喷杆喷雾机主要采用纯液力雾化的方式从棉花冠层上方向下喷施；而新疆棉花种植密度大、棉花冠层稠密，药液雾滴无法穿透冠层到达棉花的中下部，导致药液雾滴分布不均匀，中下部叶片着药量少，影响棉花的脱叶和吐絮质量（端景波等，2013）。为了提高棉花中下部叶片的着药量，将喷头安装在吊杆上的吊杆式喷杆喷雾机逐渐取代了普通喷杆式喷雾机。吊杆式喷杆喷雾机将喷头设置于吊杆上，其作业时吊杆沉入冠层内部并能够强制回位，克服了喷头只位于植株上部的缺点，可以大幅提高棉花冠层中下部药液量的沉积，大幅提高了中下部叶片的脱落率和棉铃吐絮率（曹阳等，2012；杨庆璐等，2017）。近年来，为了提高脱叶催熟剂在棉花冠层内部的穿透力和附着能力，科研人员研发出了风送气流扰动方式辅助喷施的风幕式喷杆喷雾机，该机械利用出风口喷出的辅助气流增加雾滴动能、提高雾滴穿透力、减少雾滴飘移、改善雾滴雾化效果，能够显著提升棉花中上部冠层内的药液雾滴沉积分布的均匀性。

（二）植保无人机

植保无人机以轻小型无人机为载体，由飞行平台、导航飞控和农药喷雾设备三部分组成，并引入全球定位系统（Global positioning system，GPS）、地理信息系统（Geographic information system，GIS）和载波相位差技术（Real time kinematic，RTK），以"云服务、大数据"为技术背景，实现精准化植保作业。航空植保技术在棉花上的应用主要是防治病虫害和喷施棉花脱叶催熟剂等，大面积的棉花种植推动了植保无人机的生产与应用，同时也日益凸显出植保无人机的作业效率高、效果好、不伤苗、节约成本的特点，逐渐受到人们的广泛关注和青睐（沙帅帅等，2018；Lou et al.，2018）。脱叶催熟剂喷施的药液量与其雾滴在棉花叶片沉积和附着有着直接的关系。蒙艳华等（2019）研究表明，植保无人机喷施棉花脱叶催熟剂的施药液量应当不低于 15 升/公顷（表 5-5）。另外，为提高药剂的附着性和施药效果，采用无人机作业时通常添加助剂来提高脱叶剂雾滴沉积和增加药效。

表 5-5　无人机不同施药液量对脱叶率和铃重的影响

施药液量/（升/公顷）	无人机飞行高度/米	飞行速度/（米/秒）	喷头流量/（升/分钟）	脱叶率/%	单铃重/克
0	—	—	—	—	5.89
15	2	4	2.16	85.75	5.92
18	2	5	2.16	89.65	5.81
22.5	2	6	2.16	97.02	5.76

引自蒙艳华等，2019。

二、棉花化学脱叶催熟技术

（一）棉花脱叶催熟剂喷施时间

棉花脱叶催熟剂的施用时间对棉花产量和品质具有直接的影响。因此，确定棉花脱叶催熟剂的施用时机非常关键，需要均衡考虑产量和品质之间的关系。目前，棉花生产中确定脱叶催熟剂施用时间的方法主要有以下几种。

一是棉铃吐絮率。棉铃的吐絮率是确定棉花收获时间最常用的方法。研究表明，对于普通棉田来说，吐絮棉铃分布均匀且达到 60% 时，进行脱叶催熟剂喷施对棉花产量和纤维品质的影响最小（Karademir et al.，2007；Bange，Long，2013）。而棉花株型比较紧凑，成铃早而集中的棉田，吐絮率达到40%时喷施脱叶催熟剂对棉花产量和纤维品质的影响较小。

二是棉铃刀切法。棉铃刀切法是利用锋利的刀片切开最上部可收获棉铃，观察其种子的成熟度进而确定脱叶催熟剂施用时间的方法。成熟棉铃种子的种皮是棕褐色的，而未成熟种子的种皮是白色的，一般认为，90%以上棉铃成熟后即可进行脱叶。

三是裂铃以上主茎节数。裂铃以上主茎节数（NACB）与吐絮率法相比，主要关注棉株上部未裂开的棉铃。倒数第5果枝上的棉铃开裂时喷施脱叶催熟剂，产量降低不超过1%，纤维品质也不受影响。一般认为NACB等于4时，喷施脱叶催熟剂较为适宜，但对于密度较低或成熟偏晚的棉田，NACB等于3时较为适宜。采用该法需明确有效棉铃的最终开花日期，而且该法适用于第1果节着生棉铃的棉株和倒数第1果枝的棉铃是可收获的棉株。而对于密度较低、上部铃较多，或营养枝比例较高，以及结铃中断的地块不适宜采用该法。

（二）脱叶剂的用量

当前新疆棉区主要采用国内研制和开发的脱叶剂（表5-6），并配合乙烯利作为脱叶催熟剂使用。目前在南疆普遍使用的配方是300~450克/公顷脱落宝加1 050克/公顷乙烯利；北疆则宜用450g~600克/公顷脱落宝加1 050克/公顷乙烯利。目前市场上推出了系列高效脱叶催熟剂，其脱叶和催熟效果得到明显提高，施药后15~20天的脱叶率达90%以上、吐絮率达90%以上，完全达到了机械采收的要求。

表5-6　几种国产脱叶剂用量及效果

产品名称	用量	脱叶率/%	吐絮率/%
脱落宝	20~40 克/亩	91.4	87.4
真功夫	40~60 克/亩	90.8	89.8
脱必施	100~200 克/亩	92.4	90.4
50%噻本隆	40~60 克/亩	91.9	91.0
欣噻利	120~150 毫升/亩	93.2	91.5

三、脱叶催熟剂施用注意事项

（一）根据气象预报确定施药期

机采棉田脱叶剂的药效与施药后的日平均温度和气温变化动态密切相关。因此，当地的中、短期气象预报可以作为确定施药期的重要依据。一般来讲，在棉田吐絮率达到 40% 的前提下，当气温稳定在 18℃ 以上时，或气温将由低温期持续回升时，是最佳施药期。切忌在寒流入侵前的高温期施药。

（二）根据施药期确定施药量

通常所说的施药量指标是在适宜的施药期条件下提出的。但是，由于棉田的吐絮情况不同及药械的限制，施药期有先有后。一般来讲，早施药的，药后气温较高，药量可取低限；晚施药的，药后气温较低，药量可酌情增加。

（三）根据群体大小确定施药次数

脱叶剂在棉株体内的传导作用很小，通常只对着药的叶片起作用。采用地面机械施药或飞机航喷时，药液多是由上向下喷施的。当棉田群体过大或倒伏时，上层叶片着药较多，下层叶片着药较少，脱叶率较低。因此，群体大的棉田宜采用分次施药：第一次施药期可比正常施药期提前 5～7 天，药量为正常药量的 50%～70%；10 天以后（多数叶片已脱落时），进行第二次施药，药量不低于正常药量的 70%。

第四节　棉花机械收获技术

棉花收获机械化关键技术也称机采棉技术。机采棉技术是一项综合技术应用的系统工程，其关键核心技术主要有机采棉品种选育技术、机采棉栽培技术、化学脱叶催熟技术、棉花收获机械化关键技术、机采籽棉初加工技术等。本节主要介绍机采棉技术的农业要求、作业前准备、机具选择、作业质量要求等内容。

一、农艺要求

一是合理配置棉花种植行距，便于机械进行作业及丰产。依据目前几种主要机型的要求，棉花种植行距必须是（66＋10）厘米或76厘米等行距的种植模式，株高一般控制在65～85厘米，第一果枝节位距地面15厘米以上为宜。二是适时采收。脱叶率达到90％以上，吐絮率达到95％以上，即可进行机械采收。三是合理制定行走路线，以减少撞落损失。四是脱叶催熟剂必须在采收前18～25天进行，且气温一般稳定在18～20℃期间的前期进行较为适宜。五是机械采收完毕后，要进行人工清田，以便减少损失浪费，检查验收合格后，方可进行下一作业。

二、作业前准备

（一）作业前田间准备

首先，收获前5～7天对田间进行实地调查：查看通往被采收条田的道路、桥梁宽是否不小于4米，机器通过高度是否不小于4.5米；棉花的脱叶率、吐絮率是否达到规定要求；条田毛渠、田埂是否平整，是否达到技术要求；地块墒度是否适宜，是否有影响机车行走因素；是否彻底清除田间残膜。其次，对田边地角机械难以采收但又必须通过的地段进行人工采摘。最后，查看通往条田及条田内有无障碍物影响通行，确定进出棉田机具行走路线。

（二）机具准备

1. 采棉机选择

棉花收获机械根据采摘部件采摘棉花的工作原理可分为水平摘锭采棉机、软摘锭采棉机和梳齿式采棉机等类型。水平摘锭采棉机性能先进、技术成熟，是目前推广应用的主要机型。目前新疆推广使用的滚筒式水平摘锭采棉机的主要机型是约翰迪尔［9970型自走式（4～5行）摘棉机、7660型自走式（6行）棉箱摘棉机、7760型自走式打包摘棉机、CP690自走式打包棉花收获机］、凯斯（Cotton Express 620采棉机、Module Express 635自走式采棉机）和贵航平水（4MZ-5五行自走式采棉机）等几种水平摘锭采棉机。其中，CP690自走式打包棉花收获机较为先进，可一次完成田间采棉和机械打包，能实现连续不间断的田间采棉作业。

2. 采棉机配套设备准备

根据条田棉花产量、运输距离和采棉机工作效率等因素合理配置运棉车数量，一般每台采棉机配4辆运棉车，以保证籽棉及时装卸。每辆运棉车配驾驶员 1 人、卸棉助手 1 人。运棉车驾驶员应持证上岗。运棉车须经有关部门进行质量、防火设施等验收，取得运输作业证。

3. 采棉机准备技术要求

一是当采棉机处于工作状态时，采摘头前滚筒应低于后滚筒。在正常状况下，凯斯采棉机前滚筒低于后滚筒约 51 毫米，迪尔采棉机前滚筒应低于后滚筒 19 毫米。二是根据不同的棉株条件调整压紧板，切勿使压紧板与摘锭接触，始终保持压紧板与摘锭的间隙，迪尔采棉机为 3～6 毫米，凯斯采棉机为 6.4 毫米。三是脱棉盘调整。工作时，由于棉花品种或采摘条件不同，须经常调整脱棉盘。棉箱装满待卸或条件允许时，要检查脱棉盘。四是润湿器压力、清洗刷的调整。润湿器清洗液的压力应设置为 138 千帕；清洗刷板在水平方向上，第一翼片与摘锭套防尘圈中部对齐在垂直方向上，保证所有翼片与摘锭刚好接触。五是皮带轮调整。工作中，应经常检查传动皮带的张紧度，一般保持皮带挠度 7 毫米。六是定期清洗，每卸载两次棉箱必须清洗脱棉盘、采摘头、输棉道及淋润器清洗滤网。

三、作业时间

适时采收，棉花经化学脱叶催熟处理后，吐絮率达到 95％以上、脱叶率达到 90％以上，即可进行棉花收获机械化作业。作业时间一般在 10 月中下旬，南疆较北疆晚一周左右。

四、作业质量要求

采棉机行距可调，最小采收行距 76 厘米，配置 5 或 6 组采摘部件，配套动力 186 千瓦或 224 千瓦，作业幅宽 3.8 米或 4.56 米，作业速度 4～5 千米/小时，作业效率 26～30 亩/小时，采净率达 95％以上，总损失率不超过 4％。其中，挂枝损失 0.8％；遗留棉 1.5％；撞落棉 1.7％；含杂率在 10％以下，籽棉含水率 10％以下，使用可靠性≥90％。

五、机采棉清理与加工

在采棉机的采收过程中，不可避免地会混入棉叶、棉秆、棉铃壳、沙土等杂质，由于采棉机采收工艺的需要，采收后的籽棉含水率也比较高，一般10％左右。故机采棉的清理加工工艺在常规轧花工艺的基础上，增加了3道籽棉清理、1道皮棉清理和2次籽棉烘干工序，以保证机采棉清杂效率及加工质量。机采棉清理加工生产工艺主要由籽棉清理、轧花、皮棉清理和打包系统组成。机采棉采收后要及时加工，不能及时加工的至少要及时烘干防止霉变。

1. 对籽棉回潮率要进行检测，回潮率超过12％时要进行摊晒，随时检测棉垛温度变化情况，升温快的棉垛尽早加工。

2. 回潮率12％以下的籽棉可起垛堆放，但垛高应低于4米，且不宜长期大垛堆放，要预防出现霉变。

3. 成垛后一定要盖严压好，以防雨水进入出现霉变。

4. 存储的机采棉要尽量做到早收的早轧，以防变色影响品质。

5. 新采籽棉干湿不均，一般需要起垛5～7天，使垛内籽棉干湿趋于一致后，再进行加工。

六、机械采收的安全技术要求

1. 非机组人员不得随意上机车进行作业（包括拉运棉机车）；不得随意靠近运转的机组或爬上机车。

2. 在作业区内任何人不得躺卧休息。

3. 作业时，严禁人在收割台前和拖拉机前活动。

4. 任何人不许在作业区内吸烟，夜间不许用明火照明。

5. 拉运棉机车上不许乘人。

6. 在作业区内的任何人必须服从机组安全人员对违反安全行为的劝阻行动。

七、清田工作

1. 机械采收完毕后，要进行人工清田，回收落地花、挂枝花和机械采收时尚未完全吐絮的花。

2. 人工或机械回收残膜、滴灌带等。

3. 棉秆粉碎还田。

🌸 参考文献

曹阳，严玉萍，冯振秀，等，2012. 棉花机械采收脱叶剂应用试验及提高脱叶效果途径分析. 作物杂志（4）：144-147.

董合忠，杨国正，李亚兵，等，2017. 棉花轻简化栽培关键技术及其生理生态学机制. 作物学报，43（5）：631-639.

董合忠，张艳军，张冬梅，等，2018. 基于集中收获的新型棉花群体结构. 中国农业科学，51（24）：4615-4624.

端景波，张晓辉，范国强，等，2013. 棉花脱叶剂喷施机械的研究与应用. 中国棉花，40（8）：10-11.

高丽丽，李淦，康正华，等，2016. 脱叶剂对棉花抗氧化酶及内源激素的影响. 农药学学报，18（4）：439-446.

贾卫东，张磊江，燕明德，等，2013. 喷杆喷雾机研究现状和发展趋势. 中国农机化报，34（4）：19-22.

廖宝鹏，王崧嫚，杜明伟，等，2020. 棉花不同部位主茎叶对脱叶剂噻苯隆的响应及机理. 棉花学报，32（5）：418-424.

刘刚，张晓辉，范国强，等，2014. 棉花施药机械的应用现状及发展趋势. 农机化研究（4）：225-228.

刘文燕，孙惠珍，周庆祺，等，1981. 棉铃开裂生理. I. 棉铃的开裂与内生乙烯释放. 中国棉花，8（1）22-24.

刘勇，白书军，张玲，等，2018. 北疆机采棉喷施脱叶剂适期与气象适宜指标研究. 棉花科学，40（6）：35-38.

蒙艳华，兰玉彬，梁自静，等，2019. 无人机施药液量对棉花脱叶效果的影响. 中国棉花，46（6）：10-15.

沙帅帅，王喆，肖海兵，等，2018. P20 植保无人机作业参数优化及其施药对棉蚜防效评价. 中国棉花，45（1）：6-8.

宋兴虎，徐东永，孙璐，等，2020. 在不同棉区噻苯隆和乙烯利用量及配比对脱叶催熟效果影响. 棉花学报，32（3）：247-257.

田景山，张煦怡，张丽娜，等，2019. 新疆机采棉花实现叶片快速脱落需要的温度条件. 作物学报，45（4）：613-620.

田晓莉，段留生，李召虎，等，2004. 棉花化学催熟与脱叶的生理基础. 植物生理学报，40（6）：758-762.

王永山，王凤良，沈田辉，等，1996. 百草枯和乙烯利混配对棉花催熟效果好. 农药，35（10）：45-46.

杨恒超，姜辉，田亚强，等，2023. 2021 年新疆昌吉州棉花品种展示试验，种子科技，20：22 - 25.

杨庆璐，安军鹏，范国强，等，2017. 小型自走式高地隙棉田喷雾机的设计及试验. 中国农机化学报（11）：42 - 46.

周婷婷，肖庆刚，杜睿，等，2020. 我国棉花脱叶催熟技术研究进展. 棉花学报，32（2）：170 - 184.

Agustc J，Merelo P，Cerccds M，et al.，2008. Ethylene - induced differential gene expression during abscission of citrus leaves. Journal of Experimental Botany，59（10）：2717 - 2733.

Bange M P，Long R L，2013. Impact of harvest aid timing and machine spindle harvesting on neps in upland cotton. Textile Research Journal，83（6）：651 - 658.

Dai J L，Kong X Q，Zhang D M，et al.，2017. Technologies and theoretical basis of light and simplified cotton cultivation in China. Field Crops Research，214：142 - 148.

Du M W，Li Y，Tian X L，et al.，2014. The phytotoxin coronatine induces abscission - related gene expression and boll ripening during defoliation of cotton. PLoS One，9（5）：e97652.

Faircloth J C，Edmisten K L，Wells R，et al.，2004. Timing defoliation applications for maximum yields and optimum quality in cotton containing a fruiting gap. Crop Science，44（1）：158 - 164.

Karademir E，Karademir C，Basbag S，2007. Determination the effect of defoliation timing on cotton yield and quality. Journal of Central European Agriculture，8（3）：357 - 362.

Lou Z X，Xin F，Han X Q，et al.，2018. Effect of unmanned aerial vehicle flight height on droplet distribution，drift and control of cotton aphids and spider mites. Agronomy，8（9）：187.

Oosterhuis D M，Hampton R E，Wullschleger S D，1991. Water deficit effects on the cotton leaf cuticle and the efficiency of defoliants. J，Produc. Agric，4（2）：260.

Simpson M E，Marsh P B，1977. Vascular anatomy of cotton carpels as revesled by digestion in ruminal fluid. Crop Science，17：819 - 821.

Slosser J E，Cole C L，Boring E P，et al.，2005. Thrips species associated with cotton in the northern Texas Rolling Plains. The Southwestern Entomologist，30（1）：1 - 7.

Supak J R，Snipes E S，2001. Cotton harvest management：use and influence of harvest aids. Memphis：Cotton Foundation.

Wang H M，Gao K，Fang S，et al.，2019. Cotton yield and defoliation efficiency in response to nitrogen and harvest aids. Crop Economics，Production，and Management，111：250 - 256.

Yu K K，Li K X，Wang J D，et al.，2023. Optimizing the proportion of thidiazuron and ethephon compounds to improve the efficacy of cotton harvest aids. Industrial crops and products，191：115949.

Yu K K，Liu Y，Gong Z L，et al.，2022. Chemical topping improves the efficiency of spraying harvest aids using unmanned aerial vehicles in high – density cotton. Field Crops Research，283：108546.

第六章　棉花抗涝栽培保障集中成熟

近年来，随着全球气候变暖，暴雨等极端天气越来越频繁，洪涝灾害成为我国乃至全球棉花生产的主要自然灾害之一。棉花抗旱耐盐，但对土壤涝渍却比较敏感。涝渍胁迫影响棉花生长发育，持续淹水会导致棉花减产甚至绝产。及时防涝排涝或增强棉花耐涝性对减轻棉花涝灾损失、抗灾夺丰收至关重要。本章主要论述涝灾的危害与机制、棉花适应淹涝的机制和棉花抗涝栽培关键技术，通过抗涝栽培，保障棉花集中成熟、丰产丰收。

第一节　涝灾对棉花的危害与机制

涝渍是世界性的农业自然灾害，近年来，随着全球气候变暖，海洋水位升高，生态环境恶化，全球洪涝灾害频繁发生，成灾面积呈增加趋势，对棉花生产危害极大。涝渍不仅影响棉花产量和品质，对棉花集中成熟、机械采收也会产生诸多不利影响。

一、淹水胁迫对棉花生长发育和产量品质的影响

（一）对生长发育的影响

淹水可造成涝害与渍害，前者使植物的全部根系和部分地上器官处于水面下，后者则让植物根部处于水分饱和的土壤中。淹水胁迫对植物的伤害主要是由于淹水造成了植株缺氧，迫使植物由有氧呼吸转变为无氧呼吸，根系厌氧呼吸不仅不利于根系向地性生长，使植株易倒伏，还会使植株体内产生大量无氧呼吸产物，导致地上部分因缺乏能量供应而使生长发育受阻，进而影响植物产量品质的形成。无氧呼吸对植物产生危害的原因可能在于有机物进行不完全氧化，产生的能量较少，从而迫使植物体内糖酵解速率加快，弥补 ATP 的不

足，加速了植物体内糖的消耗。

淹水胁迫抑制棉花生长发育，造成棉花干物质积累降低。淹水胁迫最先抑制根系生长发育，进而影响硝酸盐的同化和有机化合物的合成。研究表明，当植物遭受淹水胁迫时，根系中乙烯前体 1-氨基环丙烷-1-羧酸（ACC）浓度升高，影响了硝酸盐的同化和有机化合物的合成（Christianson et al.，2010）。在棉花中，养分吸收的抑制程度与生育期密切相关，与生育后期相比，花期淹水对棉花叶片中养分含量影响更显著（Milroy et al.，2009）。养分供应不足导致棉株地上部生长发育受阻，淹水胁迫条件下，棉株的地上部生物量积累低于未淹水对照，且减少的主要原因是叶片干物质的减少（Najeeb et al.，2015）。杨长琴等（2014）报道，渍水 14 天处理，棉铃生物量累积最大增长速率显著降低，蔗糖外运受阻，棉铃生物量积累减少。吴启侠等（2015）试验表明，花铃期淹水显著降低棉花株高和果枝数目。棉花会通过不同的机制适应不同程度的淹水胁迫，其中自我调节补偿机制是棉花区别于其他作物的特点之一，即当淹水胁迫解除后，棉花的无限生长习性可使其进行自我补偿调节，加快生长发育、增加开花结铃，弥补淹水伤害（张艳军和董合忠，2015）。

（二）对棉花产量和产量构成的影响

棉花的经济产量（产量）指籽棉或皮棉产量。与未淹水对照相比，淹水 10 天、15 天和 20 天，棉花皮棉产量分别减少 31.2%、37.6%和 47.4%，生物产量分别减少 20.5%、25.5%和 30.2%，收获指数分别下降 13.2%、20.0%和 28.8%，铃数分别减少 33.8%、36.0%和 46.0%。蕾期、花期、铃期淹水，棉花皮棉产量分别减少 58.3%、39.7%和 17.4%，生物产量分别减少 49.8%、25.3%和 1.9%，收获指数分别下降 15.2%、30.6%和 15.7%，铃数分别减少 53.5%、40.5%和 18.8%。表明任一生育时期施加 10～20 天的淹水胁迫，都会显著降低棉花产量。

在同一生育期，胁迫时间越长减产幅度越大；在相同时长的胁迫处理下，棉花对不同生育期淹水胁迫的响应和适应性存在明显差异，胁迫越早，伤害越大，减产幅度越大，或者说不同生育期棉花适应淹水胁迫的能力不同，生理年龄越大的棉花适应淹水的能力越强，减产幅度越小。棉花经济产量的差异主要在于不同生育期淹水胁迫对棉花生物产量的影响不同，前期淹水生物产量降幅大于中后期淹水，造成铃数和经济产量的降幅也大于中后期淹水。生物产量差异是造成不同生育时期和不同时长淹水胁迫所致减产幅度差异的主要原因。

蕾期是棉花以营养生长为主并逐渐向营养生长和生殖生长并进的转变时期。棉花在蕾期遭受淹水胁迫后，造成棉株个体生长迟缓、叶片萎蔫脱落，随着淹水时间的增加，受害程度加重，棉苗干重显著降低，导致生物产量降低、收获指数降低，甚至个别棉株死亡。由此可见，蕾期是搭建棉花生殖生长架子、奠定棉花产量基础的关键时期，该时期受到淹水胁迫后，棉花的生物产量与收获指数降低的幅度显著大于花期和铃期。蕾期淹水后，蕾铃脱落率增大，棉花铃数大量减少，且减少幅度大于花期和铃期淹水的棉株。此外，蕾期淹水后，铃重也有一定程度的降低。正因如此，蕾期淹水胁迫后，棉花经济产量的降幅显著大于花期和铃期。

花期和铃期是棉株由营养生长与生殖生长并进转向以生殖生长为主的阶段，是棉花产量和品质形成的关键时期。与蕾期相比，花期是棉株由并进生长向以生殖生长为中心转移的时期，而铃期的生殖生长较营养生长竞争性大，说明花铃期棉株已经有较好的营养生长基础和架子，这两个时期受到淹水胁迫后，棉株生物产量所受影响较蕾期小，其经济产量降幅自然就小。

由此可见，淹水胁迫引起棉花生物产量、单株铃数减少和铃重降低，从而影响棉花经济产量的形成，且影响程度因棉花生育期和淹水持续时间的不同而有很大差异（表6-1）。该差异源于不同生育期淹水胁迫对棉花生物产量的影响不同，前期淹水生物产量降幅大于中后期淹水，造成铃数和经济产量降幅也大于中后期淹水。

表6-1　淹水胁迫对棉花皮棉产量、生物产量及收获指数的影响

淹水时长（天）	2014								
	皮棉产量/(千克/公顷)			收获指数			生物产量/(千克/公顷)		
	S	F	B	S	F	B	S	F	B
0	1 880Aa	1 626Aa	1 751Aa	0.488Aa	0.485Aa	0.478Aa	7 447Aa	8 020Aa	7 420Aa
10	887Bb	1 161Ab	1 356Ab	0.455Ab	0.418Ab	0.436Ab	3 965Bb	6 982Aa	8 194Aa
15	711Cb	1 056Bb	1 435Ab	0.440Ab	0.387Bb	0.376Bc	3 842Bb	3 624Bb	8 498Aa
20	621Bb	783Bc	1 321Ab	0.387Ac	0.288Bc	0.352Ac	4 069Bb	3 139Bb	7 720Aa

（续）

淹水时长（天）	2015								
	皮棉产量/(千克/公顷)			收获指数			生物产量/(千克/公顷)		
	S	F	B	S	F	B	S	F	B
0	1 560Aa	1 671Aa	1 533Aa	0.523Aa	0.529Aa	0.456Ba	8 619Aa	7 355Aa	9 130Aa
10	740Cb	1 240Bb	1 509Aa	0.424Aab	0.402Ab	0.435Aa	4 933Bb	6 892Aa	7 195Ab
15	692Cb	1 013Bc	1 346Aab	0.418Ab	0.351Bc	0.396ABa	4 061Bb	7 123Aa	8 620Aab
20	655Bb	716Bd	1 175Ab	0.448Ab	0.266Cd	0.366Ba	3 384Bb	6 713Aa	8 467Aab

注：同一系列不同字母表示在 0.05 水平上差异显著，大写字母为所在列之间比较结果，小写字母为所在行之间比较结果；S、F 和 B 分别代表蕾期淹水胁迫、花期淹水胁迫和铃期淹水胁迫。

（三）对棉花纤维品质的影响

棉花的纤维品质受品种的遗传特性、环境变化因素和栽培措施的共同影响。其中品种特性对品质的贡献率为 60%～70%，其他因素为 30%～40%。纤维发育过程决定纤维品质。水分作为影响棉花纤维发育的环境因子，水分供应过多或过少在一定程度上都会影响棉花的纤维品质，尤其在纤维伸长期间对水分十分敏感，土壤水分不足或过多，均会使得纤维粗短、麦克隆值升高、比强度减小。Hearn（1976）和杜雄明等（1993）认为在干旱条件下棉花的纤维品质会有不同程度的下降；邓天宏等（1998）和李乐农等（1999）报道，在涝害胁迫下，棉花上半部平均长度会下降、麦克隆值增加、断裂比强度会降低。

棉纤维的发育过程主要包括分化突起、伸长期、次生壁加厚期和成熟期四个时期。分化突起期即纤维原始细胞在棉花开花之前就已经分化形成；伸长期则开始于开花当天，第 2～3 天开始快速伸长，持续 20～28 天不等；次生壁增厚期始于开花后的 16～19 天，该时期纤维素的合成速率迅速提高，一直持续到花后 40～50 天；成熟期在开花后 45～60 天，棉铃在该时期自然开裂、吐絮，脱水转曲。

蕾期淹水胁迫在一定程度上减少了纤维的上半部平均长度，短纤维率略有升高，麦克隆值的品级有所下降，但纤维比强度、整齐度、伸长率的变化则不显著。蕾期淹水胁迫可能影响棉纤维原始细胞的正常分化，且蕾期淹水大幅降低了棉花叶片光合速率，棉株干物重减少，导致后期棉铃发育时，植株向棉铃输送的光合产物减少，使棉纤维中的糖分含量降低，导致其向纤维素的转化减少，从而抑制了棉纤维的正常发育（表6-2）。

表6-2 不同生育时期淹水对棉花纤维品质的影响

处理	上半部平均长度/毫米	整齐度/%	短纤维率/%	比强度/(厘牛/特)	伸长率/%	麦克隆值	成熟度系数
淹水时期（T）							
蕾期（S）	27.7a	81.8b	10.22a	26.6a	7.38a	3.13b	0.815b
花期（F）	27.3a	82.5ab	8.57b	28.2a	7.45a	5.13a	0.915a
铃期（B）	27.9a	83.5a	8.03b	28.0a	7.25a	5.48a	0.926a
淹水时长（天）							
0	28.1a	82.8a	8.73b	27.0bc	7.31b	4.86a	0.894a
10	27.9a	83.5a	8.13c	29.2a	7.08b	4.63ab	0.890ab
15	26.8b	82.1a	9.67a	26.1c	7.68a	4.28b	0.871b
20	27.7a	82.0a	9.21a	28.1ab	7.37b	4.54ab	0.886ab
T×D							
S×0	28.40a	82.3a	8.23b	25.8b	7.37b	4.95a	0.840a
S×10	27.79ab	83.0a	10.0b	31.0a	6.97c	2.94b	0.817b
S×15	26.84b	80.7a	11.5a	23.9c	7.73a	2.90b	0.800b
S×20	27.64ab	81.0a	11.1a	25.7b	7.43ab	3.02b	0.803b
F×0	28.05a	82.2a	8.36a	27.5a	7.30b	5.38a	0.920a
F×10	27.62a	82.8a	9.07a	28.2a	7.40b	5.27ab	0.920a
F×15	26.03b	83.0a	8.90a	27.4a	7.80a	4.82b	0.903a
F×20	27.30a	82.2a	7.93a	29.5a	7.30b	5.04ab	0.917a
B×0	27.72a	83.8a	7.80a	27.5a	7.27ab	5.55a	0.923a
B×10	28.33a	84.8a	7.10a	28.4a	6.87b	5.69a	0.933a
B×15	27.43a	82.7a	8.60a	27.0a	7.50a	5.12a	0.910a
B×20	28.16a	82.7a	8.60a	29.0a	7.37a	5.55a	0.937a
变因分析							
T	ns	ns	0.0429	ns	ns	0.0471	ns
D	0.046	ns	0.0443	ns	ns	0.0146	ns
T×D	ns	ns	ns	ns	ns	ns	ns

注：同一列不同字母表示在0.05水平上差异显著；S、F和B分别代表蕾期淹水胁迫、花期淹水胁迫和铃期淹水胁迫，T和D分别代表淹水胁迫施加的生育期和时长；"ns"表示差异不显著。下同。

二、淹水胁迫对棉花生理生化特征的影响

（一）淹水胁迫抑制棉花光合作用

淹水通常会导致光合速率迅速下降。Milroy 和 Bange（2013）研究结果表明，淹水胁迫 72 小时后棉花主茎功能叶净光合速率显著下降。当棉花遭受淹水胁迫时，叶绿素（Chl）含量、Rubisco 羧化酶活性和净光合速率（Pn）显著降低，导致植株早衰。叶绿素的分解与淹水时长有关，随着淹水时间延长，叶绿素含量逐渐减少（刘凯文等，2010）。叶绿素荧光参数对淹水胁迫极为敏感（张艳军，2017），淹水胁迫初期植物光系统Ⅱ（PSⅡ）被破坏，CO_2 同化效率及 PSⅡ 的量子产率降低。同样，棉花叶片中内源激素的变化也会影响光合作用的 CO_2 固定，导致净光合速率降低（Christianson et al.，2010）。

淹水胁迫 10~20 天后棉花叶片叶绿素含量、蒸腾速率、气孔导度和光合速率均下降，其中淹水 20 天的降幅最大。这可能是淹水胁迫促进了棉花主茎功能叶叶绿素的降解和/或抑制了叶绿素的合成，导致棉花叶色变浅变黄、类囊体的稳定性降低，最终光合速率显著降低。淹水时间越长，叶绿素的降解就越严重、合成越弱，光合速率降低越大。更为重要的是，不同生育时期淹水胁迫后棉的光合速率、叶绿素含量、气孔导度和蒸腾速率降低幅度不同。总体来看，生育前中期（蕾期和花期）淹水导致这些参数的降幅大于生育后期（铃期），说明棉花前期淹水胁迫光合系统受损程度大于中后期（表 6 - 3），这可能是不同生育期淹水处理间生物产量、经济产量差异的主要原因。

表 6 - 3　淹水胁迫对棉花光合作用的影响

处理	净光合速率/〔微摩尔 CO_2/（米²·秒）〕	气孔导度/〔毫摩尔/（米²·秒）〕	蒸腾速率/〔微摩尔/（米²·秒）〕	叶绿素 a/（毫克/克）	叶绿素 b/（毫克/克）	叶绿素/（毫克/克）
淹水时期（T）						
S	13.4b	0.19c	4.76b	0.72c	0.21c	0.93c
F	19.5a	0.62a	7.32a	0.98b	0.30b	1.26b
B	20.8a	0.49b	7.44a	1.14a	0.34a	1.48a
淹水时长（天）						
0	26.5a	0.63a	8.94a	1.44a	0.41a	1.85a

（续）

处理	净光合速率/ ［微摩尔 CO_2/ （米² · 秒）］	气孔导度/ ［毫摩尔/ （米² · 秒）］	蒸腾速率/ ［微摩尔/ （米² · 秒）］	叶绿素 a/ （毫克/克）	叶绿素 b/ （毫克/克）	叶绿素/ （毫克/克）
10	19.0b	0.47b	7.61b	0.91b	0.28b	1.19b
15	14.4c	0.39c	5.69c	0.71c	0.21c	0.92c
20	11.6d	0.25d	3.78d	0.70c	0.22c	0.92c
T×D						
S×0	26.2a	0.47a	9.48a	1.32a	0.37a	1.69a
S×10	12.8b	0.23b	6.76b	0.65b	0.20b	0.86b
S×15	8.71c	0.05c	2.09c	0.47	0.14c	0.61c
S×20	5.76c	0.02c	0.69d	0.43c	0.13c	0.55c
F×0	26.2a	0.87a	9.26a	1.42a	0.41a	1.83a
F×10	22.8ab	0.62b	7.58b	0.92b	0.28b	1.20b
F×15	16.2bc	0.60b	7.33b	0.79bc	0.24b	1.02c
F×20	12.6c	0.37c	5.10c	0.77c	0.24b	1.02c
B×0	27.1a	0.54a	8.07a	1.59a	0.46a	2.05a
B×10	21.5b	0.55ab	8.16a	1.16b	0.36b	1.52b
B×15	18.4bc	0.53bc	7.64a	0.91c	0.26c	1.17c
B×20	16.4c	0.36c	5.54a	0.88c	0.27c	1.15c
变因分析						
T	0.028 2	0.001	0.001 9	0.002	0.002	0.001 6
D	0	0	0	0	0	0
T×D	0.031 4	0.003	0	ns	ns	ns

（二）淹水胁迫引起棉株膜质过氧化

淹水胁迫破坏植物体内活性氧（ROS）产生与清除系统的平衡，造成包括单线态氧（$^1O_2$）、超氧阴离子（O_2^-）、过氧化氢（H_2O_2）和羟自由基（—OH）等在内的活性氧的积累。虽然短期或轻度淹水胁迫后，过氧化氢酶（CAT）、超氧化物歧化酶（SOD）和过氧化物酶（POD）等抗氧化酶活性有不同程度的升高，部分活性氧被清除；但长期或重度淹水胁迫，活性氧清除系统遭到破坏，植物细胞中 ROS 大量积累、MDA 含量增加，造成细胞膜脂过氧化

(Zhang et al.，2015)。张阳等（2013）研究发现，随淹水时间延长，SOD 的活性呈现先上升后下降的趋势，POD 的活性逐渐降低，叶片细胞抗氧化系统的平衡被破坏。淹水胁迫后 MDA 含量显著升高，细胞膜严重受损，进一步影响一系列生理生化进程。淹水可引起棉花叶片内 MDA 的过量积累。李乐农等（1998）指出，棉花蕾期淹水后 MDA 含量增多，且与淹水时间和深度呈正相关；郭文琦等（2010）研究表明，棉花花铃期渍水处理 8 天后棉花叶片内的 MDA 含量增加；Qin 等（2012）发现淹水处理 6 天后棉株的 MDA 含量迅速增加，且胁迫解除后仍维持在较高水平。

受淹棉株叶片中的 H_2O_2 与 MDA 含量升高，SOD、POD、CAT 活性下降，其中，H_2O_2 与 MDA 变化率呈显著正相关，与 3 个保护酶的变化率呈较高程度负相关，MDA 也与各保护酶呈负相关。说明淹水造成 H_2O_2 等对棉株有害的物质大量产生，加剧了膜脂过氧化，破坏了细胞膜的正常结构，导致膜透性增加。由于本研究中各酶活性的测定时间是在棉花受到淹水处理 10～20 天后，胁迫时间较长，因此保护酶的活性均呈降低趋势，而细胞膜脂过氧化程度加剧正是保护酶活性下降引起的。造成这一结果可能是由于棉花对淹水胁迫较敏感，一旦受到胁迫，就引起机体保护酶系统自身代谢紊乱导致活性下降，且随着淹水时间越长，胁迫伤害越重，活性氧累积过多，导致棉花叶片质膜透性增大，膜脂过氧化严重，如此恶性循环从而对棉株产生较大伤害。而生育后期受淹棉株比蕾期受淹棉株维持较高的活性或活性下降的幅度小（表 6-4），说明棉花生育后期较生育前期维持抗氧化系统平衡的能力强，膜脂过氧化程度以蕾期淹水最重，花期、铃期得以减轻。

表 6-4　淹水胁迫对棉花叶片 H_2O_2 和 MDA 含量的影响

处理	2014		2015	
	H_2O_2/（微克/克）	MDA/（纳摩尔/克）	H_2O_2/（微克/克）	MDA/（纳摩尔/克）
淹水时期（T）				
蕾期（S）	1.16a	138.0a	0.92b	29.6b
花期（F）	0.62c	104.0b	1.10b	13.2c
铃期（B）	0.85b	64.0c	1.82a	36.2a
淹水时长（天）				
0	0.35c	56.9c	0.33c	20.4d
10	1.13a	106.1b	1.41b	27.5b

（续）

处理	2014		2015	
	H_2O_2/(微克/克)	MDA/(纳摩尔/克)	H_2O_2/(微克/克)	MDA/(纳摩尔/克)
15	1.29a	109.3b	1.50b	23.7c
20	0.73b	135.7a	1.87a	33.7a
T×D				
S×0	0.10d	52.6d	0.11c	17.2d
S×10	1.61b	166.7b	0.86b	30.2b
S×15	2.03a	136.9c	1.15b	24.9c
S×20	0.91c	195.9a	1.54a	45.9a
F×0	0.04c	70.4b	0.54b	15.5a
F×10	0.82ab	92.7ab	1.16a	12.2ab
F×15	0.95a	118.8ab	1.20a	10.7b
F×20	0.66a	70.4b	1.49a	14.4ab
B×0	0.93a	47.8b	0.34b	28.6b
B×10	0.95a	58.9ab	2.21a	40.0a
B×15	0.91a	72.2a	2.16a	35.6a
B×20	0.62b	77.2a	2.58a	40.7a
变异来源				
T	0.001 1	0.000 7	0.003 3	0.000 6
D	0.000 8	0	0.000 7	0.000 9
T×D	0.000 6	0.002 4	0.023 6	0

（三）淹水胁迫破坏了棉株的激素平衡

淹水胁迫发生时，根系感知根际土壤中 O_2 缺乏，乙烯前体 ACC 在根系中合成，向上运输到地上部，转化成为乙烯；乙烯积累引发棉花叶片衰老，抑制光合作用，影响有机物的合成（Bange et al.，2004；Christianson et al.，2010）。随着淹水时间延长，受淹棉株乙烯含量大量积累，结铃数较未淹水对照减少，进一步说明乙烯积累抑制了棉花结铃并且加速蕾铃脱落，加重产量损失。根系感受到淹水胁迫后，迅速以木质素的形式将包括 ABA 在内的信号分子传递给叶片，降低保卫细胞膨压。随着淹水时间的延长，叶片中的 ABA 积累增多，通过调节气孔导度影响植物光合作用和蒸腾作用。IAA 和 GA 是促进植物生长发育的两种重要激素，淹水棉花主茎功能叶中 IAA 和 GA 含量显著降低，这可能是淹水胁迫抑制棉花生长发育和产量形成的重要原因之一（Zhang et al.，2016）。淹水胁迫下，棉花叶片中的 GA 和 IAA 含量显著降低，ABA 含量明显升高（图 6-1），表明在淹水胁迫下，一方面，棉株通过 IAA、GA 含量的降低和 ABA 含量的升高来适应淹水胁迫；也说明，耐涝性

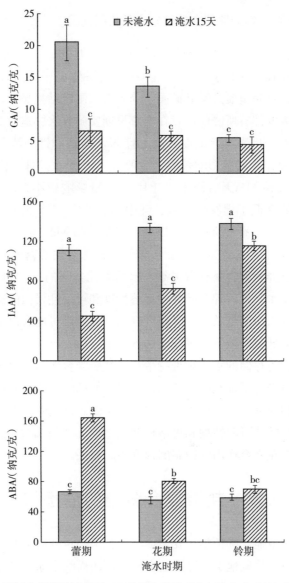

图 6-1　不同生育期淹水胁迫 15 天对主茎叶 GA、IAA 和 ABA 含量的影响

或适应性并非单一激素的作用，而是多种激素的相互作用。另一方面，植物体内的激素代谢紊乱，导致植株光合作用受到抑制，生长发育变缓，生物产量降低。不同生育期淹水后棉株内源激素含量变化程度不同，均以蕾期淹水变幅最大，其次为花期，铃期最小。表明各时期淹水后，棉花生长发育受到的抑制程度不同，从而导致生物产量有差异，最终导致其经济产量的差异。

（四）淹水胁迫影响棉花主要养分的吸收和利用

大量研究报道显示，淹水胁迫影响棉花对 N、P、K、Ca、Na、Mn、Fe 等营养元素的吸收。Milroy 等（2009）在棉花播种 65 天和 112 天后分别实施淹水胁迫处理，对完全展开嫩叶矿质营养元素的测定结果显示，淹水后几乎全部营养元素的浓度都有所降低，且在发育早期实施淹水胁迫对氮、磷、钾的影响较后期处理大。叶片 Na^+ 浓度升高，且 Na^+ 与磷和钾的浓度呈负相关；叶片 N 元素含量受淹水胁迫影响较大，播种 65 天后淹水处理，棉花叶片 N 含量下降了 30%，播种 112 天后淹水对叶片 N 含量影响较小。Ashraf 等（2011）则报道淹水胁迫降低了棉花根、茎、叶中 N、K^+、Ca^{2+} 的积累，且 Mn^{2+} 和 Fe^{2+} 也呈增加趋势；淹水胁迫显著提高了棉花根部 Mg^{2+} 的含量，但茎和叶中 Mg^{2+} 并未受到影响。总体来看，淹水降低了棉株对主要营养元素的吸收和利用，虽然某些营养元素含量有所提高，但营养元素间的比例和平衡遭到破坏。不同生育时期淹水胁迫后棉花叶片中可溶性糖和可溶性蛋白的含量均有不同程度的降低，且淹水时间越长，下降幅度越大，其原因可能有以下两点：一是在淹水胁迫引起的低氧环境下，棉花无法进行正常的有氧呼吸来供应能量，只能通过消耗自身暂时存储的物质来维持生长；二是光合作用是碳代谢的重要组成部分，淹水胁迫降低了棉花叶片的光合作用，使糖的合成受阻，进而导致蛋白质的合成量也相应减少，从而干扰了棉花正常的碳氮代谢。由此可知，蕾期淹水胁迫后，棉花叶片可溶性糖和可溶性蛋白的含量下降幅度较花期和铃期大，与蕾期淹水后棉花光合作用受抑制的幅度最大有关。

第二节　盐涝复合胁迫的危害与机制

为不与粮食争地，维护粮食安全，当前我国棉花种植主要集中在不宜种粮的盐碱地。然而，盐碱地不只存在盐害问题，还面临全球气候变暖导致的极端天气，特别是暴雨等灾害频繁发生等问题。由于多数盐碱地排水条件差，极易积水成灾，并且棉花生长季节与雨季重叠，盐碱地棉花常常遭受盐和涝的双重胁迫。盐涝复合胁迫已成为盐碱地棉花生产的重要灾害。

一、盐涝复合胁迫对棉花光合生产的影响

盐碱、涝渍都是棉花生产中常见的自然灾害。一般认为，当棉花苗期遭遇0.3％的盐胁迫时，其生长发育和产量形成会受到显著抑制。盐胁迫一方面通过提高叶绿素酶的活性加速叶绿素分解，另一方面抑制氮素的吸收和蛋白质合成，降低光合作用。盐胁迫还导致 Na^+ 积累，抑制钾和其他营养元素吸收，造成离子毒害和养分失衡。这些都是盐胁迫影响棉花生长发育和产量形成的主要机制。与盐胁迫不同，涝胁迫导致棉株根部缺氧，使棉花由有氧呼吸转变为无氧呼吸，不仅不利于根系向地性生长，影响养分吸收，还导致棉株体内产生大量无氧呼吸产物，导致地上部分因缺乏能量供应而使生长发育受阻，进而影响棉花产量品质的形成（张艳军，董合忠，2015；Zhang et al.，2021）。在盐涝复合胁迫下，棉株除遭受盐分积累引起的离子毒害外，还遭受缺氧胁迫。已有研究表明，盐涝复合胁迫对大麦、玉米、碱蓬、车前草等造成的产量损失大于单一胁迫。刘迪（2015）研究了盐涝复合胁迫对棉花苗期根系生理和生长方面的影响，但未研究盐涝复合胁迫对棉花后期产量和品质形成的影响。

盐涝胁迫下，棉株叶片净光合速率、干物质积累、生物产量和籽棉产量显著降低，与以前的研究报道相一致。值得注意的是，一方面盆栽条件下干土含盐量0.15％（相当于轻度盐碱地）的低盐水平就可导致棉花显著减产；另一方面，盐涝复合胁迫对棉花光合作用、干物重积累和产量的不利影响远大于单一盐或涝胁迫。盐涝复合胁迫下，棉株 Pn 比单一盐和涝胁迫分别降低了40.0％和15.4％，生物产量分别降低了19.2％和15.7％，籽棉产量分别降低了32.6％和18.1％。这表明盐涝复合胁迫较单一盐胁迫和单一涝胁迫对棉花的损伤更大（表6-5）。

表6-5　盐、涝及其复合胁迫对棉花产量及产量构成的影响

处理	籽棉产量/(克/株)	生物产量/(克/株)	单铃重/克	铃数/(个/株)
CK	31.56a	91.92a	4.34a	7.28a
S	23.17b	75.32b	3.81b	6.12b
W	19.07c	72.26c	3.84b	5.07c

（续）

处理	籽棉产量/(克/株)	生物产量/(克/株)	单铃重/克	铃数/(个/株)
SW	15.62d	60.89d	3.86b	4.26d
变异来源				
Y	ns	ns	ns	ns
T	<0.0001	<0.0001	<0.0001	<0.0001
Y×T	ns	ns	0.01	ns

注：CK、S、W和SW分别代表对照、盐处理、涝处理和盐涝复合处理；Y表示年份，T表示处理，ns表示差异不显著。

二、盐涝复合胁迫对棉花膜脂过氧化和内源激素的影响

盐胁迫会导致渗透胁迫和离子毒害，植物细胞膜透性发生改变，离子转运和吸收发生改变，从而导致 H_2O_2 和 MDA 含量增加。淹水胁迫导致的氧气不足，引起膜脂过氧化，H_2O_2 的增多进一步导致 MDA 积累（张艳军，2017）。本研究中，盐、涝和盐涝复合胁迫处理后，棉花中的 H_2O_2 和 MDA 含量均显著上升（图 6-2），表明膜脂过氧化严重。

生长素（IAA）和赤霉素（GA）通过复杂的信号传导途径调控棉花的生长发育，如促进发芽、根系生长、茎叶伸长、开花以及铃和纤维的发育和成熟（Shi et al.，2019）。土壤涝渍胁迫会降低棉花的 IAA 和 GA 含量，随着涝渍时间的增加，这种降低的趋势会进一步加强（Wang et al.，2022）。脱落酸（ABA）作为重要的信号分子，是调节植物应激反应最重要的激素。在胁迫条件下，ABA 合成会被迅速诱导，从而导致 ABA 水平的迅速升高。植物在渗透胁迫下，通常较低的 ABA 水平会急剧上升。在盐胁迫下，为了维持水分平衡和渗透稳态，植物会增加内源 ABA 的含量以关闭气孔，因此，渗透压调节是 ABA 介导植物对盐胁迫反应的重要机制。土壤淹水诱导缺氧组织中 ABA 分解代谢，在不同植物的淹没组织中，ABA 的内源水平会急剧变化，比如拟南芥、柑橘、番茄等。刘晓娟（2017）发现，涝胁迫与盐胁迫使 ABA 含量显著增加，且在盐涝复合胁迫下，ABA 含量更高。盐、涝以及盐涝复合胁迫都对棉花的激素平衡产生显著影响，导致主茎功能叶中 IAA 和 GA 含量显著降低（图 6-3），ABA 含量显著增加，并且 *GhNCED* 表达上调。但是，就膜脂过氧化和内源激素含量而言，盐涝复合胁迫并未表现出比单一胁迫更大的变化幅度。这表明在胁迫 7 天时，这两个指标不足以反映各处理间伤害

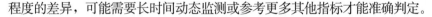

程度的差异，可能需要长时间动态监测或参考更多其他指标才能准确判定。

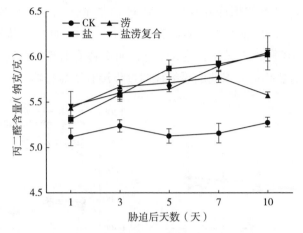

图6-2 盐、涝及其复合胁迫对棉花叶片丙二醛含量的影响

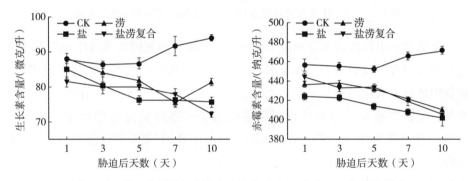

图6-3 盐、涝及其复合胁迫对棉花叶片 IAA 和 GA 含量的影响

三、盐涝复合胁迫对棉花厌氧代谢酶和Na⁺积累的影响

植物在受到淹水胁迫后，会迅速从有氧代谢状态转变为无氧代谢状态，通过丙酮酸发酵途径产生大量乳酸和乙醇。丙酮酸发酵主要包括乳酸发酵和乙醇发酵两种途径：第一条途径是通过乳酸脱氢酶（LDH）产生乳酸；而乙醇发酵通过丙酮酸脱羧酶（PDC）将丙酮酸转化为乙醛，然后通过乙醇脱氢酶（ADH）还原为乙醇。ADH 和 PDC 在乙醇发酵途径中起着关键作用，其活性通常被认为是反映植物对涝渍耐受性的关键指标之一。许多植物通过提高 ADH 和 PDC 活性缓解无氧环境所造成的伤害。研究发现，苦瓜、猕猴桃、水

稻受到涝渍胁迫后，其 ADH 和 PDC 活性显著提高（Pan et al.，2019）。受涝胁迫和盐涝复合胁迫的棉株叶片中，ADH 活性显著升高；而在单一盐胁迫下，棉株叶片的 ADH 活性没有明显变化（图 6-4）。此外，盐涝复合胁迫下的 ADH 活性与涝胁迫下无显著差异。这说明涝胁迫主要由低氧环境引起的厌氧代谢引起，而盐胁迫对棉花的厌氧代谢过程没有明显影响。

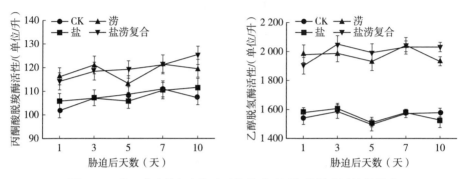

图 6-4　盐、涝及其复合胁迫对棉花叶片厌氧代谢酶活性的影响

　　盐胁迫会引起渗透胁迫和离子毒害，影响植物细胞膜的通透性和离子的转运与吸收过程。盐胁迫下，外界 Na^+ 浓度大于植株中的浓度，通过扩散作用，植株中的自由水流向外界，导致植株内 Na^+ 浓度升高，渗透势降低，含水量降低。植物在适应盐胁迫的过程中进化出了一系列抗盐信号通路，其中以 SOS 信号通路为代表。SOS 信号通路由核心组分钠/氢反转运蛋白 SOS1、丝氨酸/苏氨酸蛋白激酶 SOS2 和钙离子结合蛋白 SOS3/SCABP8 组成。植物受到盐胁迫时，由 SOS3 和 SOS2 激活位于质膜上的 SOS1，SOS1 发挥转运活性，将胞质内多余的钠离子直接排出细胞外，发挥抗盐功能。Na^+（K^+）/H^+转运蛋白是液泡膜中的一种离子反向运输体，是生物界普遍存在的负责 Na^+（K^+）/H^+交换的一种跨膜运输蛋白。Na^+（K^+）/H^+ 逆向转运蛋白由 *NHX* 家族基因调控表达。过表达 *NHX* 家族基因能提高植物中 Na^+（K^+）/H^+逆向转运蛋白的活性，从而调节细胞质内 pH、维持 Na^+（K^+）浓度、K^+/Na^+比、保持细胞膨压、控制细胞扩增的功能，增强植物的耐盐性。在单一盐胁迫和盐涝复合胁迫下棉花根部 Na^+ 浓度分别增加了 58.2% 和 50.0%，而叶片中 Na^+ 浓度分别增加了 15.9% 和 47.2%。此外，在叶片中 *SOS1* 基因表达量分别升高了 13.5 倍和 11.4 倍，*NHX* 基因表达量分别升高了 21.67 倍和 21.4 倍，而单一淹水胁迫并没有改变 Na^+ 浓度、*SOS1* 和 *NHX* 基因表达量。说明

盐胁迫主要由离子毒害引起。

在盐涝复合胁迫下，相较于单一的盐胁迫，胁迫 7 天叶片中的 Na^+ 积累量呈现出增长趋势（图 6-5）。这种增长可能是由于 Na^+ 的吸收速率增加，或者是因为根系将 Na^+ 排出至外部介质的能力有所下降。研究表明，与单一盐胁迫相比，盐涝复合胁迫导致 Na^+ 向茎部的转运速率大幅增加（Barrett-Lennard，Shabala，2013）。复合胁迫使叶片 Na^+ 含量增加两倍，但叶片 K^+ 含量降低 40%。在盐涝复合胁迫下，多数植物的根区缺氧会通过提升叶片组织中有毒离子的浓度来强化盐浓度带来的负面影响。这是因为 Na^+ 和 Cl^- 向地上部的转运速度增加，进而加剧了叶片的损伤，最终对植物的生长和存活产生不利影响。胁迫 7 天，盐涝复合胁迫下棉花叶中 Na^+ 含量显著高于盐胁迫，K^+ 含量均低于盐胁迫（图 6-5、图 6-6）。可见，盐涝复合胁迫的缺氧条件导致植物排除 Na^+ 的能力降低，加剧盐分条件下的盐离子毒害。说明盐涝复合胁迫棉花受到缺氧和盐离子毒害的双重影响。

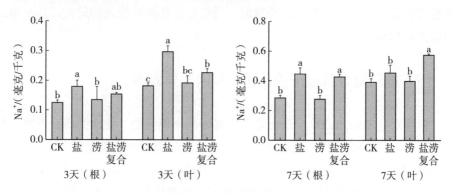

图 6-5　盐、涝及其复合胁迫对棉花 Na^+ 含量的影响

注：不同小写字母代表 0.05 水平差异显著，下同。

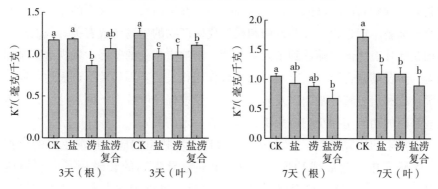

图 6-6　盐、涝及其复合胁迫对棉花 K^+ 含量的影响

四、淹水对盐胁迫的缓解效应

有报道指出，在淹水条件下，较高活性的 ROS 清除酶可以有效缓解盐胁迫造成的氧化损伤。涝胁迫和盐胁迫的共同作用通过强烈诱导抗氧化酶活性、次生木质部尺寸的减小和内皮层的增加，从而部分缓解了盐胁迫的影响。Dodd 等（2013）发现，根在涝胁迫下可降低排除 Na^+ 的能力，这是由于根系 ATP 水平下降，但长时间的缺氧会影响根细胞膜的完整性，因此离子会非选择性地通过。尽管胁迫处理 7 天时，盐涝复合胁迫对棉花的伤害程度明显大于单一盐胁迫和淹水胁迫，但在胁迫处理 3 天时，盐涝复合胁迫引起的棉花叶片 Na^+ 浓度、NHX 基因表达量均显著低于盐胁迫。此外，盐涝复合胁迫引起的 GA 含量降低幅度（4.9%）小于盐胁迫（7.1%），H_2O_2 含量的增加幅度（10.7%）也小于盐胁迫（13.7%）。说明短期盐涝复合胁迫下，淹水对盐胁迫具有缓解效应。随着胁迫时间的增加，盐涝复合胁迫对棉花的危害远高于单一的盐胁迫和淹水胁迫。

五、盐涝复合胁迫下棉花相关基因差异表达

植物对盐涝胁迫的响应是由复杂的基因网络调控的。先前的研究表明，盐胁迫诱导叶片衰老过程中的差异基因表达与蛋白质和氨基酸代谢、光合作用、叶绿素代谢和激素信号传导有关。此外，转录因子 NAC、$bHLH$、MYB 和 ERF 都与盐胁迫诱导的叶片衰老过程有关。耐涝油菜 G230 的差异基因和差异代谢产物主要富集在代谢途径、次级代谢产物生物合成、黄酮类生物合成和维生素 B_6 代谢等方面（Hong et al.，2023）。在不同涝害条件下的差异表达基因主要与细胞生理过程、代谢过程和次生代谢产物的生物合成有关。我们从受胁迫棉花叶片表达谱中筛选到了大量与盐、涝响应相关的基因，发现这些基因受到盐、涝及其复合胁迫的影响，与光合作用相关的基因显著下调表达，而一些激素合成和信号转导基因以及转录因子在受迫棉株叶片中上调表达。初步推测这些基因的功能与棉花响应盐涝胁迫有着一定的关系。

近年来的研究表明，转录因子在植物逆境胁迫响应中扮演重要的调控角色。本研究中，我们成功鉴定到了 19 个差异表达的转录因子，它们属于 $WRKY$、ERF、MYB 和 NAC 家族，并且这些家族中的大多数基因在受盐涝

复合胁迫的棉花植株叶片中表达量有所增加。其中，*ERF* 家族在多种胁迫响应中发挥重要作用。例如，*HRE2* 和 *RAP2.12* 是拟南芥中参与厌氧胁迫的 *ERF* 转录因子，它们能够激活低氧反应基因的表达，从而调节植物对低氧胁迫的反应。而 *RAP2.2* 则参与调控厌氧发酵、糖代谢以及乙烯合成相关基因的表达（Seok et al.，2022）。转录因子 *MYB* 在植物生长发育的调控网络中也扮演重要的角色。通过涝胁迫下的猕猴桃植株转录组分析，发现 *MYB* 转录因子家族的含量丰富（Zhang，2015）。在盐胁迫下，*AtWRKY46* 通过脱落酸（ABA）信号传导和生长素稳态的调节，有效促进了侧根的生长，从而调节拟南芥对胁迫条件的抵抗能力（Ding et al.，2015）。拟南芥中的 *ZmWRKY17* 可能通过 ABA 信号传导途径参与盐胁迫的应答。研究还表明，*OsWRKY54* 可以直接或间接地下调 *OsNHX4* 和 *OsHKT1* 的表达，从而导致水稻在盐胁迫下的根茎更加敏感（Huang et al.，2022）。ABA 响应基因 *WRKY40* 在涝胁迫下的猕猴桃根中显著上调。在盐涝复合胁迫下，棉花植株叶片中的 *MYB*、*WRKY* 和 *ERF* 这三类转录因子家族中的大部分基因的表达量都有所增加。因此，我们推测这些家族可能在调控棉花对盐涝复合胁迫的响应中发挥重要作用。

第三节　棉花适应淹涝胁迫的机制

淹水胁迫影响棉花的生长发育和产量品质，但同时棉花也会对淹水胁迫产生适应性：一是棉花对不同生育时期淹水胁迫的响应存在差异，特别是产量方面，蕾期淹水减产幅度大，花期次之，铃期最小，说明不同生育时期棉花对淹水的适应能力存在差异。二是棉花淹水后，先从分子水平开始变化，然后生理生化代谢相应改变，最后表现在生物量和经济产量的变化上，说明棉花对淹水的适应性是一个渐进的过程，更是一个复杂的过程，包含不同的机制。三是受到淹水胁迫的棉花既可以通过产生不定根，在一定程度上逃避淹水胁迫。淹水胁迫解除后会加快棉花生长发育，在一定程度上弥补淹水胁迫对棉株造成的损失。另外，淹水胁迫后棉株体内发生一系列生理生化和分子水平的代谢变化，以适应淹水胁迫，说明棉花适应淹水是多途径、多机制的。

一、逃避适应途径

在短期淹水胁迫下，棉株基部会产生不定根、通气组织，茎部伸长生长，在一定程度上躲避或减轻了淹水胁迫，说明逃避适应途径是棉花适应淹水的重要途径。

有研究指出不定根参与了受淹水胁迫玉米、番茄和甘蔗等植物的涝后恢复，因为不定根能够代替受迫的初生根系进行有氧呼吸产生能量以保证植株正常的生理代谢水平。缺氧条件下产生的大量乙烯对不定根的生成有极大影响，因为淹水胁迫下植物体内乙烯响应元件（ERFs）开始作用，通过诱导相关基因的表达，促进不定根的产生，如淹水胁迫下番茄通过调控乙烯合成关键基因的表达，以及乙烯与生长素的互作诱导了不定根的形成。受淹棉株中，诸多转录因子 *ERF* 和乙烯合成基因 *ACC* 的表达量均显著上调，我们在室内模拟淹水试验和生产实践中也可见受到淹水胁迫的棉花在主茎基部产生少量不定根（图 6-7），这正是棉花适应淹水胁迫的重要途径之一。

图 6-7 室内模拟淹水胁迫下棉花主茎基部形态变化

注：左图为未淹水对照棉株；右图为淹水胁迫后的棉株。

包括棉花在内的许多木本植物受到淹水胁迫后，会在根部形成通气组织，以适应淹水造成的缺氧胁迫。这可能是淹水后乙烯浓度增大，提高了纤维素酶的活性，促进细胞分裂或部分细胞程序性死亡，形成根际通气组织。木葡聚糖内转糖苷酶/水解酶（XTH）是一种细胞壁松弛因子，能够改变细胞的形状大小，影响细胞的再生分化等，它由 *XTHs* 基因编码，受乙烯的诱导调节，参与细胞壁的扩展和降解。Thirunavukkarasu 等（2013）报道称 *XTH13*、*XTH32*、*XTH8*、*XTH9*、*XTH23* 均参与了淹水胁迫下玉米细胞通气组织的形成，当玉米受到淹水胁迫时，根部产生的大量乙烯会促使细胞内形成较大的空腔，使细胞排列变疏松，组织间隙增大，形成通气组织。在棉花水浮育苗中发现，播种后经过一定时长的淹水胁迫，可形成水生根，其根点膨大、根尖成熟区以上可形成融原生通气组织。我们在前期研究中发现受淹棉株根系中参与形成通气组织的基因如 *GhXTH* 显著上调（Zhang et al.，2015）。

在淹水或涝渍胁迫下，茎部伸长生长加快，促使植株的一部分始终保持在水面以上，把空气中的氧气运送到根部，维持根系的生长和整株的生长发育。淹水后的茎部伸长生长在水稻中的研究较多，Hattori 等（2009）报道指出在涝渍胁迫下 *SK1* 和 *SK2* 两个基因通过与乙烯信号转导途径中的乙烯响应元件（ERFs）互作，从而触发了 GA 参与的茎部伸长生长。拟南芥中含有的两个低氧响应基因是 *HRE1* 和 *HRE2*，二者的表达均受乙烯调控，在低氧条件下促进植株伸长生长。此外，GA 可以促进水稻茎部伸长生长，从而使受淹植物叶片伸出水面进行正常的有氧呼吸，因此可以提高深水型水稻和 *Rumex palustris*（Voesenek et al.，2003）在完全淹没条件下的抗涝性。赤霉素氧化酶基因 *GA2ox3* 在受胁迫棉株叶片中显著上调表达，且受淹棉株叶片中 GA 的含量显著下降，但是 3 个 *GID1* 基因的表达量显著增加，这意味着棉株受到淹水胁迫后，体内的赤霉素信号转导途径既受到了抑制，又存在一定程度的促进，表明该适应途径在棉花对淹水胁迫的响应中并非占主导地位。

二、静止适应途径

棉花在淹水胁迫下，体内发生了呼吸代谢的变化、抗氧化酶系统的变化、激素含量和比例的改变以及相关基因的表达量改变等代谢变化。这正是棉花对淹水胁迫的静止适应途径。该途径是与逃避途径截然相反的适应途径，主要表现为棉株生长变缓，体内发生一系列代谢变化，通过延缓生长发育、减少能量耗散以抵抗淹水胁迫。该途径是棉花适应淹水胁迫最主要的途径，也是其他途径的基础。

一是通过呼吸代谢与保护酶系统活性的变化适应淹水胁迫。淹水胁迫下，植物根系所处环境的氧气锐减，向根系的供应减弱。O_2 是线粒体电子传递链的末端电子受体，氧气缺乏会导致线粒体 ATP 合成及 NADH 的氧化受抑制。一旦线粒体呼吸受到抑制，受淹植物的细胞就会快速耗尽体内可以利用的ATP。由于根部缺氧不能进行正常的有氧呼吸代谢，而为了维持正常的或至少是最低的生命活动，能量的供应是不可或缺的，因此在厌氧或者低氧条件下，植物只能由有氧呼吸转变为无氧呼吸，但无氧呼吸过程中糖酵解的终产物丙酮酸不能进一步氧化分解产生能量，而是转化为乳酸和乙醇，无法通过三羧酸循环（TCA）进一步转化为植物需要的能量，有机物质耗损大，能量生成的效率低且少，导致植物的供求平衡被破坏。

ADH 是无氧呼吸的关键参与酶，可以促使乙醇脱氢分解，从而降低植物躲避缺氧环境下的主要毒害物质，即乙醇的毒害作用，延长了低氧或缺氧条件下植株的存活时间。植物抵抗淹水胁迫的能力与 ADH 活性的增加是成正比的。湿生植物如红树植物的无氧呼吸能力强，在淹水胁迫造成的低氧环境下，红树植物根系的 ADH 活性迅速升高，开始厌氧呼吸。植物在对淹水胁迫的响应中，体内 ADH 活性的增加阻碍了乙醇的产生，这是植物维持体内能量平衡的关键机制，也是植物在低氧环境下普遍采取的生存方式。能够耐受长期低氧或缺氧的植物正是通过该机制来消除自身进行无氧代谢产生的有毒产物。有研究表明，玉米在厌氧胁迫下，其体内丙酮酸脱羧酶 PDC 的活性升高了 5 倍以上。乳酸脱氢酶 LDH 可以维持植株在厌氧条件下进行乳酸发酵，结合乙醇发酵，维持植物体内氧化还原反应的平衡，从而保证植物碳的水平不受影响。有研究指出低氧胁迫下黄瓜幼苗厌氧代谢酶 ADH 和 LDH 的活性显著高于正常生长的对照植株（王长义等，2010）。笔者研究发现，不同生育期受淹棉株 ADH、PDC 和 LDH 活性均显著升高。

张阳等（2013）研究指出，淹水胁迫下，棉花叶片细胞中保护酶系统的平衡受到破坏，SOD 的活性随淹水胁迫表现出先上升后下降的趋势，而 POD 的活性则一直呈下降趋势，说明短时间淹水胁迫时棉花能够依靠自身的保护酶系统清除少量的活性氧，从而保持细胞的活性；而长时间淹水胁迫则会破坏保护酶系统的平衡，影响棉花的生长发育。在棉花花铃期进行水分胁迫，结果表明土壤水分过多，棉花的 SOD、POD 活性均呈现下降趋势。刘凯文（2012）研究发现淹水胁迫下，棉花叶片中的 POD 活性升高，且棉苗在受淹第 12 天后叶片 POD 活性的增加幅度比此前更为显著。董合忠等（2003）对棉苗淹水胁迫处理 12 天后，发现叶片细胞内 POD 的活性显著增加。

棉花受到长时间淹水胁迫后，叶片中的抗氧化酶活性均降低，ADH、PDC 和 LDH 活性均显著增加，这可能是棉株为了抵抗外界淹水胁迫所作出的一种应激性生理响应，与棉株的适应能力有关。

二是通过激素变化和平衡适应淹水胁迫。淹水胁迫会引起植物内源激素代谢紊乱，淹水胁迫抑制植物赤霉素、生长素和细胞分裂素的合成，促进脱落酸和乙烯的合成。ABA 含量的增加对植物的生长有抑制作用，但是当植物处于某种逆境条件下，ABA 含量的增加往往是该植物对该逆境的一种有效的适应性调节反应。有研究指出，ABA 含量的增加不仅能导致植物叶片气孔关闭，阻止气孔开放，降低叶片的蒸腾作用，还能促进根系的吸水和溢泌作用，促进植物向地上部分供水，以维持植物体内的水分平衡，使植物不会因水分失衡而死；另外，ABA 含量的增加在一定程度上促进了植物不定根的产生和蛋白质的合成，促使植株进一步吸收水分和增强细胞的持水能力，这些变化无疑有利于提高植物对淹水胁迫的适应性。

对于参与植物适应淹水胁迫的激素，研究最为集中的是乙烯。许多植物在淹水胁迫下，体内乙烯含量会显著增加。淹水胁迫引起乙烯水平升高的原因可能有：①淹水胁迫引起的缺氧环境导致植物体内乙烯的合成加强；②由于水分过多，阻止了乙烯扩散进入空气中；③淹水后，土壤中合成的乙烯大量进入植物体内。已有研究证实，乙烯含量的增加还可能是因为淹水致使的缺氧引起植物体内的氧分压降低，从而引发了根系中 ACC 合成基因的上调表达，促进 ACC 的合成。ACC 作为乙烯合成的前体，通过蒸腾作用经木质部由根系向地上部分运输，从而诱导乙烯的合成，导致乙烯含量升高。根系中乙烯前体 ACC 合成基因的过量表达能够促进根系中 ACC 的合成。水稻受到淹水胁迫后出现分蘖增加且提前、不定根增多（王振省等，2014）等症状，这些都有助于乙烯含量的增加。由此可见，乙烯水平的大幅升高既是淹水胁迫对植物造成的损伤，也是植物对低氧胁迫的一种生态适应性生长。乙烯的大量合成对植物的影响主要包括：乙烯刺激植物形成通气组织；促进不定根的生成；诱导植株叶柄的偏上生长；促进植物根系的木质化和栓质化，适当提高植株根尖的氧浓度等。

植物体内乙烯和 ABA 水平的升高容易导致植物的叶片衰老和气孔关闭，但这并不是简单抑制植物的生长，它们还可以刺激不定根的形成。淹水胁迫下，银杏叶片中 ZR 和 IAA 的含量显著降低，ABA 含量显著升高，转化酶活性的升高，促进蔗糖向单糖转化，导致脯氨酸积累，从而使得银杏叶片细胞的渗透调节能力升高。银杏叶片中 ABA 和脯氨酸对淹水胁迫的响应极为敏感，这对植物抗涝生理指标的筛选和抗涝性鉴定有重要的意义（何嵩涛等，2006）。根系是植物 GA 和 CTK 合成的主要场所，因此植物受到淹水胁迫后，体内细胞分裂素的合成受阻，导致叶片的衰老和脱落加速。郭文琦等（2010）对盆栽棉花进行渍水处理后，发现受渍棉花 ABA 的含量升高，GA、IAA 和 ZR 含量及 GA/ABA、IAA/ABA 和 ZR/ABA 比值减小。大麦在开花后受到淹水胁迫，其叶片内 ABA 含量的增加，而 GA 含量则减少，本研究结果与之一致。由此可见，淹水胁迫下，各种内源激素之间存在着复杂的相互作用，共同调节棉花的生长发育使之适应淹水胁迫。

三是通过相关基因的差异表达适应淹水胁迫。目前，静止适应机制中研究较为透彻的是水稻 *Sub1A* 基因编码位于 9 号染色体上的乙烯响应因子 *ERF*（Singh et al.，2010；Xu et al.，2006）。转录因子 *ERF* 是 *APETALA2*（*AP2*）/*ERF* 家族在植物中特有的一个多基因亚家族。AP2/ERF 家族成员的共同特征是具有两个 AP2 结构域，但是 *ERF* 家族只有一个 AP2 结构域（Nakano et al.，2006）。Xu 等（2006）在 *Nature* 上指出了第一个通过经典图位克隆技术克隆到的植物耐渍基因 *Sub1A*，该基因有两个等位基因，即 *Sub1A-1* 和 *Sub1A-2*。在抗淹水的植物材料中，该基因以 *Sub1A-1* 的形式存在，而在对淹水胁迫敏感的材料中该基因则以 *Sub1A-2* 的形式存在。*Sub1A-1* 可以通过编码位于水稻 9 号染色体上的 ERFs，从而抑制 GA 信号转导抑制剂 Slender rice-1（SLR1）和 SLR1 Like-1（SLRL1）蛋白的降解过程，使得 SLR1 和 SLRL1 在受到淹水胁迫的水稻中上调表达，维持二者在水稻植株体内的积累含量，从而抑制 GA 参与的伸长生长，避免能量消耗，而当短期的淹水/涝渍胁迫去除后，水稻植株便会恢复生长（Fukao，Bailey-Serres，2008；Xu et al.，2006）。而在对淹水胁迫敏感的植物材料中，由于 *Sub1A-1* 基因的缺失，乙烯促进了 GA 的信号转导过程，保证了植物茎尖在淹水条件下依然能够持续生长（Hattori et al.，2009）。将 *Sub1A-1* 基因通过转基因技术在敏感植物材料中过量表达后，会显著增加转基因植株的抗淹水胁迫能力，并且诱导厌氧代谢基因 *ADH* 的上调表达。在拟南芥的厌氧应答研究中，鉴定出了另一个乙烯应答因子 *RAP2.2*，进化树分析表明该基因与水稻的 *Sub1A* 同属于一个亚家族。*RAP2.2* 基因的表达受乙烯信号的诱导，将其过表达能够显著提高拟南芥的耐涝性，而将其沉默则会降低植株对淹水胁迫的抗性。

棉花受到淹水胁迫后，鉴定出 1 812 个差异表达基因，其中 794 个上调表达、1 018 个下调表达、Pathway 显著性富集分析发现淹水胁迫下，差异表达基因显著富集的通路有光合作用天线蛋白、光合作用、类黄酮生物合成、氮代谢和苯丙氨酸代谢。GO 富集分析结果且与 Pathway 富集具有较强的一致性。激素相关基因表达模式表明 ABA、IAA、GA、BR、SA 以及 JA 均参与棉花对淹水胁迫的响应。34 个转录因子中，9 个 *ERF*，13 个 *MYB* 和 4 个 *WRKY* 上调表达，表明这三个转录因子家族在棉花淹水胁迫的响应中参与调控内源激素特别是乙烯相关的应答。笔者研究表明，淹水胁迫导致糖酵解、发酵以及线粒体电子传递链相关的基因上调表达，如参与厌氧发酵和乳酸发酵的乙醇脱氢酶基因（*ADH*）、丙酮酸脱羧酶基因（*PDC*）和乳酸脱氢酶基因（*LDH*）的表达量会显著增加。但光合作用相关基因、叶绿素合成基因，细胞壁合成、氧化磷酸化通路中的基因表达量均显著下调。宋学贞（2013）发现淹水胁迫下棉花主茎功能叶 ABA 合成基因（*NCED*）、乙醇脱氢酶合成基因（*ADH2*）和乙烯合成关键基因（*ACO* 和 *ACS*）的表达量增加，Bt 蛋白基因（*CryAc1*）及 NO 合成基因（*NOi*）表达量减少。对受淹油菜、玉米等作物的研究也发现众多基因的差异表达现象，其中与生长素合成、乙烯合成、细胞壁代谢、G 蛋白活化等过程相关的基因均表现出上调趋势，且转录因子如 *ERFs*、*MAPK*、*MYB*、*HSPs* 等都参与了这些生物过程的调控。

由此可见，淹水胁迫相关基因的差异表达是静止适应途径中最早响应胁迫的方式。此外，正是由于差异基因表达调控，才导致了棉花的其他适应途径，因此静止适应途径是其他途径的基础。

三、自我调节补偿途径

棉花无限生长的特性使其在生长发育的过程中，遇到某个器官受到损伤时，重新生成一个新的器官个体。如当棉株顶芽受到伤害时，棉株下部潜伏的腋芽就会重新恢复生长，从而长出新的枝条；当棉花根系受到伤害时，根系中柱鞘细胞就会分化再形成新的根系，表现出很强的再生能力。此外，棉花在生长发育和结铃习性上具有很强的时空补偿能力，若生育前期棉花长得慢，中后期会加快生长速度；如果生育中前期发育快，则后期就会容易早衰；如果中前期结铃少，则中后期会大量结铃进行补偿生长；内围铃少的棉株，外围铃就会增多，反之亦然。棉花的主茎上生长有叶枝，虽然叶枝不能直接结铃，但一方面它可以作为叶源，调剂棉花叶面积的缺失；另一方面它可以通过间接结铃，调剂铃库的不足，表现为中前期增源和中后期扩库的能力，使棉株形成很强的自我调节补偿能力。棉株地上部分的再生和调节补偿能力强于地下部分，并随株龄增大逐渐减弱，苗龄愈小，再生、调节和补偿能力愈强。当棉花受到淹水胁迫后，其生长发育受到抑制，蕾铃脱落增加，而当胁迫解除 10 天后，棉花植株生长发育加快，干物质合成增加，充分利用自身再生、调节和补偿能力，加快生长发育、开花结铃，弥补淹水胁迫伤害后的损失，这种自我调节补偿途径是棉花适应淹水的重要途径之一。各生育期淹水胁迫解除后，棉花的恢复能力（自我调节补偿能力）不同，淹水胁迫解除 10 天后，蕾、花和铃期受迫棉株干物重的恢复速度分别较未淹水对照的生长速度提升了 28.6%、70.9% 和 29.0%，叶面积的恢复速度分别提升了 43.3%、46.8% 和 65.5%。由此可见，不同生育年龄的棉花具有不同程度的自我调节补偿能力，从而导致棉花对不同生育期淹水胁迫的响应表现出较大差异。叶面积的恢复速度与最终的产量表现相符，而干物重的恢复速度并不完全一致，表明该途径在各生育期的表现存在差异。因此，棉花的自我调节补偿途径是其适应淹水胁迫的重要途径。

第四节　棉花抗涝栽培关键技术

由于涝渍灾害给包括棉花在内的农作物的生长发育和产量品质形成带来了严重影响，因此，通过各种方法增强植物的抗涝性或者减小涝灾损失已经引起了人们的普遍关注。研究棉花对淹水胁迫的适应机制和途径，目的在于提高棉花适应淹水胁迫的能力，缓解淹水伤害，或者在淹水解除后，促进棉花恢复和加快生长发育、开花结铃，减少产量损失。

一、耐涝品种筛选和改良

根据对棉花耐盐和抗旱研究的启示，传统筛选或选育方法的效率和效果有限，结合分子标记辅助选择育种以及配合转基因育种的方法可能会大大提高育种效率和效果。尽管目前尚少见关于棉花耐涝品种的研究报道，但如能明确棉花适应淹水胁迫的机制和途径，将为筛选或选育耐涝性强或适应性强的棉花品种提供重要依据。

目前已知植物体内一些基因，如乙醇脱氢酶基因（*Adh*）和丙酮酸脱羧酶基因（*Pdc*），在涝渍胁迫下会上调表达。Ellis 等（2000）通过比较 *Adh* 和 *Pdc* 基因过表达棉花植株与野生型棉花植株在低氧条件下的耐受性，发现过表达 *Adh* 的棉花乙醇发酵增强，但抗低氧胁迫能力并未提高，由此认为通过单纯调控某个基因的表达来提高植物的抗低氧胁迫是远远不够的。深入探讨厌氧发酵和植物根系的低氧生存能力之间的相互关系十分必要。此外，在植物抵抗淹水胁迫中也有较多其他基因的参与，如 Liu 等（2012）指出过表达 *RAP2.6L* 基因可以通过参与 ABA 信号转导途径促进气孔关闭从而延缓拟

南芥因淹水胁迫引起的早衰现象。这些研究为通过分子育种选育耐涝品种展现
出一定的前景。

通过对来自中国三大棉区的商业化棉花品种的耐涝性进行比较研究，发现
涝渍胁迫后长江流域棉区的品种籽棉产量和生物量降幅最小，其次是黄河流域
棉区的品种，而西北内陆棉区品种的降幅最高（表6-6、表6-7），表明长江
流域棉区的棉花品种更耐涝，这可能与长江流域棉区降雨多增强了棉花品种对
涝渍的适应性有关。该研究为耐涝棉花品种的选育和应用提供了重要指导
（Zhang et al.，2023）。

表6-6　淹水对不同来源棉花品种的产量和产量结构的影响

处理	品种	籽棉产量/ （千克/公顷）	铃密度/ （个/米²）	铃重/克	生物产量/ （千克/公顷）	收获指数
未淹水	YZ1	3 039b	56.70b	5.36a	8 683a	0.35b
	YZ2	2 988b	54.43b	5.49a	9 055a	0.33b
	YL1	3 291a	62.93a	5.23b	8 027b	0.41a
	YL2	3 299a	63.32a	5.21b	7 855b	0.42a
	NW1	2 824c	57.75b	4.89c	7 060c	0.40a
	NW2	2 781c	55.62b	5.00c	6 621c	0.42a
淹水	YZ1	2 830c	53.20c	5.32a	8 324b	0.34b
	YZ2	2 744c	51.29c	5.35a	8 575b	0.32b
	YL1	2 839c	56.33b	5.04b	7 279c	0.39a
	YL2	2 803c	56.29b	4.98b	7 376c	0.38a
	NW1	2 221d	45.70d	4.86c	5 845d	0.38a
	NW2	2 169d	44.72c	4.85c	5 708d	0.38a

注：YZ1 和 YZ2 是来自长江流域的两个棉花品种，YL1 和 YL2 是来自黄河流域的两个棉花品种，
NW1 和 NW2 是来自西北内陆地区的两个棉花品种；在同一列内，不同字母表示差异显著，$P<0.05$；
数据记录于淹水后 7 天。下同。

表6-7　淹水所致不同来源棉花品种的产量、产量结构的降低幅度

品种	籽棉产量降幅/%	铃密度降幅/%	铃重降幅/%	生物产量降幅/%	收获指数降幅/%
YZ1	6.9c	6.2c	0.7b	4.1c	2.9c
YZ2	8.2c	5.8c	2.6ab	5.3c	3.0c
YL1	13.7b	10.5b	3.6a	9.3c	4.9b

（续）

品种	籽棉产量降幅/%	铃密度降幅/%	铃重降幅/%	生物产量降幅/%	收获指数降幅/%
YL2	15.0b	11.1b	4.4a	6.1c	9.5a
NW1	21.4a	20.9a	0.6b	17.2a	5.0b
NW2	22.0a	19.6a	3.0a	13.8b	9.5a

二、使用外源物质

关于化学肥料、信号物质、植物生长调节剂等对包括棉花在内的多种植物逆境伤害的缓解效应，已有较多的研究与报道，为控制淹水危害提供了十分有价值的技术途径和指导。

（一）叶面或根际施肥减轻淹水伤害

Guo 等（2010）在盆栽条件下对淹水 8 天的棉花叶面喷施氮肥，15 天后的测定结果显示，施氮肥提高了棉花根中过氧化氢酶和过氧化物酶活性，降低了 MDA 含量，提高了根系活力和表观光合速率，证实适量喷施氮肥通过调控棉花根部抗氧化酶的活性、减少膜质过氧化和提高根系活力，减轻淹水胁迫造成的损伤，促进棉花涝后恢复生长。对遭受淹水的棉花植株进行土壤和叶面施钾肥，能够促进植株生长，提高光合能力，且能够提高淹水植株的营养摄入，比未施钾肥植株的 N、K^+、Ca^{2+}、Mn^{2+} 和 Fe^{2+} 积累水平高，且叶面施钾结合土壤施钾比单一方式效果好。在棉花花铃期受涝前 2 天和受涝 10 天后施氧肥（一种在干燥情况下比较稳定，遇水后能释放氧气的化学物质），发现涝前施氧肥能显著增加受涝棉花的株高，抑制过氧化物酶活性的过度升高，从而缓解棉花涝害，减少产量损失。Wu 等（2012）研究了涝后施肥对棉花淹水损伤的缓解效应，发现淹水胁迫之后及时施肥，籽棉产量会有所提高，但产量始终低于未淹水的棉花，说明淹水/涝渍胁迫后及时施肥只能减轻而不能消除棉花的淹水损失。玉米等作物也有类似表现，淹水后施氮肥能够通过增加光合色素含量、叶面积指数，提高光合能力，缓解了涝后光系统Ⅱ的光损伤，减轻淹水胁迫下光合作用损伤的程度。

（二）一氧化氮的缓解作用

一氧化氮（NO）是具有生物学活性的气体分子，作为一种新型的信号分子和生长调节物质，在植物组织中广泛存在，不仅参与调节植物的种子萌发和光形态建成、叶片气孔运动等，在植物遭受生物或者非生物胁迫时，还能作为一种重要的信号物质提高植物对逆境的耐受性。研究表明，NO 可提高植物对盐胁迫（王玉清等，2007）、重金属胁迫（徐林林，2014）、干旱胁迫（邵瑞鑫等，2016）、渗透胁迫（王宪叶等，2004）等逆境的抵抗能力。硝普钠（SNP）作为外源 NO 的供体，被广泛应用于逆境条件下缓解植物胁迫损伤的研究中，在作物抗涝胁迫中的效应也较为明显。SNP 能够延缓淹水引起的玉米根系活力下降和质膜相对透性增加，抑制叶绿素的降解，维持叶片光合能力。此外，SNP 还能提高玉米根系 SOD、POD、CAT 等抗氧化酶的活性，从而提高玉米对淹涝的抵抗能力。

还有研究表明，通过叶面喷施 SNP 可以减轻淹水胁迫对黄瓜幼苗生长发育的抑制，对淹水后的黄瓜幼苗株高、鲜重、干物重均有显著提高，同时，SNP 促进了叶绿素和蛋白质的积累，降低了 MDA 含量，减缓受淹黄瓜幼苗的膜损伤。研究发现适宜浓度的 SNP 能够提高淹水胁迫下牛膝叶片的光合速率及叶片内 CAT 和 SOD 的活性，降低细胞 MDA 含量，减轻细胞膜透性。

总之，在较重的逆境胁迫下，植物体内活性氧的积累量通常远大于植株自身对其的清除量。活性氧的过量积累会破坏植物生物膜及其他生物大分子的结构和功能。外施适当浓度的 SNP 可以诱发活性氧信号，促进抗氧化酶系统相关基因的表达和其活性的升高，进而提高植物的抗逆性。但由于 NO 的作用具有双重性，对植物的效应也有双重性，因此 SNP 溶液的施用浓度很难确定，不同作物不同条件下所适用的浓度不同。此外，SNP 溶液缓解胁迫损伤的效果也因胁迫种类和植物种类而异。宋学贞（2013）以淹水棉花为材料研究了其作用效果和机理，结果显示喷施 SNP 可减轻淹水导致的棉花叶片膜质过氧化及膜系统损伤程度，降低可溶性糖、淀粉和可溶性蛋白的增量，减轻淹水胁迫对棉花叶片光合作用的不利影响，促进棉花各器官对氮、磷、钾养分的吸收，最终使得皮棉产量较未喷施 SNP 的对照增产 10.8%。

我们通过在田间遮雨棚内种植和淹水，并在淹水期间喷施 NO 供体硝普钠（SNP）或 NO 清除剂 Carboxy - PTIO（cPTIO），揭示了 NO 对缓解棉花淹水胁迫作用效果和机理，为黄河流域棉区抗灾减灾提供技术支持和理论依据。

1. NO 对淹水棉花生长发育和产量的影响

与未淹水对照相比，花期淹水胁迫 10 天，棉花根、茎、叶、蕾花铃及单株干重分别减少了33.2%、22.0%、17.4%、14.2%和19.0%；棉花铃数减少了27.7%，铃重略有降低，籽棉和皮棉产量分别减少了32.3%和34.2%。

与未喷施NO调节剂的淹水对照相比，SNP处理的淹水棉花根、茎、叶、蕾花铃及单株干重分别增加了31.1%、11.4%、18.4%、6.6%和14.0%，铃数、籽棉和皮棉产量分别增加了9.0%、10.0%和11.5%；cPTIO处理的淹水棉花根、茎、叶、蕾花铃及单株干重分别减少了5.3%、11.1%、5.4%、5.1%和7.4%，铃数、铃重、籽棉和皮棉产量分别降低了8.9%、8.8%、9.6%和9.0%（表6-8）。说明喷施SNP可降低淹水导致棉花各器官干物质积累减少的幅度，减轻铃数的损失，缩小淹水胁迫后棉花产量的降幅，而喷施NO清除剂cPTIO则加重了淹水胁迫对棉花生长、结铃和产量形成的抑制效应，增加了产量的损失（表6-9）。

表6-8　NO调节剂对淹水棉花各器官干物重的影响

单位：克/株

年份	处理	根	茎	叶	蕾花铃	单株
2018	NWL	10.43a	33.24a	29.61a	22.20a	95.47a
	WL	6.54c	28.65a	24.11b	21.10ab	80.39b
	WLS	7.26b	31.48a	28.82a	20.78ab	88.34a
	WLP	6.06c	22.28b	20.23c	19.23b	67.80c
2019	NWL	11.60a	51.13a	39.50a	30.30a	132.53a
	WL	8.167c	37.13c	33.00b	23.93b	102.23c
	WLS	10.03b	43.83b	38.83a	27.23ab	119.93b
	WLP	7.87c	36.17c	33.77b	23.50b	101.30c
平均	NWL	11.01a	42.19a	34.56a	26.25a	114.00a
	WL	7.35c	32.89c	28.56b	22.52b	91.31c
	WLS	9.65b	36.66b	33.83a	24.01ab	104.14b
	WLP	6.96c	29.22c	27.00b	21.37b	84.55c
变异来源	处理（T）	0.000 8	0.001 4	0.000 1	0.000 3	0.000 1
	年（Y）	0.016	0.013 2	0.011 8	0.076	0.045
	T×Y	ns	ns	ns	ns	ns

注：NWL、WL、WLS和WLP分别代表未淹水对照、淹水对照、淹水并喷施SNP和淹水并喷施cPTIO；同列同年内数据标记不同字母表示差异显著（$P<0.05$）；"ns"表示差异不显著；数据皆为淹水后第10天的测定值。下同。

表 6－9　NO 调节剂对淹水棉花产量及产量构成因素的影响

年份	处理	籽棉产量/ （千克/公顷）	皮棉产量/ （千克/公顷）	单位面积铃数/ （个/米²）	铃重/克	衣分/%
2018	NWL	3 345a	1 346a	80.3a	4.17a	40.2a
	WL	2 355b	926b	61.4bc	3.84a	39.4a
	WLS	2 593b	1 020b	66.7b	3.89a	39.3a
	WLP	2 220b	862b	58.5c	3.79a	38.8a
2019	NWL	3 327a	1 359a	81.1a	4.11a	40.8a
	WL	2 165bc	854bc	55.3bc	3.91ab	39.4a
	WLS	2 380b	967b	60.5b	3.93ab	40.6a
	WLP	1 873c	758c	48.1c	3.89b	40.5a
平均	NWL	3 336a	1 353a	80.6a	4.14a	40.5a
	WL	2 260bc	891bc	58.3bc	3.87ab	39.4a
	WLS	2 487b	994b	63.6b	3.91ab	40.0a
	WLP	2 047c	810c	53.3c	3.84b	39.7a
变异来源	处理（T）	0.000 1	0.000 1	0.000 1	0.049 6	ns
	年（Y）	0.034 9	ns	0.002 8	ns	ns
	T×Y	ns	ns	ns	ns	ns

2. NO 对淹水棉花生理特性的影响

与未淹水对照相比，花期淹水胁迫 10 天，棉花厌氧代谢酶 ADH 和 PDC 的活性分别升高了 67.7% 和 4.5 倍；抗氧化酶 SOD、POD 和 CAT 的活性分别降低了 26.5%、10.1% 和 34.8%；MDA 和 H_2O_2 含量分别增加 58.7% 和 2.1 倍；IAA 和 GA 含量分别减少了 44.6% 和 22.5%，ABA 和乙烯含量分别增加了 20.9% 和 9.0%；主茎功能叶的叶绿素含量减少了 34.2%，净光合速率降低 25.5%。

与未喷施 NO 调节剂的淹水对照相比，喷施 SNP 的受淹棉株 NO 含量提高 58.6%，厌氧代谢酶 ADH 和 PDC 的活性分别降低了 8.4% 和 9.3%；抗氧化酶 SOD、POD 和 CAT 的活性分别升高了 23.4%、6.1% 和 10.6%，MDA 和 H_2O_2 含量分别减少了 10.6% 和 6.1%；IAA 和 GA 含量分别增加了 23.3% 和 7.8%，ABA 和乙烯含量分别减少了 39.8% 和 9.5%；主茎功能叶的叶绿素含量和净光合速率分别提高了 19.8% 和 24.7%。

与之相反，喷施 cPTIO 的受淹棉株 NO 含量降低了 31.4%，厌氧代谢酶 ADH 和 PDC 的活性分别升高 26.5% 和 15.8%；抗氧化酶 SOD、POD 和

CAT 的活性分别降低 10.8%、7.5% 和 10.5%，MDA 和 H_2O_2 含量分别升高 10.6% 和 6.1%；IAA 和 GA 含量分别减少 9.5% 和 24.9%，ABA 和乙烯含量分别增加 1.2 倍和 16.4%；主茎功能叶净光合速率降低 12.1%。

3. NO 对淹水棉花相关基因表达的影响

淹水胁迫影响了棉花主茎功能叶相关基因表达。其中，棉花主茎功能叶中 NO 合成基因 *NIR* 和 GA 合成基因 *GA3ox2* 表达量分别较未淹水的对照降低了 32.9% 和 17.1%；ABA 合成基因 *NCED2*、乙烯合成基因 *ACS8*、H_2O_2 合成基因 *RBOHC* 和 ADH 合成基因 *ADH* 表达量升高了 2.1 倍、1.2 倍、2.6 倍和 4.9 倍。

SNP 处理受淹棉花可以有效调控以上相关基因的表达。其中，主茎功能叶 *GhNIR*、*GhGA3ox2* 表达量分别较淹水未喷施的对照升高了 21.2% 和 21.2%；*GhNCED2*、*GhACS8*、*GhRBOHC* 及 *GhADH* 表达量分别降低了 28.2%、44.8%、59.1% 和 58.5%。与之相反，cPTIO 处理的棉花主茎功能叶 *GhNIR* 和 *GhGA3ox2* 表达量分别较淹水未喷施的对照降低了 19.6% 和 19.6%；*GhNCED2*、*GhRBOHC* 及 *GhADH* 表达量分别升高了 14.2%、79.3% 和 34.6%。

以上结果表明，淹水胁迫 10 天显著降低了棉株 NO 含量，使棉花厌氧代谢酶活性升高，无氧呼吸增强；细胞内大量活性氧积累，细胞膜脂过氧化加剧；GA 和 IAA 合成关键基因表达量降低、含量减少，而 ABA 和乙烯合成基因表达量升高、含量增加；受淹棉株叶片类囊体结构破坏，光合能力降低，进而导致干物质积累和铃数减少，引起减产。淹水棉株喷施 NO 调节剂有效改变了棉株 NO 含量，其中喷施 SNP 显著提升了棉株 NO 含量，在一定程度上抑制了厌氧代谢酶活性，缓解了细胞膜脂过氧化程度，调节了受淹棉株体内相关基因表达，协调相关激素代谢平衡，使受淹棉株光合能力得到恢复。与之相反，喷施 cPTIO 则显著降低了棉株 NO 含量，加重了膜系统和光合系统的破坏，生长发育得到进一步抑制，减产幅度增大。

综上，淹水胁迫破坏了棉花的膜系统、光合系统和激素平衡，显著降低了光合生产与干物质积累，导致减产。提高受淹棉株 NO 含量，可有效缓解受淹棉株细胞膜脂过氧化和厌氧呼吸，诱导激素合成代谢相关基因表达，维护激素平衡，促进光合生产能力恢复，一定程度上提高了棉花对淹水胁迫适应能力，减少产量损失。因此，NO 在分子、生理和植株水平上对棉花响应淹水起着重要的调控作用。

（三）使用乙烯抑制剂

喷施乙烯信号通路抑制剂（1 - MCP）、乙烯合成抑制剂（AVG）等也可以减轻淹水胁迫对植物生长、生理和产量的不利影响。植物处于淹水胁迫下，最为明显的特征就是乙烯含量的增多。Barnawal 等（2012）报道，向罗勒植物接种含有 ACC 氧化酶的植物促生长根瘤菌（PGPR），能够通过降低乙烯含量，增加叶片营养的摄入，促进淹水胁迫下植株根部和茎部的生长，提高产量，从而保护植株避免淹水胁迫造成的损伤。Najeeb 等（2015）在温室里对播种 53 天后的棉花进行淹水处理，并在淹水前一天喷施 AVG，结果显示 AVG 减缓了叶片中乙烯的积累，随后促进了叶片的生长及光合参数的恢复，从而缓解了淹水造成的棉花减产。

对盛花期棉花淹水处理 10 天，通过叶面喷施乙烯信号通路抑制剂 1-甲基环丙烯（1-MCP）或乙烯合成前体 1-氨基环丙烷-1-羧酸（ACC）抑制或促进棉株体内乙烯合成，探究了乙烯含量对棉花适应淹水胁迫的作用及其生理机制。结果表明，与未喷施的淹水处理相比，喷施 1-MCP，乙烯含量降低了5.3%，丙二醛（MDA）、厌氧代谢酶乙醇脱氢酶（ADH）、丙酮酸脱羧酶（PDC）和乳酸脱氢酶（LDH）分别降低了 39.2%、37.8%、20.5% 和8.2%，主茎功能叶光合速率和单株干重分别提高了 13.5% 和 3.3%，籽棉产量提高了 4.6%；而 ACC 的效果相反，喷施 ACC 促进受淹棉株体内乙烯积累，乙烯含量升高了 8.0%，MDA、ADH、PDC 和 LDH 分别增加了 19.5%、17.5%、11.2% 和 8.0%，光合速率和单株干重分别降低了 6.0% 和 7.8%，籽棉产量减少了 8.0%（表 6-10）。由此可见，降低棉株体内乙烯含量，可显著降低活性氧对细胞膜的损伤，抑制厌氧代谢有毒产物的积累，减轻淹水胁迫下棉花所受的低氧损伤，缓解受淹棉株光合生产和生长发育的受抑制程度，一定程度上缓解了淹水胁迫造成的伤害，是提高棉花适应淹水胁迫的重要途径。

表 6-10 乙烯调节剂对淹水棉花产量及产量构成因素的影响

处理	铃重/克	总铃数/(个/株)	衣分/%	籽棉产量/(千克/公顷)	皮棉产量/(千克/公顷)
NWL	4.15a	13.26a	37.2a	3 305a	1 229a
WL	4.06ab	9.92c	36.7b	2 421b	888bc
WL+MCP	3.97b	10.62b	36.5b	2 532b	924b
WL+ACC	3.98b	9.32d	36.4b	2 227c	812c

注：各项指标均在淹水胁迫结束当天测定；同列不同字母表示在 $P < 0.05$ 水平上差异显著；NWL、WL、WL+MCP 和 WL+ACC 分别代表对照、淹水胁迫、淹水胁迫下喷施 1-MCP 和淹水胁迫下喷施 ACC。

(四) 褪黑素的缓解作用

植物褪黑素已被证实可以对抗多种非生物胁迫。一般来说，褪黑素的存在可以对抗或减轻冷、热、盐度、干旱、紫外线辐射和化学毒性。在褪黑激素处理的植物中观察到了较高的植物存活率、较高的地上部和根部生长以及光合效率，同时伴随着叶绿体和气孔形态的改善，以及较高的蔗糖和脯氨酸水平，同时还观察到较低水平的 ROS/RNS、脂质膜过氧化和细胞损伤。

目前研究表明褪黑素在提高植物对干旱胁迫、盐胁迫、高温胁迫、UV-B、重金属胁迫等适应性方面皆有重要作用。我们通过大田淹水试验和温室试验，探索了褪黑素对棉花淹水胁迫的缓解效应，并揭示其生理学和分子生物学机制，为棉花抗灾减灾提供理论和技术支持。

1. 褪黑素对淹水棉花生长发育和产量的影响

盛蕾期淹水胁迫 10 天，棉花的根、茎、叶、蕾花铃及单株干物重分别减少了 21.8%、17.1%、10.3%、6.3%和 13.2%，铃数、籽棉产量和皮棉产量分别减少了 46.7%、49.6%和 51.3%；与淹水未喷施褪黑素处理相比，喷施褪黑素的受淹棉株根、茎、叶、蕾花铃及单株干物质分别增加了 4.7%、6.1%、8.5%、23.3%和 8.7%，铃数、籽棉产量和皮棉产量分别增加了 25.0%、16.3%和 20.0%；但喷施 PCPA 的受淹棉株根、茎、叶、蕾花铃及单株的干物质分别比淹水棉花减少了 18.6%、20.1%、20.0%、6.7%和 18.5%，铃数、籽棉产量和皮棉产量分别减少了 12.5%、6.3%和 6.8%（表 6-11）。说明喷施褪黑素显著减轻了淹水胁迫对棉花生长发育和产量形成的不利影响，减少了产量损失。

表 6-11　褪黑素对受淹棉花产量及产量构成的影响

年份	处理	籽棉产量/ (千克/公顷)	皮棉产量/ (千克/公顷)	铃数/ (个/株)	单铃重/克	衣分/%
2021	CK	4 709a	1 973a	21a	4.98a	41.9a
	CKM	5 168a	2 193a	23a	4.90a	42.4a
	WL	2 617c	1 036c	12c	4.47a	39.6a
	WLM	2 960b	1 204b	15b	4.39a	40.7a

（续）

年份	处理	籽棉产量/ （千克/公顷）	皮棉产量/ （千克/公顷）	铃数/ （个/株）	单铃重/克	衣分/%
2022	CK	3 537a	1 358a	15a	5.13a	38.4ab
	CKM	3 694a	1 448a	16a	5.11a	39.2a
	CKP	2 786b	1 056b	12b	5.16a	37.9ab
	WL	1 783d	661d	8c	4.68b	37.1b
	WLM	2 074c	793c	10b	4.55b	38.2ab
	WLP	1 671d	616d	7c	4.64b	36.9b
平均	CK	4 123a	1 666a	18a	4.82ab	40.1a
	CKM	4 431a	1 821a	20a	4.92a	40.8a
	WL	2 200c	849c	10c	4.34b	38.4b
	WLM	2 517b	999b	13b	4.59b	39.5ab
变异来源	年（Y）	0.016 3	0.016 4	0.001 4	ns	0.046 0
	处理（T）	0.000 1	0.000 1	0.000 1	0.003 4	0.009 6
	Y×T	ns	ns	ns	ns	ns

注：同列同年内数据标记不同字母表示差异显著（$P<0.05$）；"ns"表示差异不显著；CK、CKM、CKP、WL、WLM和WLP分别表示不淹水处理、不淹水喷施褪黑素、不淹水喷施PCPA、淹水处理、淹水喷施褪黑素和淹水喷施PCPA。

2. 褪黑素对淹水棉花生理功能的影响

淹水胁迫10天后，棉花主茎功能叶内源褪黑素含量提高了16.2%；厌氧代谢酶ADH和PDC的活性分别升高了10.6%和15.6%；抗氧化酶SOD、POD和CAT的活性分别降低了20.7%、30.4%和33.2%；H_2O_2和丙二醛（MDA）含量分别增加了21.8%和11.5%；生长素（IAA）和赤霉素（GA）含量分别减少了11.0%和9.5%；脱落酸（ABA）和乙烯（ETH）含量分别增加了13.3%和8.4%；叶绿素（Chl）含量和净光合速率分别降低了25.5%和59.3%。

与未喷施褪黑素的淹水处理棉株相比，喷施褪黑素的受淹棉株主茎功能叶的褪黑素含量提高了16.0%；厌氧代谢酶ADH和PDC的活性分别降低了9.0%和13.0%；抗氧化酶SOD、POD和CAT的活性分别升高了9.0%、10.2%和16.8%；H_2O_2和MDA含量分别减少了16.8%和14.2%；IAA和GA含量分别增加了9.6%和4.5%；ABA和ETH含量分别减少了10.7%和

13.0%；Chl 含量和净光合速率分别提高了 7.4% 和 27.6%。

与之相反，喷施褪黑素抑制剂 PCPA 的受淹棉株主茎功能叶的褪黑素含量降低了 25.7%；厌氧代谢酶 ADH 和 PDC 的活性分别升高了 4.0% 和 5.3%；抗氧化酶 SOD、POD 和 CAT 的活性分别降低了 11.9%、9.7% 和 11.8%；H_2O_2 和 MDA 含量分别升高了 9.6% 和 5.6%；IAA 和 GA 含量分别减少了 9.2% 和 6.7%；ETH 含量增加了 12.0%；ABA 含量没有明显差异；Chl 含量和净光合速率分别降低了 12.6% 和 27.2%。

以上结果表明，喷施褪黑素显著提高了淹水棉株内源褪黑素含量，抑制了厌氧代谢酶活性，提高了抗氧化酶活性，减轻了细胞膜脂过氧化程度，促进了相关激素代谢平衡，减轻了对棉株光合作用的影响；而喷施褪黑素抑制剂 PC-PA 则降低了棉株体内褪黑素含量，进一步加重了淹水伤害。

3. 褪黑素对受淹棉花相关基因表达的影响

淹水胁迫影响了棉花主茎功能叶相关基因表达。其中，棉花主茎功能叶中 GA 合成酶基因 *GA20ox1* 的表达量较未淹水的对照降低了 44.2%；褪黑素合成关键酶基因咖啡酸-O-甲基转移酶（*COMT*）和 5-羟色胺 N-乙酰基转移酶（*SNAT1*）的表达量则分别升高了 35.0% 和 51.9%；ABA 合成基因 *NCED2*，乙烯合成基因 *ACS*、*ACO*，H_2O_2 合成酶基因 *RBOHC* 和乙醇脱氢酶基因 *ADH1* 表达量则分别升高了 1.0 倍、2.0 倍、2.4 倍、1.0 倍和 3.9 倍；褪黑素处理受淹棉花可以有效调控以上基因的表达。其中，主茎功能叶 *Gh-SNAT1*、*GhCOMT* 和 *GhGA20ox1* 表达量分别较未喷施的受淹棉株升高了 1.0 倍、3.3 倍和 2.2 倍；*GhNCED2*、*GhACS*、*GhACO*、*GhRBOHC* 及 *GhADH1* 的表达量分别降低了 61.9%、35.5%、46.3%、65.0% 和 40.0%。与之相反，PCPA 处理的棉花主茎功能叶 *GhSNAT1*、*GhCOMT* 和 *GhGA20ox1* 的表达量较未喷施的受淹棉株分别降低了 48.7%、51.8% 和 38.8%；*GhNCED2*、*Gh-RBOHC* 及 *GhADH1* 的表达量则分别升高了 1.2 倍、2.5 倍和 1.9 倍；*GhACS* 和 *GhACO* 的表达量则分别升高了 59.4% 和 14.9%。

以上结果表明，淹水胁迫降低了 GA 合成关键基因表达量，提高了 ABA 和 ETH 合成基因的表达量；而喷施外源褪黑素通过提升棉株内源褪黑素含量，调节了受淹棉株体内相关基因表达。

综上，淹水胁迫破坏了棉花的膜系统、光合系统和激素平衡，显著降低了光合生产与干物质积累，导致减产。喷施外源褪黑素提高了受淹棉株内褪黑素含量，有效减轻了受淹棉株细胞膜脂过氧化和厌氧呼吸，诱导激素合成代谢相关基因表达，维持了激素的相对平衡和光合生产能力，提高了棉花对淹水胁迫的适应能力，减少了产量损失（Zhang et al.，2024）。

（五）蕾期培土等其他农艺管理措施

在盛蕾期对大田棉花进行培土，并在盛花期模拟淹涝胁迫 10 天，测定棉株的根际微生物变化、相关生理学指标、生物量以及籽棉产量（表 6 - 12），研究了蕾期培土是否增强受涝棉株对淹涝的适应能力。研究发现，盛花期淹水胁迫 10 天，皮棉产量降低了 23%，而盛蕾期培土的受淹棉花，皮棉产量只降低了 9.5%，培土棉株籽棉产量比未培土的受淹棉株提高了 15.1%；培土棉株群体光合速率升高了 51.5%，干物重增加了 23.2%；蕾期培土促进了有益微生物 Sphingomonas、Bryobacter 和 Betaproteobacteria 等的聚集，这些有益细菌被报道与促进植物营养吸收、固氮能力和植物生长直接或间接相关；蕾期培土的受淹棉株丙二醛、H_2O_2、乙醇脱氢酶、丙酮酸脱羧酶和脱落酸含量分别降低了 13.5%、6.7%、12.8%、17.4% 和 4.2%，生长素和赤霉素含量分别升高了 21.9% 和 52.8%，棉花根系 N、P 和 K 含量分别增加了 11.9%、12.4% 和 9.4%。并且蕾期培土的根际土壤细菌群落与棉花根系 N、P 和 K 含量及相关生理学指标显著相关。表明蕾期培土一方面改善了根际微生物群落，促进了有益微生物的聚集，增强了受淹棉株的养分吸收，缓解了受淹棉株细胞膜脂过氧化和厌氧呼吸；另一方面，通过提高生长素和赤霉素含量、降低 ABA 含量，促进了受淹棉株激素平衡，缓解了淹水胁迫对棉株生长发育的抑制，最终减少了产量损失。

表 6 - 12 不同培土方式对受淹棉株产量及产量构成的影响

处理	籽棉产量/ （千克/公顷）	皮棉产量/ （千克/公顷）	单位面积铃数/ （个/米²）	铃重/克	衣分/%
未培土、未淹水	4 263a	1 662a	104a	4.11b	38.91a
培土、未淹水	4 358a	1 694a	106a	4.16a	38.88a
未培土、淹水	3 307c	1 280c	86c	3.83c	38.65a
培土、淹水	3 807b	1 514b	95b	3.99b	39.77a

此外，还应及时采取以下农艺措施：

一要及时排涝。淹水时间越长，对棉花的伤害越大，长时间积水会产生涝渍损伤，导致棉株幼铃脱落或烂铃，甚至引起棉株根系缺氧死亡。对于积水棉田，首要任务是想尽一切办法及早排净积水。同时，疏通排水渠沟，保证"三沟"畅通、排灌自如、雨住水退。

二要扶理棉株。凡是倒伏后匍匐在地面的棉株，须及时扶理，否则影响棉株的通风透光和光合作用，导致减产。在田间积水退走后，顺棉株倒伏方向进地，趁地湿土松时将棉株轻轻扶起，使其根复原位，然后用铁锹适当培土固根防止再倒。切忌用脚踩，以免伤根影响棉花生长。扶理时要擦去或洗掉粘在叶片上的泥土，以免泥土遮光影响光合作用。

三要整枝和化控。淹水解除，棉株恢复生长以后，对有疯长趋势的棉田可以及时喷施甲哌鎓控制，对主茎和果枝叶腋处长出的赘芽、疯杈等应及时抹掉。

第五节　棉花抗盐防涝集中成熟栽培技术

我国植棉区内的盐碱地主要是盐土和不同程度的盐渍化土壤，包括滨海盐碱地和内陆盐碱地。其中，滨海盐碱地棉田呈带状分布在天津、河北、山东和苏北沿海低平原地区；内陆盐碱地棉田则主要分布在西北内陆棉区的新疆、甘肃等地区。利用棉花耐盐性强的特点，开发利用不适合种植粮食和油料作物的盐碱地植棉，并进一步提高现有盐碱地棉花的产量、品质和效益，对维护我国粮棉安全、保障棉花生产可持续发展具有重大战略意义。棉花虽然具有较强的耐盐性，但其耐盐能力是有限的，盐碱地植棉不只存在盐害，前期低温干旱、中期风雹雨涝、低温早霜等逆境对棉花生长发育和产量造成巨大的影响，有针对性地采取抗逆栽培技术措施十分重要。传统盐碱地植棉程序烦琐，存在用工多、投入大、面源污染重等突出问题，必须采取绿色轻简、节本增效、农机农艺结合的策略，而轻简栽培、机械收获的关键是集中成熟。因此，近些年来，以集中成熟为核心的盐碱地绿色轻简、抗逆丰产栽培技术研究也受到重视。

一、滨海盐碱地抗盐防涝栽培

以黄河三角洲为主的滨海盐碱地是我国重要的优质棉生产基地。然而，滨海盐碱地地下水位高，一方面春季容易返盐，耕层土壤盐分升高而产生盐害，导致棉田缺苗断垄；另一方面棉田排水不畅，夏季雨后涝灾频发，涝渍胁迫不仅不利于棉株根系生长，迫使根系由有氧呼吸转变为无氧呼吸，破坏根系功能，而且使棉株倒伏，进而影响棉花产量及品质。涝害与盐害的双重危害导致重度滨海盐碱地棉花产量低、品质差。现有的盐碱地棉花栽培方式，大都采用大水漫灌压盐，不仅需水量大，且压盐后至播种一段时间后棉田裸露，耕层土壤又会返盐，降低压盐效果。也有起垄沟或沟畦覆膜种植的方法，但都是先播种后覆膜或者播种覆膜同时进行，而且沟和垄一直保持到棉花收获，播种前的一段时间不能增温保墒抑盐，而7—8月雨季又不能有效地排水防涝，盐碱和涝渍常导致减产甚至绝产。可见，常规盐碱地作物种植方法不能同时减轻盐害和涝害。为减轻盐害并缓解涝害，山东省农业科学院等科研机构发明了滨海盐碱地凹凸栽培法，既能够在苗期减轻盐害、有助于盐碱地出苗成苗，也能够在花铃期防汛，最大限度地减轻涝害损失，确保盐碱地棉花丰产丰收。

（一）凹型种植

重度盐碱地于冬季前起垄；中度盐碱地可于冬季前或春季起垄。垄高25～30厘米、垄宽70～90厘米，两垄间距140～180厘米，垄间为沟畦，宽70～80厘米。盖膜前，沟中灌水1 500～3 000米^3/公顷（含盐量低的按低限灌水，含盐量高的按高限灌水）压盐，分次连续灌水，将沟畦耕层含盐量压至0.2%以下。重度盐碱地2月上旬至3月上旬将沟畦盖膜，中度盐碱地播种前盖膜，要求地膜厚度0.01毫米以上，膜宽80～100厘米。采用精量播种机在地膜上打孔播种两行棉花，棉花行距40～50厘米，播深2.0～2.5厘米，形成凹型种植，利用沟中盐分低的特点，减少盐害，促进棉花种子出苗和生长。

（二）凸型栽培

6月中旬，揭掉地膜，平垄并将土培到两行棉花基部，让沟成垄、垄成沟，形成凸型栽培，便于进入雨季后排水防涝。在棉田遭受涝灾时，凸型栽培可加快排涝速度，且棉花基部培土还能防止棉花倒伏，减少涝后损失。此外，要注意扶理倒伏棉株和科学化控。对于倒伏棉株，采取边排水边扶苗的措施，通过巧扶、轻扶、顺行扶起，将棉株扶正，之后培土稳棵，改善棉田的通风透光条件。花铃期雨前没有化控的棉田，受涝棉株恢复生长以后，未打顶棉田采用甲哌鎓45～75克/公顷，打顶后已经化控的棉田可适当减少甲哌鎓用量或不进行化控，有早衰趋势的棉田不进行化控。

（三）滨海盐碱地其他栽培管理措施

1. 中耕培土

中耕是在棉花生育期间对棉田进行的松土、除草作业。棉花属于深根作物，根系分布深广，活力较强，需要有疏松、透气的表层土壤环境；棉花生长期长，前期行间地面裸露、蒸发量大且杂草容易滋生。因此，需要加强中耕除草、松土，结合培土，为棉花生长发育创造良好的环境条件。

（1）中耕的作用。中耕是促进根系发育的重要措施，可以改善土壤的理化性状，促进微生物活动和有机肥料的分解；还可以减少水分蒸发，使水分处于较稳定状态。通过中耕切断部分侧根，减少根群的数量，导致根系对水分的吸收暂时减少，可控制茎、枝、叶的生长，使棉株生长稳健，对碳水化合物的消耗也相应减少。中耕是棉花蕾期管理中实现促控结合，搭好丰产架子的一项重要措施。

（2）传统中耕技术。棉田中耕在苗期、蕾期进行，花铃期以后根据具体情况决定，一般全生育期中耕 4～5 次。播种后或现行后即可中耕，一般 2～3 次，深 15～18 厘米，达到耕层底部平整、表土松碎，人工及时拔除穴口内杂草。雨后及时中耕，能破除板结、散墒提温；盐碱地棉田，要求加大中耕深度，起到提墒、增温、抑盐的效果。中耕要注意与灌水、追肥、培土等作业相结合，要根据天气、棉苗长势灵活掌握，天旱苗小宜浅中耕，雨后土湿苗旺宜深中耕。雨后或浇水后土壤板结要及时中耕，南方苗期多雨宜浅中耕，套种棉田在前作物收割后要及时深中耕。目前，棉田中耕一般采用拖拉机牵引的中耕作用机具进行行间松土、除草、灭茬，株间或苗旁杂草多采用手锄或人工拔除。

（3）轻简中耕技术。为减少用工、节约成本，目前多采用轻简中耕技术。一是合理施用除草剂，一般采用播前混土、播后苗床喷药覆盖的方法，控制杂草发生。二是减少中耕次数，由全生育期中耕 4～5 次改为 1～2 次，齐苗后至 2 叶期中耕 1 次，盛蕾期中耕 1 次。蕾期中耕要深，中耕深度行间可增加到 10 厘米以上，距棉株两侧 5～6 厘米。为了便于中后期管理和浇水、排水，中耕一般都结合培土，要把土培到棉株基部，以稳固棉株。三是用中耕机械代替人力和畜力，提高劳动效率。四是地膜覆盖和滴灌可控制杂草发生，特别在西北内陆棉区应用最为广泛，是减少中耕次数的有效措施。

2. 化控免整枝

免整枝是指用化学或其他方法抑制或控制棉花叶枝和主茎顶心的生长，减免人工去叶枝、打顶心、抹赘芽、去老叶、去空果枝等传统整枝措施，以达到控制和利用叶枝，实现与传统整枝基本一致的产量和品质的棉花栽培措施。

要实现免整枝而不减产、降质，需要适宜品种、科学化学调控与合理密植等技术措施与物化成果的密切配合，可根据植棉地区的生态条件和生产条件合理密植，利用小个体、大群体抑制叶枝生长；通过甲哌鎓等植物生长调节剂抑制赤霉素生物合成，控制棉花节间与主茎顶端生长，并配合株行距配置、水肥调控等措施减免去叶枝和打顶环节。具体措施如下：

一是要选用株型紧凑、叶枝弱、赘芽少的棉花品种。二是减施基肥和氮肥，苗期慎浇水，氮肥适当后移（初花期）。三是要搭配合理的株行距配置，等行距、南北向种植便于控制叶枝生长发育。其中，一熟制春棉收获密度控制在 7.5 万～9.0 万株/公顷，在现有基础上提早化控，首次化控提前到 3～4 叶期，然后在盛蕾和初花时根据长势各化控 1 次，3 次用量分别为 15.0 克/公顷、22.5～30.0 克/公顷和 37.5～45.0 克/公顷；正常打顶前 5 天，用甲哌鎓 75～105 克/公顷叶面喷施，10 天后再次叶面喷施 105～120 克/公顷，实现免整枝。晚播短季棉收获密度控制在 9.0 万～10.5 万株/公顷，可根据情况于盛蕾期前后化控 1～2 次；棉花正常打顶前 5 天，用甲哌鎓 75～105 克/公顷叶面喷施 1 次，实现免整枝。

3. 轻简施肥

棉花生产周期长、植株个体大，其对肥料非常依赖，棉花轻简施肥就是要简化施肥过程，通过与棉花需肥规律结合进一步提高肥料利用效率，以实现棉花施肥的轻简高效。

（1）棉花轻简施肥的技术原则。

①施肥数量可以减少。在土壤碱解氮含量超过 120 毫克/千克、有效磷含量超过 15 毫克/千克、速效钾含量超过 140 毫克/千克的土壤养分含量条件下，目前棉花生产水平的氮肥用量可以控制在 225 千克/公顷以内，$N : P_2O_5 : K_2O = 1 : 0.3 : 1$ 为宜。

②分次施肥比例需要调整。棉花生产中比较普遍的施肥方法：底肥 30%，初花肥 40%，盛花肥 30%。底肥施用后，棉花需要经历 60～70 天，这期间易造成养分流失，降低肥料利用效率。另外，盛花肥过多容易导致赘芽丛生甚至贪青晚熟，徒耗养分，还降低了产量。因此可以适当降低底肥和盛花肥比例，调整为：底肥 10%～20%，初花肥 60%～70%，盛花肥 20% 左右。

③一次性施肥可以获得高产。在实行冬季作物收获后接茬种植棉花的两熟

制棉区，在土壤养分供应良好的条件下，减少氮肥施用次数 1～2 次是可行的。5 月下旬至 6 月初播种的棉花甚至可以一次施肥：在田间可见第一朵白花时施入全部氮、磷、钾、硼肥。

④合理施用新型肥料。新型肥料主要包括：专用配方肥、商品有机肥、水溶性肥料、微生物肥料、缓控释肥料等。

⑤实行棉花秸秆还田。结合秋冬深耕进行秸秆还田可以有效提高土壤有机质含量，是培肥棉田地力的重要手段。

（2）黄河流域春棉轻简施肥技术。结合生产实际和肥药减施的要求，籽棉产量目标 3 000～3 750 千克/公顷时，施氮量（N）为 195 千克/公顷左右，$N：P_2O_5：K_2O$ 比例为 1：0.6：0.6；籽棉产量目标 3 750 千克/公顷以上时，施氮量（N）为 225 千克/公顷左右，$N：P_2O_5：K_2O$ 比例为 1：0.45：0.9。施用速效肥可将施肥次数减少到 2 次，即基肥 1 次（全部磷、钾肥和 50%～60% 的氮肥），剩余氮肥在开花后一次追施。施用控释肥时可 1 次施肥，即将复合肥（含 N、P_2O_5、K_2O 各 18%）50 千克/亩和控释期 120 天的树脂包膜尿素 15 千克/亩作基肥，播种前深施 10 厘米，以后不再施肥。

（3）黄河流域棉区晚春播棉花轻简施肥技术。晚播早熟棉一般采用"一基一追"的施肥方式，每公顷基施 N 100 千克、P_2O_5 75 千克、K_2O 75 千克，盛蕾期追施 N 80 千克/公顷，也可采用控释 N（释放期为 90 天）种肥同播；蒜后早熟棉采用一次性追施，现蕾期每公顷追施 N 60 千克、P_2O_5 37.5 千克、K_2O 45 千克。

4. 脱叶催熟

脱叶催熟是实现棉花集中成熟集中收获的有效手段。催熟的主要对象是实行集中采收前尚未完全吐絮的晚熟棉田，此类棉田若不进行催熟，一方面易造成机械采收时漏采，造成产量损失；另一方面青铃的存在易导致染色，降低纤维品质。脱叶的主要对象是采收前尚未脱落的主茎叶、果枝叶，以及二次生长产生的嫩叶，通过脱叶能够降低机械采收籽棉的含杂率，并且能够避免因绿色叶片染色造成的纤维品质降低。

（1）脱叶催熟剂选择。不同的催熟剂和脱叶剂复配或混用，是当前开展棉花化学脱叶催熟的主要手段。常使用的催熟剂主要为乙烯利；使用的脱叶剂主要有 50% 噻苯隆可湿性粉剂等。黄河流域棉区采用 50% 噻苯隆可湿性粉剂每公顷 300～600 克和 40% 乙烯利水剂每公顷 2.25～3.0 升混合施用，可通过添加一定量的表面活性剂提高施用效果。

（2）脱叶催熟时间及剂量。为保证脱叶催熟剂的喷施效果，应确保施药后1周内的日最高气温大于18℃，过早施药可能导致叶片过早脱落，造成减产；施药时间过晚则气温过低，降低药效。对于黄河流域一熟春棉来说，在棉田棉株吐絮60%～70%时，每公顷喷施40%乙烯利水剂1 500～2 250毫升＋50%噻苯隆可湿性粉剂300～600克，药剂用量可根据棉花长势及气候条件酌情进行增减，一般来说，气温较低、棉株长势较旺、晚熟棉田，可适当增加用量，反之则可以适当降低药剂用量。

（3）喷施药械选择。多采用高地隙大型施药机械来牵引，选用带吊喷、风幕及分禾器的药械确保喷匀喷透。如遇倒伏严重的棉田，可选用无人机进行喷施，由于无人机喷施的药液浓度大、药液量少，通常情况下建议喷施两次，以确保喷匀喷透。

（4）脱叶催熟剂喷施方法和原则。为保证脱叶催熟效果，建议采用机车喷施。喷施次数可根据棉田群体大小来确定，群体较小的棉田喷施一次即可；群体大的棉田，由于药液不易喷到中下部叶片，宜采用分次施药，第一次施药应比正常施药期提前7天左右，采用较低剂量，待上部叶片大部分脱落后，再进行第二次施药，剂量适当增加。要求最终脱叶率保证达到95%以上，吐絮率达到90%以上，挂枝棉、挂枝叶少，最终的含杂率控制在8%以内。

脱叶催熟后，可以实现集中收获。收获次数由传统的4～5次减为1～2次，条件成熟地区可利用采棉机1次收花。

二、西北内陆盐碱地棉花干播湿出

棉花种子单粒精播通过创造适宜的顶土压力和出苗前的黑暗环境，诱发幼苗产生足量乙烯，有效调控下胚轴增粗关键基因 *GhERF1* 和弯钩形成关键基因 *GhHLS1* 的表达，使得生长素相关基因 *GhYUCCA8* 和 *GhGH3.17* 的差异表达和在幼苗弯钩内外侧生长素浓度的梯度分布，促进弯钩形成和顶土出苗。盐碱和低温等通过逆境抑制弯钩形成和下胚轴生长影响棉花种子出苗。

棉花具有较强的耐盐性，发展盐碱地植棉一直是开发利用盐碱地的重要途径。我国传统盐碱地植棉技术主要包括选用适宜棉花品种、冬春季节大水漫灌压盐排碱、地膜覆盖、增施有机肥和盐碱改良剂等改良土壤。为应对新疆植棉区干旱缺水的实际情况，北疆运用干播湿出技术（冬春季节不灌溉压盐造墒，播种后滴水促进棉花出苗），大幅度节约了用水量。但是，由于南疆棉田盐碱程度普遍高于北疆，干播湿出技术一直未能在南疆盐碱地推广开来。南疆一直沿用冬春季节大水漫灌压碱排盐适墒播种的种植模式，消耗了大量农业用水，造成棉花生长期用水紧张，同时需要打梗子、破梗子，增加成本。大水漫灌还导致春季地温回升慢，延迟播种，而且播种后土壤易返盐，影响保苗壮苗（周静远等，2023）。鉴于此，新疆农垦科学院和山东省农业科学院等科研单位在南疆盐碱地棉田开展了试验，并根据试验结果将传统干播湿出技术进行了改进：一是行距配置由（66+10）厘米调整为（63+13）厘米或 76 厘米等行距，前者小行间布管，后者一行一管；二是由传统的 1 次滴苗水改为 3~4 次，单次灌水量减小；三是灌水时带有盐碱改良剂，提高耐盐效果。这一改进，实现了在南疆生态条件下采用干播湿出一播全苗、壮苗，达到了棉花出苗齐、苗匀、苗壮，保苗率高，高产、优质、高效的目标。具体做法：在棉花覆膜打孔播种后，利用膜下滴灌进行少量多次滴水，在确保地温快速提升的同时，使棉花种子处于足墒低盐的土壤环境中，利于出苗与成苗。3 月整地后，4 月 1 日前后在地膜上打孔播种，待地温稳定在 12℃时第 1 次滴水，滴水量控制在 300 米^3/公顷；隔 7 天后进行第 2 次滴水，滴水量 225 米^3/公顷；隔 10 天后第 3 次滴水，滴水量 225 米^3/公顷；隔 12 天后第 4 次滴水，滴水量 150 米^3/公顷。苗期共滴水 4 次，总用水量 900 米^3/公顷。该技术方法为棉种萌发出苗提供低盐湿润环境。多次微量滴灌技术与大水压盐造墒交替进行，一般间隔两年深耕 1 次，并同时进行大水漫灌压盐造墒，例如：于第一年 3 月上旬深耕一次，耕深 40~45 厘米，并按照 2 250 米^3/公顷的标准大水漫灌压盐，当年可直接采用膜上打孔播种出苗。

西北内陆盐碱地通过干播湿出技术实现一播全苗后，通过系统化控、水肥轻简运筹、脱叶催熟等技术措施，实现棉花集中成熟、机械采收。

🌸 参考文献

邓天宏，朱自玺，方文松，等，1998. 土壤水分对棉花蕾铃脱落和纤维品质的影响. 中国农业气象，19（3）：8-13.

董合忠，李维江，唐薇，等，2003. 干旱和淹水对棉苗某些生理特性的影响. 西北植物学报，23（10）：1695-1699.

杜雄明，傅怀勤，刘国强，等，1993.1992 年不良环境条件对陆地棉产量及纤维品质性状的影响. 河南农业科学（7）：10-11.

郭文琦，刘瑞显，周治国，等，2010. 施氮量对花铃期短期渍水棉花叶片气体交换参数和叶绿素荧光参数的影响. 植物营养与肥料学报，16（2）：362-369.

何嵩涛，刘国琴，樊卫国，2006. 水涝胁迫对银杏内源激素和细胞溶质含量的影响. 安徽农业科学，34（7）：1292-1294.

李乐农，郭宝江，彭克勤，等，1998. 淹水处理对蕾期棉花产量及生理生化特性的影响. 湖南农业科学（5）：21-22.

李乐农，彭克勤，孙福增，1999. 洪涝对棉花产量及其品质的影响. 作物学报，25（1）：109-115.

刘迪，2015. 盐涝胁迫影响棉花（*Gossypium hirsutum* L.）苗期生长发育的研究. 南京：南京农业大学.

刘凯文，朱建强，吴启侠，2010. 蕾铃期涝渍相随对棉花叶片光合作用与产量的影响. 灌溉排水学报，29（1）：23-26.

刘晓娟，2017. 盐涝互作对大果沙枣生理特性的影响. 济南：山东师范大学.

邵瑞鑫，李蕾蕾，郑会芳，等，2016. 外源一氧化氮对干旱胁迫下玉米幼苗光合作用的影响. 中国农业科学，49（2）：251-259.

宋学贞，杨国正，罗振，等，2012. 花铃期淹水对棉花生长，生理和产量的影响. 中国棉花，39（9）：5-8.

王宪叶，沈文飚，徐朗莱，2004. 外源一氧化氮对渗透胁迫下小麦幼苗叶片膜脂过氧化的缓解作用. 分子植物（Molecular Plant），30（2）：195-200.

王玉清，朱祝军，何勇，2007. 外源一氧化氮对盐胁迫下黄瓜幼苗叶片膜脂过氧化的缓解作用. 浙江大学学报农业与生命科学版，33（5）：533-538.

王振省，李磊，李婷婷，等，2014. 水稻分蘖期淹水对根系生长和产量的影响研究. 灌溉排水学报，33（6）：54-57.

吴启侠，朱建强，杨威，等，2015. 花铃期高温受涝对棉花的交互效应及排水指标确定. 农业工程学报，31（13）：98-104.

徐林林，2014. 外源一氧化氮对镉胁迫下花生与生菜生长的缓解效应及其机理研究. 泰安：山东农业大学.

杨长琴，刘敬然，张国伟，等，2014. 花铃期干旱和渍水对棉铃碳水化合物含量的影响及其与棉铃生物量累积的关系. 应用生态学报，25（8）：2251-2258.

张艳军，2017. 棉花对不同生育期淹水胁迫的差异响应及其生理学机制. 济南：山东大学.

张艳军，董合忠，2015. 棉花对淹水胁迫的适应机制. 棉花学报，27（1）：80-88.

张阳，李瑞莲，周仲华，等，2013. 涝渍胁迫对棉花蕾期生理生化响应的研究//中国棉花学会，中国棉花学会2013年年会论文集：222-228.

周静远，代建龙，冯璐，等，2023. 我国现代棉花栽培理论和技术研究的新进展. 塔里木大学学报，35（2）：2-12.

Bange M P, Milroy S P, Thongbai P, 2004. Growth and yield of cotton in response to waterlogging. Field Crops Research, 88 (2 - 3): 129 - 142.

Barnawal D, Bharti N, Maji D, et al., 2012. 1 - Aminocyclopropane - 1 - carboxylic acid (ACC) deaminase - containing rhizobacteria protect *Ocimum sanctum* plants during waterlogging stress via reduced ethylene generation. Plant Physiology and Biochemistry, 58 (3): 227 - 235.

Barrett - Lennard E G, Shabala S N, 2013. The waterlogging/salinity interaction in higher plants revisited - focusing on the hypoxia - induced disturbance to K^+ homeostasis. Functional Plant Biology, 40 (9): 872 - 882.

Christianson J A, Llewellyn D J, Dennis E S, et al., 2010. Global gene expression responses to waterlogging in roots and leaves of cotton (*Gossypium hirsutum* L.). Plant Cell Physiol, 51: 21 - 37.

Ding Z J, Yan J Y, Li C X, et al., 2015. Transcription factor *WRKY46* modulates the development of Arabidopsis lateral roots in osmotic/salt stress conditions via regulation of ABA signaling and auxin homeostasis. The Plant Journal, 84 (1): 56 - 69.

Dodd K, Guppy C N, Lockwood P V, et al., 2013. Impact of waterlogging on the nutrition of cotton (*Gossypium hirsutum* L.) produced in sodic soils. Crop and Pasture Science, 64 (8): 816 - 824.

Ellis M H, Millar A A, Llewellyn D J, et al., 2000. Transgenic cotton (*Gossypium hirsutum*) over - expressing alcohol dehydrogenase shows increased ethanol fermentation but no increase in tolerance to oxygen deficiency. Functional Plant Biology, 27 (11): 1041 - 1050.

Fukao T, Bailey - Serres J, 2008. Submergence tolerance conferred by Sub1A is mediated by SLR1 and SLRL1 restriction of gibberellin responses in rice. Proceedings of the National Academy of Sciences, 105 (43): 16814 - 16819.

Guo W, Liu R, Zhou Z, et al., 2010. Waterlogging of cotton calls for caution with N fertilization. Acta Agriculturae Scandinavica Section B - Soil and Plant Science, 60 (5): 450 - 459.

Hattori Y, Nagai K, Furukawa S, et al., 2009. The ethylene response factors SNORKEL1 and SNORKEL2 allow rice to adapt to deep water. Nature, 460 (7258): 1026 - 1030.

Hong B, Zhou B, Peng Z, et al., 2023. Tissue - specific transcriptome and metabolome analysis reveals the response mechanism of Brassica napus to waterlogging stress. International Journal of Molecular Sciences, 24 (7): 6015.

Huang J, Liu F, Chao D, et al., 2022. The *WRKY* transcription factor *OsWRKY54* is involved in salt tolerance in rice. International Journal of Molecular Sciences, 23

(19)：11999.

Liu P，Sun F，Gao R，et al.，2012. *RAP2. 6L* overexpression delays waterlogging induced premature senescence by increasing stomatal closure more than antioxidant enzyme activity. Plant Molecular Biology，79（6）：609 – 622.

Milroy S P，Bange M P，2013. Reduction in radiation use efficiency of cotton（*Gossypium hirsutum* L. ）under repeated transient waterlogging in the field. Field Crops Research，140：51 – 58.

Milroy S P，Bange M P，Thongbai P，2009. Cotton leaf nutrient concentrations in response to waterlogging under field conditions. Field Crops Research，113：246 – 255.

Najeeb U，Bange M P，Tan D K Y，et al.，2015. Consequences of waterlogging in cotton and opportunities for mitigation of yield losses. Aob Plants，7（4）：55 – 68.

Najeeb U，Atwell B J，Bange M P，et al.，2015. Aminoethoxyvinylglycine（AVG）ameliorates waterlogging – induced damage in cotton by inhibiting ethylene synthesis and sustaining photosynthetic capacity. Plant Growth Regulation，76（1）：83 – 98.

Nakano T，Suzuki K，Fujimura T，et al.，2006. Genome – wide analysis of the ERF gene family in Arabidopsis and rice. Plant Physiology，140（2）：411.

Pan L D，Wang G，Wang T，et al.，2019. *AdRAP2. 3*，a Novel ethylene response factor VII from Actinidia deliciosa，enhances waterlogging resistance in transgenic Tobacco through improving expression levels of PDC and ADH genes. International Journal of Molecular Sciences，20（5）：1189.

Qin Q，Zhu J，Jia C，et al.，2012. Influence of subsurface waterlogging on physiological characteristics of cotton seedlings under high temperature synoptic conditions. Advance Journal of Food Science & Technology，4（6）：409 – 412.

Seok H Y，Tran H T，Lee S Y，et al.，2022. *AtERF71/HRE2*，an Arabidopsis *AP2/ERF* transcription factor gene，contains both positive and negative cis – regulatory elements in its promoter region involved in hypoxia and salt stress responses. International journal of molecular sciences，23（10）：5310.

Shi J B，Wang N，Zhou H，et al.，2019. The role of gibberellin synthase gene *GhGA2ox1* in upland cotton（*Gossypium hirsutum* L. ）responses to drought and salt stress. Biotechnology and applied biochemistry，66（3）：298 – 308.

Singh N，Dang T T M，Vergara G V，et al.，2010. Molecular marker survey and expression analyses of the rice submergence – tolerance gene SUB1A. Theoretical and Applied Genetics，121（8）：1441 – 1453.

Voesenek L A C J，Benschop J J，Bou J，et al.，2003. Interactions between plant hormones regulate submergence – induced shoot elongation in the flooding – tolerant dicot Rumex palustris. Annals of Botany，91：205－211.

Wang H，Liu X，Yang P，et al. ，2022. Potassium application promote cotton acclimation to soil waterlogging stress by regulating endogenous protective enzymes activities and hormones contents. Plant Physiology and Biochemistry，185：336－343.

Wu Q X，Zhu J Q，Liu K W，et al. ，2012. Effects of fertilization on growth and yield of cotton after surface waterlogging elimination. Advance Journal of Food Science & Technology，4（6）：398－403.

Xu K，Xu X，Fukao T，et al. ，2006. *Sub1A* is an ethylene－response－factor－like gene that confers submergence tolerance to rice. Nature，442（7103）：705－708.

Zhang Y，Chen Y，Lu H，et al. ，2016. Growth，lint yield and changes in physiological attributes of cotton under temporal waterlogging. Field Crops Research，194：83－93.

Zhang Y，Li Y，Liang T，et al. ，2023. Field－grown cotton shows genotypic variation in agronomic and physiological responses to waterlogging. Field Crops Research，302：109067.

Zhang Y，Liu G，Dong H，et al. ，2021. Waterlogging stress in cotton：Damage，adaptability，alleviation strategies，and mechanisms. The Crop Journal，9（2）：257－270.

Zhang Y，Song X，Yang G，et al. ，2015. Physiological and molecular adjustment of cotton to waterlogging at peak－flowering in relation to growth and yield. Field Crops Research，179：164－172.

Zhang Y，Xu S，Liu G，et al. ，2023. Ridge intertillage alters rhizosphere bacterial communities and plant physiology to reduce yield loss of waterlogged cotton. Field Crops Research，293：108849.

Zhang Y，Liang T，Dong H，2024. Melatonin enhances waterlogging tolerance of field－grown cotton through quiescence adaptation and compensatory growth strategies. Field Crops Research，306：109217.

第七章 棉花集中成熟栽培模式

中国植棉区域广阔。按地理分布和生态、生产条件的相似性和差异性，中国棉花生产区域被划分为 7 个棉区。但是，自新中国成立以来，棉花种植区域经历多次调整和转移，目前主要在西北内陆棉区、黄河流域棉区和长江流域棉区种植，其中又以西北内陆棉区为主，呈现"一体两翼"的局面。根据各棉区的生态条件和实际需要，因地制宜，以集中成熟、机械收获为引领，集成种、管、收各环节的关键技术，建立了西北内陆棉花集中成熟栽培模式、黄河流域一熟制棉花集中成熟栽培模式和长江流域与黄河流域两熟制棉花集中成熟栽培模式，形成符合国情、独具特色的中国棉花集中成熟轻简栽培技术体系，实现了棉花"种—管—收"全程高效轻简化（聂军军等，2021）。平均省工 30%～50%、减少物化投入 10%～20%，春棉增产 5%～10%，早熟棉节本 30% 以上。人均管理棉田，内地由 3～5 亩增加到 30～50 亩、新疆由 5～10 亩增加到 50～100 亩，突破了用工多、投入大、效率低、机械收获难等限制棉花产业持续发展的瓶颈，为我国棉花生产方式由传统劳动密集型、资源高耗型向轻简节本型、资源节约型转变提供了重要的理论和技术支撑（董合忠，2019）。本章分棉区介绍各自的集中成熟栽培技术。

第一节 西北内陆棉区生态特点和棉花集中成熟栽培模式

西北内陆棉区位于我国西部，东起甘肃以西至内蒙古西端，西北与中亚细亚接壤，地处亚洲内陆腹地，被祁连山、阿尔金山、昆仑山、帕米尔高原、天山和阿尔泰山所环绕，即六盘山以西，昆仑山、祁连山以北，阴山以西，准噶尔盆地北部，包括吐鲁番盆地、塔里木盆地、准噶尔盆地西南和伊犁河谷，以及甘肃河西走廊与内蒙古西部的黑河灌区。该区以新疆为主，包括新疆、甘肃和内蒙古 3 个省份，现为全国最大产区，面积占全国棉花面积的 85.7%，总产量占全国产量的 91.7%（2023），棉花机械化采收占 85% 以上。该区还是我国唯一长绒棉（海岛棉）种植区，最大种植面积 25.8 万公顷（2015），最高产量 42.6 万吨（2016），面积和产量占新疆最高比例约为 11.0%。在新疆，地方植棉面积占 65.7%，产量约占 60%；新疆生产建设兵团面积占 34.3%，产量约占 40.0%（2018）。

一、西北内陆棉区的生态特点

西北内陆棉区跨越干旱暖温带和干旱中温带的温带大陆性气候区，光热资源和生态条件整体有利棉花生产，种植陆地棉的中熟、中早熟、早熟和特早熟类型品种，亦可种植海岛棉早熟类型品种。气候干旱，年蒸发量 1 600～3 100 毫米，年均相对湿度 41%～64%，绿洲农业、灌溉植棉，依雪山融雪性洪水灌溉。海拔高度相差 1 500 米，无霜期 170～230 天，年均温度 11～12℃，4—10 月平均温度 17.5～20.1℃，≥10℃积温 2 900～5 500℃，≥15℃积温 2 500～5 300℃；年降水量 50～300 毫米，北疆、河西走廊多，南疆、东疆少。日照充足，年日照时数 2 600～3 400 小时；昼夜温差大；春季气温回升快但不稳定，秋季气温陡降。

该区棉田大都分布在河流两岸的冲积平原、三角洲地带和沙漠周缘的绿洲；条田连片，农田平整，林网纵横，防风防沙尘，输水渠道硬化，道路畅通；土壤以灌淤土、旱盐土、棕漠土和盐化潮土为主，土层深厚，质地疏松，肥力中等，均有不同程度的次生盐渍化。该区棉田一年一熟，冬季休闲和轮作制；立枯病和红腐病在低温发生危害严重，对保苗不利；枯萎病和黄萎病扩大至全区，造成减量；棉蚜、棉叶螨发生危害面积大，棉铃虫通过种植转 Bt 基因抗虫棉得到有效控制。

新疆是全国最大的集中产棉区。2023 年新疆植棉面积占西北内陆棉区总棉田面积的 99% 以上。尽管气候干旱、水资源有限且同时存在高温和盐碱土壤等问题，但地膜覆盖技术开创了西北内陆植棉的新时代。在过去 30 年，新疆的棉花生产取得了令人瞩目的成就。通过不断改进棉花种植技术和品种更换，棉花产量不断提高，从 1995—2000 年间的平均每公顷 1 500 千克提高到 2006—2010 年的 1 800 千克，再到 2016—2020 年的 1 950 千克，实现了显著的"三跳"。其中，2023 年新疆平均皮棉产量达到 2 369 千克/公顷，其中新疆生产建设兵团第一师十六团创造籽棉 12 090（皮棉 4 500）千克/公顷的高产纪录（2009），成为全球单产最高的产区（Feng et al.，2024）。

总结新疆近 30 年的植棉技术发展历程发现，其种植技术体系已经发展到第三代，每一代都侧重于不同的方面，并在前一代的基础上进行了改进。第一代（1G）体系强调充分利用光热资源，而第二代（2G）体系旨在提高水肥利用效率，第三代（3G）体系优先考虑集中成熟轻简高效。这些区域特色的技术体系促进了农艺技术和机械化的整合，确保了资源的有效利用，使新疆的棉花产量和盈利能力不断提高，对新疆高产高效棉花生产作出重要贡献（Feng et al.，2024）。

二、西北内陆棉花集中成熟栽培模式

新疆是我国棉花生产机械化程度最高的产棉区，其中新疆生产建设兵团的棉花生产已经基本实现全程机械化。但是，离真正意义上的轻简高效生产还有一定距离，主要体现在：过分追求高产，投入大、成本高，棉田面源污染重，丰产不丰收、高产不高效，不符合绿色生态、可持续发展的理念和要求；注重遗传品质，忽视生产品质，密度过高、群体结构不合理导致群体臃肿荫蔽、脱叶率低，棉花含杂多，这是好品种没有生产出优质棉的主要原因；注重机械代替人工，强调全程机械化，劳动强度降低了，但植棉程序没有减少，没有实现真正意义上的轻简高效，不符合绿色可持续生产的要求，成为制约新疆棉花生产可持续发展的瓶颈。

大力发展机采棉是新疆棉花生产的必由之路。但是对机采棉的认识还存在一些误区，有关机械采摘过程对棉花纤维品质的影响还不清楚。我们的研究表明，机采对棉花纤维长度和马克隆值无显著影响，但对比强度、整齐度及纺纱均匀性指数均有不利影响，还会增加短纤维指数（田景山等，2016）。但是，清理过程对纤维品质的影响远大于机采过程，特别是对比强度有显著损伤，损伤大小主要与叶杂黏着性有关，当机采籽棉叶杂手清率＞40％时，籽棉清理对纤维损伤小（Tian et al.，2017a）；皮棉清理则显著影响纤维长度和短纤指数（表示长度在 16 毫米以下的短纤维的含量），应选择 1 道气流式或锯齿式皮棉清理机，若兼顾机采棉原棉等级则以 2 道为限（Tian et al.，2017b）。提高脱叶率，降低机采前棉株叶量是改善机采籽棉品质的根本技术途径。基于此，新疆棉花生产的健康发展要走集中成熟轻简高效的路子。其具体技术路线是"降密健株、优化成铃、提高脱叶率"。要制定合理的产量目标，把高产超高产改为丰产优质，把高投入高产出改为节本增效、绿色生态；采取的主要技术途径是"良种良法配套、农机农艺融合、水肥药膜结合、水肥促进与甲哌鎓化控相结合"。因地制宜，确定了西北内陆"降密健株"集中成熟轻简高效植棉技术（表7-1）。

表7-1 西北内陆集中成熟栽培技术的效果

环节	集中成熟轻简高效栽培技术的先进性及应用效果
种	①根据盐碱程度、底墒大小、地力条件和淡水资源，灵活选择秋冬灌或春灌、膜下春灌和滴水出苗等节水造墒播种方式，并实行年际交替轮换，实现节水与养地结合； ②"膜上单粒精准播种，宽膜覆盖边行内移增温，适时适量滴水增墒"等保苗壮苗技术，实现了干旱低温条件下的一播全苗壮苗，保障了稳健基础群体的构建
管	①优化株行距、化学封顶与水肥运筹结合实现免整枝自然封顶，比人工整枝打顶平均省工18个/公顷，效率提高3倍以上； ②改传统滴灌（滴灌5~6次，每次饱和灌溉）为分区交替灌溉（滴灌9~11次，常规滴灌与亏缺滴灌交替）；减基肥、增追肥，减氮肥、补微肥；施肥量与每次灌水量协同，与棉株需肥规律匹配，实现水肥协同管理，水肥利用率提高20%~30%，节水省氮肥10%~20%
收	①构建"降密健株型"群体结构，株高增加15%~20%，节枝比增加10%~25%，非叶绿色器官对产量的贡献率提高30%以上； ②霜前花率提高了2~3个百分点，群体通透，脱叶率达到92%以上，有效缓解了脱叶效果差、机采籽棉杂质多等问题
综合效果	①平均省工30.3%，减少物化投入（水、氮肥、药）10%~20%，增产5.5%； ②脱叶率提高了3~5个百分点，机采籽棉含杂显著减少，原棉品质显著提高； ③人均管理棉田由过去5~10亩提高到了50~100亩

（一）条件要求和整地

1. 条件要求

轻简高效植棉技术对地力没有特别要求。但是，符合以下条件的棉田更能发挥出该技术节本增效的潜力：土地平整，地力中等以上，耕层深厚，土壤有机质含量不低于1.0%，土壤速效氮（N）50毫克/千克以上、有效磷（P_2O_5）17毫克/千克以上、速效钾（K_2O）150毫克/千克以上、土壤含盐量<0.3%。

选择高产、抗病、优质、抗逆、早熟性好，叶片大小适中、对脱叶剂敏感、含絮力适中的棉花品种。采用化学脱绒、精选、种衣剂包衣、发芽率≥

90%的种子。

2. 深翻或深松

根据盐碱程度、底墒大小、地力条件和淡水资源，灵活选择传统秋冬灌或春灌、膜下春灌和滴水出苗等节水造墒播种方式，并实行年际交替轮换。冬灌前深翻最佳，没有条件冬灌的棉田也可先深松，深松后翌年浇春灌水。同一棉田间隔2～3年深松一次为宜，其中黏土棉田2年深松一次；壤土棉田可3年深松一次；壤土或沙性壤土棉田深松的深度为40厘米；表层为壤土、下层为黏土或均为黏土的棉田，深松深度以50厘米为宜。从深松效果来看，翼铲式深松铲对犁底层破坏不彻底，容易形成大小不一的坚硬土块；弯刀式深松铲对耕层土壤的搅动效果较好，对犁底层破坏均匀、充分，推荐使用；凿型振动式深松铲介于两者之间。结合深耕或深松、冬灌或春灌，耙耢整平。

（二）播种及行株距和膜管配置

1. 适时播种

当土壤表层（5厘米）稳定通过12℃时即可播种。使用智能化精量播种机械，铺滴灌带、喷除草剂、覆膜、打孔播种等工序一并进行。采用2.05米宽地膜，1膜6行，按行距66厘米＋10厘米配置；或者1膜3行，行距76厘米，株距5.6～8.8厘米。膜上打孔，精准下种，下子均匀，一穴一粒，空穴率小于3%，播深2～2.5厘米。北疆采用干播湿出技术，及时滴出苗水，滴水量150～200米³/公顷。南疆采用改良干播湿出技术，出苗水和保苗水相结合，出苗后5～7天，滴水1次，滴水量150～200米³/公顷；再过5～7天，根据返盐情况决定是否滴水，若返盐再滴水1次，滴水量150～300米³/公顷。可根据具体情况增加水量和次数，直到6月初接上头水（正常灌水）。

2. 株行距和膜管配置

一般棉田继续推行66厘米＋10厘米或63厘米＋13厘米宽窄行配置方式，但要适当降低密度、合理增加株高，滴灌带铺设在窄行内，将"1管3"改为"1管2"；条件较好的棉田大力推行76厘米等行距种植，实收密度12万～15万株/公顷，每行棉花配置1条滴灌带，即"1管1"，采用单株生产力较大的棉花品种与之配套。

3. 合理密植

采用66厘米＋10厘米配置方式时，实收密度15万～20万株/公顷，盛蕾期、初花期和盛花期株高日增长量分别以 0.95 厘米、1.30 厘米和 1.15 厘米比较适宜，最终株高 75～85 厘米。其中，采用 1 膜 3 行 76 厘米等行距种植时，实收密度降至 15 万株/公顷左右，株高 80～90 厘米。

（三）轻简运筹肥水

1. 肥料运筹

提倡秸秆还田，在此基础上，采用"以追为主、基追结合；适当减氮，氮、磷、钾和微量元素配合"的原则施肥。肥料为有机肥（厩肥或油渣）配合化肥或只施化肥，其中，厩肥用量为 30 吨/公顷左右或油渣 1 200～1 500 千克/公顷；化肥为氮肥、磷肥、钾肥、锌肥，纯 N 用量 225～300 千克/公顷，P_2O_5 用量 130～200 千克/公顷，K_2O 用量不超过 100 千克/公顷，Zn 用量 3～6 千克/公顷。有机肥全部作基肥，化肥中 20%～30% 氮肥、65%～100% 磷肥、40%～50% 钾肥和 80%～100% 锌肥作为基肥，其余作为滴灌追肥，全生育期 9～11 次随水滴施方式施入土壤中，滴施肥料的形式以水溶性滴灌专用肥最好。

2. 水肥协同

改传统滴灌（滴灌 5～6 次，每次饱和灌溉）为膜下分区滴灌（滴灌 10～12 次，常规滴灌与亏缺滴灌依次交替），实行水肥协同管理，即减基肥、增追肥；减氮肥，补施微量元素；肥料用量与每次灌水量协同，与棉株需肥量匹配。新疆南部秋耕冬灌 2 250～3 000 米³/公顷，未冬灌棉田播前进行春灌，灌水量为 1 500～2 250 米³/公顷，春灌应在 3 月 25 日左右结束。冬灌地墒情差的要适量补灌，灌水量为 1 200 米³/公顷左右。生育期滴水除头水外，基本上实行"一水一肥""少吃多餐"，实行蕾期（6 月）轻施、花铃期（7 月）重施、盛铃期（8 月）增施。新疆北部采用干播湿出模式的棉田，仍提倡播前灌（带茬灌或冬灌），棉花播种后适时适量滴灌，一般滴水 120～225 米³/公顷。根据棉花生育进程，6 月上中旬开始滴灌，平均每隔 6～9 天滴灌一次，轮灌周期前中期 5～9 天、后期 7～9 天，实行常规滴灌与亏缺滴灌交替。

（四）精准化控

以适当降密、适增株高为目标，在传统化控技术的基础上适当调减化控次数和用量：棉花出苗显行后进行第一次化控，甲哌鎓用量为 15～20 克/公顷；

2～3 叶期喷施甲哌鎓 20～30 克/公顷，以促进稳健生长、长根蹲苗；在 5 月底 6 月初需对棉田进行甲哌鎓调控一次，用量为 30～40 克/公顷。对于盛蕾期的旺苗棉田，甲哌鎓用量为 35～50 克/公顷；初花期灌头水的壮苗、旺苗棉田，头水前用甲哌鎓 35～50 克/公顷。另外，结合不同品种对甲哌鎓的敏感程度，合理调整用量。根据棉田群体大小，7 月初喷甲哌鎓 35～50 克/公顷；打顶 10 天后，当顶端果枝伸长 10～15 厘米时，喷甲哌鎓 90～120 克/公顷。66 厘米＋10 厘米配置的棉田取其上限推荐用量，76 厘米等行距棉田取其下限推荐用量。推行化学封顶代替传统人工打顶，塑造通透群体，优化成铃、集中吐絮，提高脱叶率。

（五）脱叶催熟

脱叶催熟方案较多，可从以下 5 种方案中任选一种：54％脱吐隆 150～190 毫升/公顷＋伴宝 450～750 毫升/公顷＋40％乙烯利 1 000～1 500 毫升/公顷，80％噻苯隆 450～525 毫升/公顷，哈威达 120 毫升/公顷＋乙烯利 1 500 毫升/公顷，脱落宝 600 毫升/公顷＋乙烯利 1 500 毫升/公顷，80％瑞脱龙 300～375 克/公顷＋乙烯利 1 000～1 200 毫升/公顷，药剂混合后兑水配成 450～750 升/公顷工作液喷施。若棉花长势偏旺，需提前喷施药剂。若脱叶效果不佳或后期降温过快，7 天后进行二次脱叶，第二次脱叶喷施脱吐隆 375 毫升/公顷＋乙烯利 1 500 毫升/公顷或 80％噻苯隆 675～750 毫升/公顷兑水 450～600 升/公顷。

要求施药后 7～10 天内日平均温度不低于 18℃，施药前后 3～5 天内最低气温不低于 12℃，施药后 24 小时无雨。施药时气温越高脱叶催熟效果越好，不宜在气温迅速下降前的高温时施药；要求棉田自然吐絮率达到 40％，上部棉桃铃期 40 天以上时喷施脱叶剂。新疆南部一般年份应在 9 月 15—25 日，新疆北部一般年份应在 9 月 5—15 日，通常新疆北部喷施两次。选择使用离地间隙距离 70～80 厘米的高架喷施机械（主要指拖拉机和喷雾机）或飞机喷施。

需要注意的是，在喷施脱叶催熟剂后，不同时间段的叶片脱落率存在显著差异，以喷施后（7.0±1.0）天的脱落率最高，而且影响叶片脱落率的温度因子因时间段不同而有较大差异。在喷施脱叶催熟剂后 7 天左右是实现良好脱叶效果的关键时间段，其间的最高温度和每日≥12℃有效积温是影响叶片脱落率的关键因子。在新疆棉区喷施脱叶催熟剂后 7.0 天至少实现叶片脱落率大于

55％，要求该时间段的最高温度大于27.2℃、每日≥12℃有效积温大于7.0℃·天（田景山等，2019）。

第二节　黄河流域棉区生态特点和棉花集中成熟栽培模式

黄河流域棉区东起黄海、渤海，南至淮河和苏北灌渠总渠以北，西与内蒙古中西部、蒙古国毗邻，北至山海关。东低西高，海拔高度10～1 500米。包括山东、北京、天津和山西的全部、河北（除长城以北）大部、河南（除南阳、信阳两个地区）大部、安徽淮河以北、江苏苏北灌渠总渠以北，陕西（除汉中地区）大部；分散产区包括宁夏全部，甘肃河西走廊以东，内蒙古阴山山脉的黄河灌区。此外，黄淮海平原棉区泛指淮河、黄河和海河及其支流冲击而成的广阔平原植棉区，北起燕山南麓，西沿太行山、伏牛山山前平原，南临淮河和苏北灌渠总渠以北，东至东海、黄海和渤海，包括苏北、皖北、山东全省、河北大部、天津和北京以南。其中，黄淮平原棉区又泛指淮河和黄河平原植棉区。黄河流域棉区曾是全国最大的棉区，目前是全国第二大棉花产区，但面积仅占全国的6.8％、总产量占全国的4.24％（2023）。

一、黄河流域棉区生态特点

黄河流域棉区属南温带半湿润的东部季风气候区，雨热同季，适宜种植陆地棉，种植中熟、中早熟转 Bt 基因抗虫棉常规品种和杂交种。光照充足，年日照时数2 200～3 000小时。无霜期180～230天，≥10℃活动积温4 000～4 600℃，≥15℃活动积温3 500～4 100℃，年降水量500～1 000毫米，降雨集中在夏季，秋季干旱少雨有利吐絮收获。

该区是我国农作物的一熟到两熟制的过渡区。黄淮平原和华北平原南部为一年两熟制，东北部和滨海为一年一熟制。两熟制棉田采用套种（栽），棉花育苗移栽或地膜覆盖。不过，近年来该区积极发展早熟棉直播，包括蒜后直播和麦后直播，以及盐碱旱地的早熟棉晚春直播，面积逐年扩大，发展势头强劲。该区土壤为潮土、褐土、潮盐土和滨海盐土，肥力中等，适合植棉。苗期有立枯病、炭疽病和根腐病引起死苗，成株期枯萎病和黄萎病危害，虫害有棉蚜、棉铃虫、棉叶螨和红铃虫等。棉铃虫、红铃虫因种植 Bt 抗虫棉得到有效控制。棉盲蝽和烟粉虱发生危害呈加重趋势。

二、一熟春棉集中成熟栽培模式

长期以来，黄河流域一熟制棉花一直采取早播早发、适中密度构建"中密中株型"群体的栽培模式：4 月中下旬播种，种植密度 4.5 万～6 万株/公顷，大小行种植（大行 90～100 厘米、小行 50～60 厘米），株高 120 厘米左右，精细整枝，人工多次收花。这一传统高产栽培模式被该区棉农普遍接受。试验研究和生产实践证明，现行栽培技术通过地膜覆盖提高地温实现早播种，显著延长了棉花的生长发育期，满足了棉花作物无限生长特性的要求，使个体生长发育和产量品质潜力得到了较好发挥；同时，中等密度形成中等群体，便于棉田管理，棉花产量也比较稳定，特别是采用大小行种植，地膜覆盖小行，大行裸露，不仅节省地膜，还十分便于在大行中进行农事操作。但这一栽培模式也存在一系列限制棉花产量、品质和效益进一步提高的问题：一是早播棉花易受低地温的影响，较难实现一播全苗，这在鲁北植棉区的滨海盐碱地更为困难，缺苗断垄现象时有发生；二是受棉花单株载铃量的限制，在中等群体条件下，单位面积的总铃数较少（一般在 75 万个/公顷以下），很难进一步提高；三是中等群体下早播早发棉花的结铃期很长，伏前桃易烂、伏桃易脱、秋桃较轻，导致全株平均铃重较低；四是早发棉花极易早衰，一旦早衰则导致大幅度减产；五是这一栽培模式需要精耕细作、多次采收，管理和收获烦琐，费工费时。可见，按照这一技术模式，实现集中成熟、机械收获、棉花产量和效益的新突破难度很大，不符合新形势的要求。

基于此，黄河流域棉区棉花生产健康发展要走集中成熟轻简高效植棉的路子，其具体技术模式是"增密壮株、集中成铃"：播种期由 4 月中旬推迟到 4 月底 5 月初，通过适当晚播减少伏前桃数量，相应地减少烂铃；通过提高密度、科学化控免整枝，种植密度由 4.5 万株/公顷左右提高到 9 万株/公顷左右；加大化控力度，株高控制在 100 厘米以下，促进棉花集中成铃，最终使棉花结铃期与黄河流域棉区最佳结铃期吻合同步，使棉花多结伏桃和早秋桃，实现集中成熟、机械收获、轻简高效（董建军等，2016）。具体技术要点如下：

（一）单粒精播、适期晚播

为使棉花结铃期与黄河流域棉区的最佳结铃期吻合，并适当控制伏前桃的数量，减少烂铃，播种期要在传统播种日期的基础上适当推迟 10 天左右。春棉品种于 4 月 25 日至 5 月 5 日播种；可以露地栽培，也可以覆膜栽培，但要注意及时放苗，以防高温烧苗。

播种时采用精量播种机实行单粒精播、种肥同播。基本流程是在整地、施肥、造墒的基础上，在适宜播种期，采用精量播种机，按预定行距、株距和深度（2～2.5 厘米）将高质量的单粒棉花种子播种下去，每公顷用种 22.5 千克左右，盐碱地适当加大播种量至 25 千克，同时在播种种行下深施肥，表面喷除草剂，覆盖地膜，使种子获得均匀一致的发芽条件，促进每粒种子发芽，达到苗全、苗齐、苗壮的目的。覆膜棉花全苗后及时放苗，以后不再间苗、定苗，保留所有成苗形成产量。这一措施较传统播种节约用种 50% 以上，每公顷省工 15 个以上，且播种效率大幅度提高。

（二）精简中耕、蕾期破膜培土

20 世纪 80 年代及以前，棉花全生育期需要中耕 7～10 次，分别是苗期中耕 4～5 次、蕾期中耕 2～3 次、开花以后根据情况中耕 1～2 次。之所以中耕这么多次，一方面是受当时机械化程度低的限制，棉田整地质量较差，需要多次中耕予以弥补，而且没有广泛应用除草剂，需要结合中耕进行人工多次除草；另一方面是当时多数棉田不进行地膜覆盖，便于中耕，加之人多地少的国情，更促进了这一技术的普及。20 世纪 90 年代以后，随着机械化水平提高，整地质量也随之提高，特别是化学除草剂和地膜覆盖技术的广泛应用，使棉田中耕次数大大减少，黄河流域棉区已由过去的 7～10 次减少至 3～5 次，并有进一步减少的趋势。

根据试验研究和生产实践，棉田中耕仍是必要的，但可以由现在的 4～5 次减少为 2 次左右。也就是说可以根据劳动力和机械情况，将棉田中耕次数减少到 2 次左右，分别在苗期（2～4 叶期）和盛蕾期进行，也可以根据当年降雨、杂草生长情况对中耕时间和中耕次数进行调整。但是，6 月中下旬盛蕾期前后的中耕最为重要，一般不要减免，可视土壤墒情和降雨情况将中耕、除草、施肥、破膜和培土合并进行，一次完成。若 2～4 叶期中耕，则中耕深度 5～8 厘米；若 5～7 叶期中耕，则中耕深度可达 10 厘米左右。为确保中耕质量，提高作业效率，减少用工，可采用机械，于盛蕾期把深中耕、锄草和培土结合一并进行，中耕深度 10 厘米左右，把地膜清除，将土培到棉秆基部，利于以后排水、浇水。行距小和大小行种植的棉田可隔行进行。

（三）密植化控免整枝

整枝的目的在于控制叶枝和主茎顶的生长，即用农艺技术或化学药剂控制棉花叶枝和顶端生长，减免抹赘芽、去老叶、去空果枝和打顶等传统整枝措施。要实现简化整枝而不减产、降质，需要配套品种、水肥运筹、化学调控与合理密植等技术措施的有机融合。根据试验和示范，黄河流域棉区收获密度以 7.5 万～9.0 万株/公顷较适宜，过低，起不到控制叶枝生长发育的效果；过高，则给管理带来很大困难。由大小行种植（大行 90～100 厘米、小行 50～60 厘米）改为等行距 76 厘米种植；由窄膜（90 厘米）覆盖 2 个小行改为中膜（120 厘米）覆盖 2 行或者露地栽培；株高控制在 90～100 厘米，以小个体组成优化成铃、集中吐絮的大群体夺取高产。

关于化学封顶，当前国内外使用最多的植物生长调节剂是甲哌鎓和氟节胺，也有两者配合或混配使用的报道。甲哌鎓在我国棉花生产中作为生长延缓剂和化控栽培的关键药剂已经应用了 30 多年，人们对此也比较熟悉。在前期甲哌鎓化控的基础上，棉花正常打顶前 5 天（达到预定果枝数前 5 天）用甲哌鎓 75～105 克/公顷叶面喷施，10 天后用甲哌鎓 105～120 克/公顷再次叶面喷施，可以比较好地控制棉花主茎和侧枝生长，降低株高，减少中上部果枝蕾花铃的脱落，提高成铃率。需要注意的是，化学封顶的效果还受棉花品种和水肥运筹的影响，因此要选择适宜的品种，科学运筹肥水，实现载铃自然封顶。

（四）水肥轻简运筹

灌溉和施肥是棉田重要的管理措施，是棉花高产的重要保证。黄河流域棉田灌溉改长畦为短畦，改宽畦为窄畦，改大畦为小畦，改大定额灌水为小定额灌水，整平畦面，保证灌水均匀。

经济施肥是用最低的施肥量、最少的施肥次数获得最高的棉花产量，这是棉花施肥的目标。要实现这一目标，必须尽可能地提高肥料利用率，特别是氮肥的利用率。棉花的生育期长、需肥量大，采用传统速效肥料一次基施，会造成肥料利用率低；多次施肥虽然可以提高肥料利用率，但费工费时。从节约用肥、提高肥料利用率的角度来看，在适增密度、适当晚播的前提下，一方面可以适当减少氮肥用量；另一方面可以减少施肥次数，即速效肥要在施足基肥的基础上，一次性追施，或者速效肥与缓控释肥配合可以一次性基施，以后不再追肥。具体轻简（一次性）施肥方案如下：

（1）一次性追施速效肥。在施足基肥的基础上，一次性追施速效肥，基施 N、P_2O_5 和 K_2O 分别为 105 千克/公顷、120 千克/公顷和 180 千克/公顷，开花后追施纯 N 90～120 千克/公顷。

（2）一次性基施控释肥。采用速效肥与控释氮肥结合，一次性基施。95 千克/公顷控释氮（N）＋105 千克/公顷速效氮（N）、P_2O_5 90～120 千克/公顷、K_2O 150～180 千克/公顷，种肥同播，播种时施于膜内土壤耕层 10 厘米以下，与种子水平距离 5～10 厘米，以后不再追肥。

（3）配套措施。实行棉花秸秆还田并结合秋冬深耕是改良培肥棉田地力的重要手段。若用秸秆还田机粉碎还田，应在棉花采摘完后及时进行，作业时应注意控制车速，过快，则秸秆得不到充分的粉碎，秸秆过长；过慢，则影响效率。一般以秸秆长度小于 5 厘米为宜，最长不超过 10 厘米；留茬高度不大于 5 厘米，但也不宜过低，以免刀片打土增加刀片磨损和机组动力消耗。

（五）科学化控、集中吐絮

在合理密植的条件下，一般自 3～4 叶期开始喷施甲哌鎓，坚持"少量多次、前轻后重"的原则，控制棉花最终株高在 90～100 厘米。参考甲哌鎓化控方案：3～4 叶期 15 克/公顷、现蕾期 22.5 克/公顷、盛蕾期 30 克/公顷、初花期 37.5 克/公顷，人工打顶后喷施甲哌鎓 45～60 克/公顷。若采用化学封顶，棉花正常打顶前 5 天（达到预定果枝数前 5 天）用甲哌鎓 75～105 克/公顷叶面喷施，10 天后用甲哌鎓 105～120 克/公顷再次叶面喷施，以控制棉花主茎顶和侧枝生长。

采用集中成熟栽培模式棉花结铃吐絮较为集中，一般人工采收 2 次即可。有条件的地方可在脱叶催熟的基础上采用采棉机采收。若采用机械采收，需要进行化学脱叶。一般以上部棉桃发育 40 天以上、田间吐絮率达到 60%（一般为 9 月 25 日至 10 月 5 日），且施药后 5 天日均气温≥18℃并相对稳定时开始喷洒脱叶剂脱叶。对脱叶剂的要求是脱叶性能好、温度敏感性低、价格适中，以噻苯隆和乙烯利混用效果较好。一般 50% 噻苯隆可湿性粉剂 3 000～4 500 克/公顷和 40% 乙烯利水剂 2.25～3.0 升/公顷混合施用。

总之，黄河流域棉区采用以"增密壮株、集中结铃"为核心的棉花集中成熟轻简高效栽培技术，把播种期由 4 月中旬推迟到 4 月底 5 月初，单粒精播免间苗、定苗；把种植密度提高到 9 万～10 万株/公顷、收获密度提高到 7.5 万～9 万株/公顷，改大小行种植为等行距 76 厘米种植，通过适当晚播控制烂铃和早衰，通过合理密植和水肥药综合调控抑制叶枝生长和主茎顶端生长，进而免整枝并控制株高。盛蕾期适时揭膜培土，在施足基肥的基础上见花一次性追施，或缓控释肥与速效肥的复混肥一次性基施实现轻简施肥，促进根系发育；晚播、增密、控冠、壮根，实现优化成铃、集中吐絮，保障集中（机械）采收。这一栽培模式由于免去了间苗、定苗、人工整枝等环节，减少了多次施肥、多次收花工序，平均省工 32.5%、减投 12%、增产 9.8%（表 7 - 2）。

表 7 - 2　黄河流域一熟春棉集中成熟栽培技术的效果

环节	集中成熟轻简高效栽培技术的先进性及应用效果
种	①单粒精播、种肥同播，比传统播种节约种子 50%以上，省工 15 个/公顷以上； ②解决了带壳出苗和高脚苗问题，省去了间苗、定苗环节
管	①合理密植配合化学封顶实现了免整枝，比人工精细整枝平均省工 22.5 个/公顷，效率提高 5 倍以上； ②一次性追施速效肥或一次性基施缓控释肥较多次施用速效肥，氮肥量减少 15%～20%，利用率提高 30%以上，省工 15 个/公顷
收	①构建"增密壮株型"群体，伏桃和早秋桃所占比例 85%以上，实现了集中吐絮； ②实现了集中（机械）采收，缓解了烂铃、早衰等问题，省工 30～45 个/公顷
综合效果	①平均省工 32.5%、减少物化投入 12%、增产 9.8%； ②人均管理棉田由过去 3～5 亩提高到了 30～50 亩； ③棉花烂铃早衰减轻、纤维一致性显著提高，实现了集中（机械）采收

三、一熟制晚春播早熟棉集中成熟栽培模式

这里的早熟棉主要指短季棉品种和中早熟棉花品种中的生育期较短，早熟性好的品种类型。短季棉是指生育期短、生长发育进程快、开花结铃集中、晚播早熟的棉花品种类型。近年来，我国短季棉育种取得巨大成就，育成的短季棉品种不仅早熟、丰产和抗逆，而且衣分和纤维品质也得到了显著改善，较好地克服了早期短季棉品种存在的衣分低、品质差等缺点。中棉所 50、中棉所 67、新陆早 42 号、鲁棉 532 等短季棉品种的衣分可达 38%以上，纤维上半部

平均长度≥28 毫米，断裂比强度≥28 厘牛/特，马克隆值在 4.8 以下。其中，山东棉花研究中心育成的鲁棉 532 经农业农村部棉花品质监督检验测试中心检测，2014 年和 2016 年纤维品质结果显示，纤维上半部平均长度分别为 30.4 毫米和 30.5 毫米，断裂比强度分别为 30.8 厘牛/特和 31.9 厘牛/特，马克隆值分别为 4.9 和 4.9，断裂伸长率分别为 6.5% 和 5.6%，反射率分别为 79.4% 和 78.3%，长度整齐度指数分别为 86.1% 和 84.5%，纺纱均匀性指数分别为 152.3 和 147.7，能很好地满足棉纺织工业的需求。利用短季棉生育期短的特性，在黄河三角洲及周围盐碱地种植短季棉，不需要地膜，减少了农药和化肥用量，实现了棉花的绿色可持续生产（表 7-3）。

表 7-3　无膜早熟棉集中成熟栽培技术的效果

环节	无膜早熟棉集中成熟栽培技术的先进性及应用效果
种	①地膜覆盖播种改为露地直播，有效地解决了残膜污染问题； ②单粒精播比传统播种节约种子 50% 以上，省工 15 个/公顷以上，解决了带壳出苗和高脚苗问题
管	①免整枝自然封顶比人工精细整枝平均省工 22.5 个/公顷，效率提高 3 倍以上； ②一次性基施缓控释肥或速效肥一次性追施，施氮量减少 10%～15%，利用率提高 20%，省工 15 个/公顷
收	①构建"直密矮株型"群体，伏桃和早秋桃占比 75% 以上，实现了优化成铃、集中成铃； ②由传统采摘 4～5 次改为采摘 1～2 次或机械采摘，缓解了烂铃、早衰等问题，省工 30～45 个/公顷
综合效果	①省工 35% 以上，减少物化投入 7%～10%； ②人均管理棉田由过去 3～5 亩提高到了 30～50 亩； ③棉花烂铃、早衰减轻，纤维一致性显著提高

主要技术要点如下：

（一）播前准备

（1）秸秆还田。棉花秸秆还田并结合秋冬深耕是改良土壤（特别是盐碱土壤）、培肥地力的重要手段。棉花秸秆应在棉花收获完毕后 11 月上旬，用还田机粉碎还田，粉碎后的秸秆长度以小于 5 厘米为宜。

（2）冬前整地。冬前结合秸秆还田，深翻松土 25～30 厘米，根据情况平整土地。

（3）春季灌溉。在含盐量高于 0.3％的盐碱地必须先用淡水压盐后再播种，可在播前 15 天左右，根据盐碱情况灌水 1 200～1 500 米³/公顷。

（4）播前整地。春季等雨播种的棉田，雨后及时耘地耙耢；春季有条件灌溉的棉田，灌后及时耙耢保墒，结合耘地耙耢用 48％（质量分数）氟乐灵乳油 1.5～1.6 升/公顷兑水 450 千克/公顷，在地表均匀喷洒，然后通过耘地或耙耢混土，防治多年生和一年生杂草。

（二）露地直播

播种是无膜短季棉集中成熟绿色轻简高效栽培技术最为重要的环节之一，要掌握好播种时间、播种深度和播种量及杂草防除等。具体有以下几个方面：

（1）品种选择。选用株型较紧凑、叶枝弱、赘芽少、早熟性好、吐絮畅、易采摘、品质好的棉花品种，如鲁 54、鲁棉 532、中棉所 64 等早熟棉（短季棉）品种。如果是 5 月上旬播种，则宜选用生育期略长的早熟棉品种，如 K638 和鲁棉 522 等。要求棉花种子脱绒包衣、发芽率不低于 80％、单粒穴播时发芽率不低于 90％，在正规种子企业购买，以保证种子的真实性和一致性。

（2）播种时期。短季棉适宜播种期较长，一般可以在 5 月 10 日至 6 月 5 日播种。对于压盐造墒的棉田，可以在 5 月 15—25 日播种；对于靠降水播种的棉田，要根据降水情况，选择合适的播种时间。需要注意的是，短季棉品种播种不能早于 5 月 10 日、不能晚于 6 月 5 日，以 5 月 20 日前后播种最好；K638 和鲁棉 522 等中早熟棉品种可于 5 月上旬播种。

（3）播种要求。短季棉采用全程轻简化栽培管理，要求精量播种，可以采用单粒穴播，每穴播 1～2 粒，用脱绒包衣种子 15～22.5 千克/公顷；也可以条播，用脱绒包衣种子 22.5～30 千克/公顷，播种深度为 2.5～3 厘米，均匀一致。机械播种，播种覆土后喷施二甲戊灵或乙草胺等覆盖地表，防止杂草发生。

（4）种植密度。采用等行距，一般可选择行距 66 厘米，机械采收棉田采用 76 厘米。棉花出苗后不间苗、不定苗，留苗密度为 9 万～12 万株/公顷，实收密度为 7.5 万～9 万株/公顷。

（三）轻简管理

短季棉可以较春棉减少施肥量 30％。具体用量是氮肥（纯 N）150～180 千克/公顷、磷肥（P_2O_5）75～90 千克/公顷、钾肥（K_2O）150 千克/公顷，

50％氮肥和全部磷、钾肥作基肥施用，剩余氮肥于盛蕾期一次性追施。按照"少量多次、前轻后重"的原则进行化控，全生育期化控3～4次。根据棉花长势和天气情况，在棉花4～5叶期轻度化控1次，甲哌鎓用量为7.5克/公顷；现蕾时，喷施甲哌鎓7.5～15克/公顷轻度化控1次；以后每隔7～10天化控1次，用量为15～45克/公顷，逐次增量。在7月20日前后或单株果枝达到8个左右时人工打顶，生育期内不再采取任何其他整枝措施。也可采用化学封顶，在大部分棉株长出7～8个果枝时，用甲哌鎓45～75克/公顷喷施棉株，侧重喷施主茎顶和叶枝顶；7天后采用甲哌鎓75～90克/公顷进行第二次喷施，着重喷施主茎顶，实现自然封顶。甲哌鎓可以和多数防治病虫害的药剂混合喷施，但不宜与碱性农药混配。严重干旱年份要浇"救命水"，特别是现蕾后10天内棉花搭架子的关键时期，遇到严重干旱时要浇水。淡水资源严重缺乏的地区可以用微咸水灌溉，微咸水含盐量的临界值苗期为0.2％，现蕾期至开花期为0.3％，开花期之后为0.4％～0.5％。

(四) 集中采收

一般棉花吐絮率在60％以上时开始使用脱叶催熟剂，第一次在9月25日前后喷施，7天后根据情况再喷施1次。用50％（质量分数）噻苯隆可湿性粉剂450克/公顷＋40％（质量分数）乙烯利水剂3 000毫升/公顷，兑水6 750千克/公顷混合施用。棉田密度大、长势旺时，可以适当加量。为了提高药液附着性，可加入适量表面活性剂。尽可能选择双层吊挂垂直水平喷头喷雾器。喷施时要求雾滴小，喷洒均匀，保证棉株上、中、下层的叶片都能均匀着药。在大风、降雨前或烈日天气禁止喷药作业，喷药后12小时内若降中雨，应当重喷。待棉株脱叶率达95％、吐絮率达90％以上时，即可进行人工集中摘拾或机械采摘。

第三节　长江流域棉区生态特点和棉花集中成熟栽培模式

长江流域棉区位于华南棉区以北，北以秦岭、伏牛山、淮河、苏北灌溉总渠以南为界，南以戴云山、九连山、五岭、贵州中部分水岭到大凉山为界，东起浙江杭州湾，西至四川盆地西缘。包括上海、浙江、江西、湖北和湖南5省（直辖市）的全部，江苏和安徽的淮河以南、四川盆地、河南南阳盆地和信阳两地区；零星产区包括福建和贵州两省北部、陕西的秦岭以南和汉中地区、云南东北部等。该区现为全国第三大棉花产区，但棉田面积仅占全国植棉面积的7.4％、总产占全国3.9％的（2023）。该区划分为长江上游、长江中游、长江下游和南襄盆地4个亚区。

一、长江流域棉区生态特点

该区属中亚热带至北亚热带的东部湿润气候区，雨热同季，土壤肥力高，障碍因素少，但日照条件差，适合植棉。≥10℃活动积温持续有效天数220～300天，≥10℃活动积温4 600～5 900℃，年日照时数1 000～2 100小时，年平均日照率30％～55％；年降水量1 000～1 600毫米，3月开始受到暖湿的夏季风影响，降水增多，6—7月副热带高压与西风带气流在该区交汇，形成约30天的梅雨季节。梅雨季节过后受到副热带高压控制，夏季炎热多阳，极端异常高温频发对棉花不利；秋高气爽，日照丰富，对棉花有利。

该区适宜种植陆地棉，主要种植中熟、中早熟转 *Bt* 基因抗虫棉常规品种和杂交种。棉田一年两熟和多熟种植，棉田复种指数200％以上。前作以油菜和小麦为主，也有大麦、蚕豆和大蒜、洋葱等。棉花实行套栽，育苗移栽，少地膜覆盖，形成油棉"双育双栽"模式。该区沿江、沿湖和沿海冲积平原土壤为水稻土和潮土，肥力高，有利于棉花高产，但普遍缺硼和缺钾；沿江丘陵为红壤和黄棕壤，耕层浅，肥力差，增加密度有利于棉花高产；四川盆地以紫色土为主，肥力较好；南阳盆地有砂姜黑土，保水保肥性能差；滨海为盐碱土，普遍缺磷。棉田畦作，厢沟、腰沟、围沟和排水沟"四沟"配套，便于排水和灌溉，下游棉田高培土有利于防台风。该区有枯萎病和黄萎病，烂铃较重，以棉铃虫、红铃虫、棉叶螨和棉蚜为主。棉铃虫、红铃虫因种植 Bt 抗虫棉得到有效控制。

该区经济发达，劳动力更加短缺。改棉花套栽为油后移栽或直播，可以省去育苗移栽环节，大大节省用工。但麦后直播，棉花生长季节缩短过多，产量不高，需培育更加早熟的棉花品种和农机具与之配套。

二、两熟制晚春直播早熟棉集中成熟栽培模式

针对套种棉花不利于机械化的难题，改套种为直播，建立了大蒜（小麦、油菜）后直播早熟棉集中成熟轻简高效栽培模式：通过选用早熟棉（短季棉）品种，大蒜（小麦、油菜）收获后机械抢时播种（实现5月底6月初播种），6

月上旬齐苗，免间苗、定苗；控释复混肥一次性基施或盛蕾期一次性追施速效肥并减氮增钾，提高肥料利用率；合理密植结合化学封顶实现免整枝，建立"直密矮株型"群体，保障集中早吐絮和集中采摘，实现两熟制棉花生产的轻简化、机械化。根据多点试验示范结果，蒜后直播早熟棉较套种春棉籽棉产量低14.5%，但平均省工约35%，减少物化投入30.3%，纯收入增加79.4%（表7-4）（李霞等，2017）。

表7-4 蒜后直播早熟棉与蒜套春棉投入、产量、产值和纯收入的比较

| 种植方式 | 籽棉产量/（千克/公顷） | 产值/（万元/公顷） | 投入 | | | 纯收入/（元/公顷） |
			物化/（元/公顷）	人工/（万元/公顷）	合计/（万元/公顷）	
蒜套春棉	4 441a	3.74a	8 538a	2.26a	3.11a	6 313b
蒜后直播早熟棉	3 797b	3.20b	5 950b	1.47b	2.07b	11 325a

注：根据2015—2016年在金乡县、巨野县6个点试验结果统计，籽棉售价按当时市场价8.42元/千克计算，物化投入主要包括肥料、种子、农药、灌水等，每个工日按60元计算，每列数据标记不同字母表示差异显著（$P<0.05$）。

"直密矮株型"群体是由传统"稀植大株型"群体改革发展而成的新型群体结构。蒜（麦）后直播早熟棉，行距60～76厘米，株距11.7～22.2厘米，收获密度7.5万～10.5万株/公顷，最终株高80～90厘米；群体果枝数90万～105万个/公顷，群体果节数250万～300万个/公顷，节枝比2.5～3.0，群体有效成铃数75万～95万个/公顷，伏桃和早秋桃占比70%以上。

1. 棉田地力条件

蒜（麦）后直播棉田要求地势平坦、土层深厚、地力中等以上，具有良好的排灌条件，旱能浇、涝能排。

2. 品种和种子要求

棉花选用高产优质、生育期110天以内的早熟棉品种；大蒜或小麦选用高产优质、晚播早熟的品种。采用成熟度好、发芽率高的精加工脱绒包衣棉花种子，种子质量符合GB 4407.1—2008《经济作物种子 第1部分：纤维类》规定。棉花播种前选择晴好天气，破除包装，晒；做发芽试验，确定播种量。

3. 播前整地

麦后采用免耕贴茬直播，小麦留茬高度不超过20厘米，小麦秸秆粉碎长度不超过10厘米，粉碎后均匀抛撒。蒜后及时清理残茬，采用免耕播种；也可耙耢整地后播种，或采用旋耕机浅旋耕（耕深5～10厘米）后播种。每公顷

用 48％氟乐灵乳油 1 500～1 600 毫升，兑水 600～700 千克，均匀喷洒地表，耖地或耙耢混土后机械播种。

4. 麦后早熟棉精量播种

小麦收获后，立即采用开沟、施肥、播种、镇压、覆土一次性完成的精量播种联合作业机直接播种，精量条播时用种量为 22.5 千克/公顷，精量穴播时用种量为 18 千克/公顷左右。播后用 33％二甲戊灵乳油 2.25～3.0 升/公顷，兑水 225～300 千克/公顷均匀喷洒地面。

5. 蒜后早熟棉精量播种

大蒜收获后，采用多功能精量播种机抢时、抢墒播种，用种量为 18～22.5 千克/公顷。播后用 33％二甲戊灵乳油 2.25～3.0 升/公顷，兑水 225～300 千克/公顷均匀喷洒地面。

6. 行距配置

一般采用等行距种植，行距为 60～70 厘米，采用机械收获时可选用 76 厘米。

7. 简化管理

一是免间苗、定苗，自然出苗，出苗后不间苗、不定苗，实收株数 7.5 万～10.5 万株/公顷。二是简化中耕。盛蕾期前后将中耕、除草、追肥合并进行，采用机械一次完成。三是简化施肥，采用控释复混肥，一次性基施或种肥同播，施用 180 千克/公顷控释 N（释放期为 90 天）、P_2O_5 75 千克/公顷、K_2O 75 千克/公顷。采用速效肥，麦后早熟棉可采用"一基一追"的施肥方式，基施 N 100 千克/公顷、P_2O_5 75 千克/公顷、K_2O 75 千克/公顷，盛蕾期追施 N 80 千克/公顷；蒜后早熟棉采用一次性追施速效肥的方法，盛蕾期追施 N 60 千克/公顷、P_2O_5 37.5 千克/公顷、K_2O 45 千克/公顷。四是化控免整枝，全生育期化控 3～4 次。现蕾前后根据棉花长势和土壤墒情，喷施甲哌鎓 7.5～15 克/公顷；盛蕾初花、打顶后 5 天左右分别化控一次，喷施甲哌鎓 22.5～60 克/公顷。

于 7 月 20 日前后人工打顶，株高控制在 70～90 厘米。采用化学封顶，棉株出现 7～8 个果枝时，采用 45～75 克/公顷甲哌鎓喷施棉株，侧重喷施主茎顶和叶枝顶；7 天后采用 75～90 克/公顷甲哌鎓进行第二次喷施，着重喷施主茎顶，实现自然封顶。甲哌鎓可以和多数防治病虫害的药剂混合喷施，但不宜与碱性农药混配。

8. 脱叶催熟

9 月 25 日前后或棉花吐絮率达 40％以上时开始脱叶催熟，7 天后根据情

况第二次喷施。采用 50％噻苯隆可湿性粉剂 450 克/公顷＋40％乙烯利水剂
3 000 毫升/公顷，兑水 6 750 千克/公顷混合喷施。棉田密度大、长势旺时，
可以适当加量。为了提高药液附着性，可加入适量表面活性剂。尽可能选择双
层吊挂垂直水平喷头喷雾器。喷施时雾滴要小，喷洒均匀，保证棉株上、中、
下层的叶片都能均匀喷有脱叶剂；在风大、降雨前或烈日天气禁止喷药作业；
喷药后 12 小时内若降中量的雨，应当重喷。

9. 集中采收

待棉株脱叶率达 95％以上、吐絮率达 70％以上时，即可进行人工集中摘
拾或机械采摘。第一次采摘后，机械拔出棉株腾茬种蒜或者种麦，棉株地头晾
晒，根据残留棉桃数量人工摘拾一次。也可采用专用机械将未开裂棉桃集中收
获，喷施乙烯利或自然晾晒吐絮后一次收花。

综上所述，茬后直播早熟棉要以构建"直密矮株型"群体为主线。关键技
术是抢茬直播、合理密植、简化整枝、矮化植株、一次性施肥、集中成熟、集
中（机械）采摘（Lu et al.，2017）。早熟棉"直密矮株"轻简高效栽培技术
为实现两熟制棉花生产的轻简化、机械化提供了技术支撑，虽然比套种春棉的
产量略低，但平均省工 35％，减少物化投入 30％以上，纯收入大幅度提高，
人均管理棉田由过去 2～3 亩提高到了 30～50 亩（表 7-5）。

表 7-5　两熟制棉花集中成熟轻简高效栽培技术的效果

环节	集中成熟轻简高效栽培技术的先进性及应用效果
种	①减免了劳动密集型的传统育苗移栽环节，实现了棉田两熟制条件下的播种机械化； ②茬后早熟棉机械精量播种与传统套种或茬后移栽相比，省工 80％以上，效率提高 5 倍以上
管	①简化整枝配合化学封顶比人工精细整枝平均省工 22.5 个/公顷，效率提高 3 倍以上； ②一次基施缓控释肥或速效肥一次性追施，施肥量减少 10％～15％，利用率提高 20％，省工 15 个/公顷
收	①构建"直密矮株型"群体，伏桃和早秋桃占比 70％以上，实现了优化成铃、集中成铃； ②由传统采摘 4～5 次改为采摘 1～2 次或机械采摘，缓解了烂铃、早衰等问题，省工 30～45 个/公顷
综合效果	①平均省工 35％，减少物化投入 30％以上； ②人均管理棉田由过去 2～3 亩提高到了 30～50 亩； ③棉花烂铃、早衰减轻，纤维一致性显著提高

参考文献

董合忠，2016. 棉蒜两熟制棉花轻简化生产的途径——短季棉蒜后直播. 中国棉花，43
  (1)：8-9.

董合忠，2019. 棉花集中成熟轻简高效栽培. 北京：科学出版社.

董建军，李霞，代建龙，等，2016. 适于机械收获的棉花晚密简栽培技术. 中国棉花，43
  (7)：35-37.

李霞，郑曙峰，董合忠，2017. 长江流域棉区棉花轻简化高效栽培技术体系. 中国棉花，
  44 (12)：32-34.

聂军军，代建龙，杜明伟，等，2021. 我国现代植棉理论与技术的新发展——棉花集中成
  熟栽培中国农业科学，54 (20)：4286-4298.

田景山，王文敏，王聪，等，2016. 机械采收对新疆棉纤维品质的影响. 纺织学报，37
  (7)：13-17.

田景山，张煦怡，张丽娜，等，2019. 新疆机采棉花实现叶片快速脱落需要的温度条件.
  作物学报，45：613-620.

Lu H Q，Dai J L，Li W J，et al.，2017. Yield and economic benefits of late planted short-
  season cotton versus full-season cotton relayed with garlic. Field Crops Research，200：80-
  87.

Tian J S，Zhang X Y，Zhang W F，et al.，2017a. Leaf adhesiveness affects damage to fiber
  strength during seed cotton cleaning of machine-harvested cotton. Industrial Crops &
  Products，107：211-216.

Tian J S，Zhang X Y，Zhang Y L，et al.，2017b. How to reduce cotton fiber damage in the
  Xinjiang. China? Industrial Crops & Products，109：803-811.

精量播种、轻简管理、集中成熟、高效脱叶、集中（机械）采收

▲ 单粒精播免定苗
▲ 温墒盐调节保苗成苗
▲ 良种良法农机配套

■ 密植化控免整枝
■ 水肥协同省肥高效
■ 集中成熟株型群体

◖ 高效化学脱叶催熟
◖ 集中成熟集中吐絮
◖ 机械采收清理加工

种　好种子
　　好苗子

管　好架子
　　好桃子

收　好棉花
　　好收成

单粒精播保苗壮苗理论

轻简管理节本高效理论

集中成熟高效群体理论

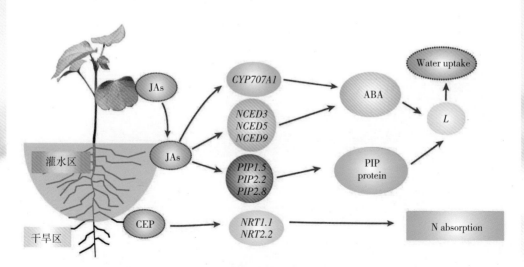

棉花集中成熟栽培模式图（上）和分区灌溉促进灌水区水氮吸收的机理图（下）

新疆（上）和山东（下）一熟制春棉单粒精量播种

饲用小黑麦（上）和大蒜（下）收获后晚春机械直播早熟棉

滨海盐碱地棉田地膜覆盖平作（上）和沟畦覆膜种植（下）棉花出苗情况比较

新疆棉花等行距（76厘米）（上）和宽窄行（66厘米+10厘米）（下）种植

山东东营市东营区（上）和山东夏津县（下）棉花 76 厘米等行距种植

棉田机械打药（上）和蕾期中耕（下）

山东利津县棉花初花期（上）和盛花期（下）集中成熟群体

棉花集中成熟栽培现场技术指导

新疆棉花吐絮期集中成熟群体（上）和单株（下）

中耕培土棉花抗涝防倒栽培技术示范田

棉花集中成熟栽培技术示范田考察

新疆棉花集中成熟栽培技术示范田

山东棉花集中成熟栽培技术示范田

长江流域棉花集中成熟栽培技术示范田

棉花集中成熟栽培技术电视广播讲座（上）和《棉花集中成熟栽培技术要求》国家标准审查会（下）